普通高等教育"十三五"规划教材

土木工程类系列教材

工程地质

宋高嵩 杨 正 主 编

盖晓连 王洪枢 李 晶 副主编

U0378270

清华大学出版社

北京

内 容 简 介

本教材共分为7章,主要内容为工程地质和水文地质的基本知识、岩土的工程特性、不良地质现象、工程地质原位测试和勘察,以及各类地质问题对工程影响的分析、评价和对策。

本书可供普通高等学校土木工程及港口、道路等专业教师、学生使用,还可供相关专业设计和科研人员学习与参考。

图书在版编目(CIP)数据

工程地质/宋高嵩,杨正主编.—北京:清华大学出版社,2016(2023.8重印)
  (普通高等教育"十三五"规划教材. 土木工程类系列教材)
  ISBN 978-7-302-42081-1

Ⅰ. ①工… Ⅱ. ①宋… ②杨… Ⅲ. ①工程地质—高等学校—教材 Ⅳ. ①P642

中国版本图书馆 CIP 数据核字(2015)第 264097 号

责任编辑:秦 娜
封面设计:陈国熙
责任校对:刘玉霞
责任印制:丛怀宇

出版发行:清华大学出版社
    网　　　址:http://www.tup.com.cn,http://www.wqbook.com
    地　　　址:北京清华大学学研大厦 A 座　　　　　邮　　编:100084
    社 总 机:010-83470000　　　　　　　　　　　邮　　购:010-62786544
    投稿与读者服务:010-62776969,c-service@tup.tsinghua.edu.cn
    质量反馈:010-62772015,zhiliang@tup.tsinghua.edu.cn
印 装 者:北京嘉实印刷有限公司
经　　销:全国新华书店
开　　本:185mm×260mm　　印　张:14　　　　字　　数:342 千字
版　　次:2016 年 1 月第 1 版　　　　　　　　　　印　　次:2023 年 8 月第10次印刷
定　　价:38.00 元

产品编号:067232-02

前 言

FOREWORD

　　本书主要用作普通高等学校土木工程专业工程地质课程的教材,也可适用于港口与海岸及桥隧、道路等专业的教材。由于土木工程的工程地质涉及范围很广,建(构)筑物的地基、选址选线、边坡与边岸、地下工程的围岩介质与环境,以及各类工程的岩土工程等,皆与工程地质条件密切相关,加之中国国土辽阔、地质条件复杂、岩土的性质各异,工程地质这门工程技术基础课显得更为实用。与土木工程相关的工程地质勘察行业也被称为岩土工程勘察,强调岩土与工程的密切关系。可见,工程地质在设计与施工中占有相当重要的地位。本书主要介绍地质基础理论与知识、岩土的工程性质、工程地质勘察、不良地质现象及其对各类工程的影响和整治等理论和技术,并着重考虑基础工程、地下工程、建筑工程、港口、道路交通与市政建设等建设工程需要,强调地质与工程的结合以及定性与定量的综合分析。在注意学科本身的系统性时,还力求充分反映近年国内外工程地质理论和实践的发展水平。

　　编者在本书中着重介绍了地质基础、地质条件对工程的影响,以及处理对策的理论和知识,注意启发学生独立思考和动手的能力。本书由哈尔滨理工大学宋高嵩、杨正担任主编,盖晓连、王洪枢、李晶担任副主编。编写人员具体分工如下:第1章、第2章由宋高嵩编写;第3章、第4章及实训项目由杨正编写;第5章由盖晓连编写;第6章由王洪枢编写;第7章由李晶编写;孙义强、周健、李长安等研究生负责插图绘制工作。在编写过程中,得到许多教师及相关从业者的关心与支持,他们提出了许多宝贵的意见和建议,在此表示衷心的谢意。限于编者水平,书中难免有欠妥和错误之处,恳请读者批评、指正。

编　者

2015 年 8 月

目 录

CONTENTS

第1章

绪　　论

1.1　地质学与工程地质学

地质学是一门关于地球的科学,其研究对象主要是固体地球的上层,主要包括以下几方面内容。

(1) 研究组成地球的物质,矿物学、岩石学、地球化学等分支学科承担这方面的研究。

(2) 阐明地壳及地球的构造特征,即研究岩石或岩石组合的空间分布。相关的分支学科有构造地质学、区域地质学和地球物理学等。

(3) 研究地球的历史以及栖居在地质时期的生物及其演变。研究这方面问题的有古生物学、地史学和岩相古地理学等。

(4) 地质学的研究方法和手段,如同位素地质学、数学地质学及遥感地质学等。

(5) 研究、应用地质学,以解决资源探寻、环境地质分析和工程防灾问题。

从应用来说,地质学对人类社会担负着重大使命,主要包括以下两方面:一是以地质学理论和方法指导人们寻找各种矿产资源,这是矿床学、煤田地质学、石油地质学、铀矿地质学等学科研究的主要内容;二是运用地质学理论和方法研究地质环境,查明地质灾害发生的规律和防治对策,以确保工程建设安全、经济和正常运行。

广义地讲,工程地质学(Geotechnical Engineering)是研究地质环境及其保护和利用的科学;狭义地讲,工程地质学是研究人类工程活动与地质环境相互关系的一门科学。

1.2　工程地质学的主要任务和研究方法

工程地质学在工程建设和国防建设中的应用非常广泛,由于它在工程建设中占有重要地位,从而早在 20 世纪 30 年代就获得迅速发展而成为一门独立的学科。中国工程地质学的发展始于新中国成立初期。经过 60 多年的努力,该学科不仅能适应国内建设的需要,而且开始走向世界,建立了具有中国特色的学科体系。纵观各种规模和类型的工程,其工程地质研究的基本任务,可以归结为以下三方面。

(1) 区域稳定性研究与评价,是指由内力地质作用引起的断裂活动——地震对工程建设地区稳定性的影响;

(2) 地基稳定性研究与评价,是指地基的牢固、坚实性;

(3) 环境影响评价,是指对人类工程活动对环境造成的影响进行评估。

具体来说,工程地质学的基本任务就是依据工程地质条件进行工程选址(选线)和场地评价。

工程地质学的具体任务如下:

(1) 评价工程地质条件,阐明兴建、运行地上和地下建筑工程的有利和不利因素,选定建筑场地和适宜的建筑形式,保证规划、设计、施工、使用和维修顺利进行;

(2) 从地质条件与工程建筑相互作用的角度出发,论证和预测有关地质问题发生的可能性、规模和发展趋势;

(3) 提出改善、防治或利用有关工程地质条件的措施,以及加固岩土体和防治地下水的方案;

(4) 研究岩体、土体的分类和分区及其区域性特点;

(5) 研究人类工程活动与地质环境之间的相互作用和影响。

运用工程地质学在工程规划、设计以及解决各类工程建筑物的具体问题时,必须展开详细的工程地质勘察工作。工程地质勘察的目的是取得有关建筑场地工程地质条件的基本资料并进行工程地质论证。

工程地质学的研究对象是复杂的地质体,所以其研究方法应是地质分析法与力学分析法、工程类比法与试验法等的密切结合,即通常所说的定性分析与定量分析相结合的综合研究方法。要查明建筑区工程地质条件的形成和发展,以及它在工程建筑物作用下的发展变化,首先必须以地质学和自然历史的观点分析、研究周围其他自然因素和条件,并了解这些自然因素和条件在历史过程中对它的影响和制约程度,这样才有可能认识它形成的原因,预测其发展变化趋势。这就是地质分析法,它是工程地质学的基本研究方法,也是进一步定量分析、评价的基础。对工程建筑物的设计和运用要求来说,只有定性的论证是不够的,还应对一些工程地质问题进行定量预测和评价,即在阐明主要工程地质问题形成机制的基础上,建立模型进行计算和预测,如地基稳定性分析、地面沉降量计算、地震液化可能性计算等。当地质条件十分复杂时,还应根据条件类似地区已有的资料对研究区的问题进行定量预测,即采用类比法进行评价。采用定量分析方法论证地质问题时,须采用试验测试方法,即通过室内或野外现场试验,取得所需要岩土的物理性质、水理性质及力学性质数据。对地质现象的发展速度进行长期观测也是常用的试验方法。综合应用上述定性分析与定量分析方法,才能取得可靠的结论对可能发生的工程地质问题制定出合理的防治对策。

1.3 工程地质条件和工程地质问题

为了保证地基稳定可靠,必须全面研究地基及其周围地质环境的有关工程条件,以及当建筑物建成后某些地质条件可能诱发的工程地质问题。

1.3.1 工程地质条件

工程地质条件是指与人类活动有关的各种地质要素的综合,是一个综合概念,主要包括以下六个方面。

1. 地形地貌

地形地貌对建筑场地和线路的选择有直接影响。

(1)地形是地表起伏和地物的总称,地形起伏的大势一般称为地势。中国地形剖面图如图1-1所示。

(2)地貌是地球表面的各种面貌,由不同的地质条件造就,是各种内、外力作用的结果。根据成因,地貌可分为喀斯特地貌、冰川地貌、风蚀地貌、丹霞地貌等,如图1-2所示。

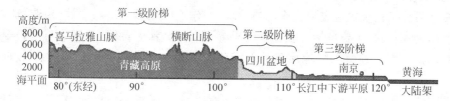

图 1-1　中国地形剖面图(沿北纬 32°)

图 1-2　几种常见的地貌
(a) 丹霞地貌;(b) 喀斯特地貌;(c) 冰川地貌

2. 地层岩性

地层岩性是最基本的工程地质因素,包括地层的成因、时代、岩性、产状、成岩作用特点、变质程度、风化特征、软弱夹层和接触带以及物理力学性质等。岩性的优劣关系到工程的安全经济。

3. 地质构造

地质构造也是工程地质工作研究的基本对象,包括褶皱、断层、裂隙构造的分布和特征。地质构造,特别是形成时代新、规模大的优势断裂,对地震等灾害具有控制作用,因而对建筑物的安全稳定、沉降变形等具有重要意义。几种典型的地质构造如图1-3所示。

按照成因,裂隙又可以分为构造裂隙和非构造裂隙;根据两侧岩块的位移方向,断层又可分为正断层、逆断层和平推断层。

4. 水文地质条件

水文地质条件是重要的工程地质因素,包括地下水的成因、埋藏、分布、动态和化学成分等,直接影响岩土的稳定性。

图 1-3 地质构造

（a）裂隙构造；（b）断层；（c）褶皱

5. 不良地质作用

不良地质作用是现代地表地质作用的反映，与建筑区地形、气候、岩性、构造、地下水和地表水作用密切相关，主要包括滑坡、崩塌、岩溶、泥石流、河流侵蚀、荒漠化与地陷等，对评价建筑物的稳定性和预测工程地质条件的变化意义重大。常见的不良地质作用如图 1-4 所示。

图 1-4 几种常见的不良地质作用

（a）滑坡；（b）崩塌；（c）泥石流；（d）地陷；（e）河流侵蚀；（f）荒漠化

6. 天然建筑材料

天然建筑材料包括土料、砂砾石、石料等，应就地取材，因地制宜。

1.3.2 工程地质问题

已有的工程地质条件在工程建筑和运行期间会产生一些新的变化和发展，对工程建筑安全造成影响的地质问题称为工程地质问题。由于工程地质条件复杂多变，不同类型的工程对工程地质条件的要求又不尽相同，所以工程地质问题是多种多样的。就土木工程而言，主要的工程地质问题包括地基稳定性问题、斜坡稳定性问题、洞室围岩稳定性问题以及区域稳定性问题,现分述如下。

1. 地基稳定性问题

地基稳定性问题是工业与民用建筑工程常遇到的主要工程地质问题,它包括强度和变形两个方面。此外,岩溶、土洞等不良地质作用和现象都会影响地基稳定。例如,上海"莲花河畔景苑"在建楼房因地基稳定性问题整体倒塌,如图1-5所示。铁路、公路等工程建筑则会遇到路基稳定性问题。

图1-5 上海"莲花河畔景苑"在建楼房整体倒塌

2. 斜坡稳定性问题

自然界的天然斜坡是长期地表地质作用达到相对协调、平衡的产物,人类工程活动尤其是道路工程须开挖和填筑人工边坡(路堑、路堤、堤坝、基坑等),斜坡稳定对防止地质灾害发生及保证地基稳定十分重要。斜坡地层岩性和地质构造特征是影响其稳定性的物质基础,风化作用、地应力、地震、地表水和地下水等对斜坡软弱结构面的作用往往会破坏斜坡稳定,而地形地貌和气候条件是影响其稳定性的重要因素。图1-6为铁路岩石崩塌滑坡事故的图片。

图1-6 宜万铁路巴东隧道口岩石崩塌事故

3. 洞室围岩稳定性问题

地下洞室被包围于岩土体介质(围岩)中,如在洞室开挖和建设过程中破坏了地下岩体原始平衡条件,便会出现一系列不稳定现象,常见的有围岩塌方(见图1-7)、地下水涌水等。一般在工程建设规划和选址时,要进行区域稳定性评价,研究地质体在地质历史中的受力状况和变形过程,做好山体稳定性评价,研究岩体结构特性,预测岩体变形破坏规律,进行岩体稳定性评价以及考虑建筑物和岩体围岩稳定所必需的工作。

图 1-7　2011 年 4 月 20 日甘肃兰新铁路隧道塌方

4. 区域稳定性问题

自 1976 年唐山地震以来,地震、震陷和液化以及活断层对工程稳定性的影响越来越引起土木工程界的注意。对于大型水电工程、地下工程以及建筑群密布的城市地区,区域稳定性问题是首先须进行论证的问题。图 1-8 为全球地震分布图。

土木工程专业学生学习本课程的基本要求如下:

(1) 系统学习和掌握工程地质基础知识和理论;

(2) 了解工程地质勘察的基本内容和工作方法;能正确提出勘察任务及要求,并运用勘察数据和资料进行设计与施工;

(3) 依据工程地质勘察成果进行一般的工程地质问题分析并采取处理措施。

本章小结

工程地质学是研究地质学应用问题的重要分支学科,防灾是工程地质学的根本任务。

地基岩土的性状是保证地基稳定的基本条件。而建筑场地的地形性质、地下水、物理性质作用等地质环境因素往往对地基稳定性产生重要影响。

工程地质勘察是工程地质学的重要研究方法和技术手段,其目的是查明场地基本工程地质条件,并进行工程地质论证。

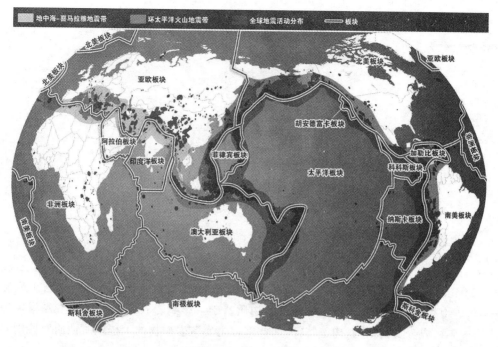

图 1-8　全球地震分布图

思考题

1. 试说明工程地质学与地质学之间的关系。
2. 试说明工程地质学的主要任务和研究方法。
3. 什么是工程地质条件和工程地质问题？它们具体包括哪些因素和内容？
4. 简述工程地质学的学习方法和要求。

第2章

矿物与岩石

土木工程与矿物岩石的关系十分密切，几乎所有的工程建设都离不开对岩石工程性质的了解，矿物和岩石是人类从事工程建设的物质基础。影响岩石工程性质的主要因素是组成岩石的矿物成分及其结构、构造特征，因此掌握主要造岩矿物的工程地质性质对鉴别岩石类型以及了解其工程特性有重要的意义。

2.1 地壳与地质作用

地质学是研究地球的一门学科，工程地质学是研究工程建设与地质环境相互关系的学科。以人类目前的技术水平，工程建设涉及的范围只是在地球表层，如世界上最深的矿山——南非兰德矿山，深度为 4117m；世界上最深的钻井——俄罗斯 Odoptu 油田的 OP-11 油井，深度为 12345m。由此可见，人类目前的工程活动都局限于地球内圈层中最上面的一个圈层——地壳。尽管如此，人类大多数工程活动不可能到达地壳深处，仅仅活动在地壳表层。地壳表面起伏不平，有高山、丘陵、平原、湖盆地和海盆地等，这种千差万别、丰富多彩的地球外貌是在各种内、外地质作用下，经过漫长的地质历史发展、演变而成的。

2.1.1 地壳

1. 地球圈层的划分

地球并不是均一的整体，通过记录地震波获得的地球物理资料表明固体地球是由不同圈层构成的。一般的工程建设都局限于地球表层几十米以内，但是对地球各圈层的了解，有助于人们深入认识地球表层的形成和演化，从而更好地为工程建设服务。

地球的圈层包括外圈层和内圈层。地球的外圈层是指大气圈、水圈和生物圈。

地球内圈层的划分相对外圈层要困难得多，了解地球内部的构造是一个非常困难的问题，对地球内部物质与构造的判断只能依靠间接信息来进行。最重要的间接信息是地震波在地球内部的传播速度，它不仅是划分地球内部圈层的基础，也是判断地球内部物质的密度、温度、熔点、压力等物理性质的重要依据。此外，还可以依靠陨石、地幔岩石学以及高温高压试验等提供的间接信息推断地球内部的物质成分。图 2-1 给出了地震波在地球内部不同深度处的传播速度。波速的突变面称为波速不连续面或界面。从图 2-2 可以看出，在 33km 和 2900km 处存在两个一级界面。第一个界面叫莫霍洛维奇面，简称莫霍面或 M 面，它是南斯拉夫学者 A·莫霍洛维奇于 1909 年首先发现的。在此界面附近，地震纵波波速 V_P 由 7.6km/s 突然增至 8.1km/s。第二个界面是美国学者古登堡（B. Gutenberg）于 1914 年发现的，称为古登堡面。在此界面处，S 波（横波）消失，P 波（纵波）速度突然由 13.64km/s 下降到 8.1km/s。这两个界面把地球内部分为三个主要圈层——地壳、地幔和地核，如图 2-2 所示。

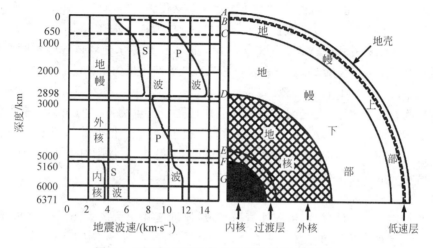

图 2-1　地球内部结构及 P 波和 S 波的速度分布

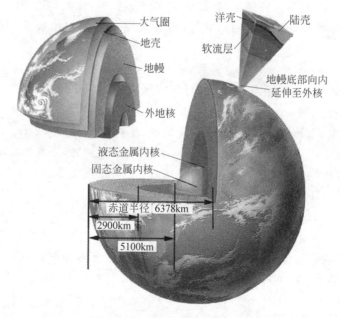

图 2-2　地球内部结构及分界面

1）大气圈

大气圈是地球的最外圈层，其上界可达 1800km 或更高的空间。自地表到 10～17km

的高空为对流层,所有的风、云、雨等天气现象均发生在这一层,它对地球上生物生长、发育和地貌的变化具有极大的影响。大气圈的主要成分是 N_2(78%)和 O_2(21%),其次是 Ar(0.93%)、CO_2(0.03%)和水蒸气等。

2)水圈

水圈由地球表层分布于海洋和陆地上的水和冰构成。水的总体积约为 1.4×10^9 km³,其中海洋水占总体积的 96.5%,陆地水只占 3.5%。可见,水在地表的分布很不均匀,主要集中在海洋。水圈中各部分水的成分和物理性质有所不同,其成分除作为主体的水外,还含有各种盐类。例如,海水含盐度高,平均为 35%,以氯化物(如 $NaCl$、$MgCl_2$ 等)为主;陆地水含盐度低,平均小于 1%,以碳酸盐(如 $Ca(HCO_3)_2$)为主。水在太阳辐射和重力作用下以蒸发、降水、径流等方式进行着周而复始的运动即水循环。水循环过程中不断产生动能,可促进各种地质地貌的发育,并对土和岩石的工程性质产生极为重要的影响。

3)生物圈

地球生物存于水圈、大气圈下层和地壳表层之中。生物富集的化学元素主要是 H、O、C、N、Ca、K、Si、Mg、P、S、Al 等。生物圈的质量很小,据估计相当于大气圈质量的 1/300,水圈质量的 1/7000 或上部岩石圈质量的 1/1000000。但是,生物圈对于改变地球的地理环境起着非常重要的作用。生物所产生的物质是人类的重要财富。

4)地壳

地壳是莫霍面以上的部分,由固体岩石组成,厚度变化很大。大洋地壳较薄,仅有 5~10km;大陆地壳的平均厚度是 35km,在造山带和西藏高原,其厚度达 50~70km;整个地壳平均厚度为 16km。地壳分为上、下两层,上层为花岗岩层,又称为硅铝层,是富含硅的岩浆岩;下层为玄武岩层,又称为硅镁层,是富含铁、镁的岩浆岩,如大洋地壳广泛分布的玄武岩物质。地壳与地球半径相比仅为 1/400,是地球表层极薄的一层硬壳,只有地球体积的 0.8%。

5)地幔

地幔是介于莫霍面与古登堡面之间的部分,厚度约为 2800km。根据地震波的变化情况,以地下 1000km 激增带为界面,又可把地幔分为上、下两层。上地幔为莫霍面至地下 1000km 处,厚度为 900km,主要由超基性岩组成,平均密度为 3.5g/cm³,温度达 1200~2000℃,压力达 0.4GPa。下地幔为地下 1000km 至古登堡面处,厚度为 1900km,主要成分为硅酸盐、金属氧化物和硫化物,铁、镍含量增加,平均密度为 5.1g/cm³,温度达 2000~2700℃,压力达 150GPa。

6)地核

自古登堡面至地心的部分称为地核。地核又分为内核、过渡层和外核,厚度为 3471km。地核主要是由含铁和镍很高且成分很复杂的液体和固体物质组成,密度约为 13.0g/cm³,温度达 3500~4000℃,中心压力达 360GPa。

2. 地壳

1)地壳的表面形态

地球表面明显分为海洋和大陆两部分,海洋面积占地球表面面积的 70.8%。大陆平均高出海平面 0.86km,海底平均低于海平面 3.9km。地壳表面起伏不平,有高山、丘陵、平原、湖盆地和海盆地等。世界最高的山峰为珠穆朗玛峰,高 8844.43m;最深的海沟为马里亚纳海沟,深 11034m,两者高差在 19km 以上。

大陆典型的地形单元为线状延伸的山脉和面状展布的平原、高原等。具体划分如表 2-1 所示。

大量海洋考察证实,海底与大陆一样具有广阔的平原、高峻的山脉和深陡的裂谷,而且比大陆更为雄伟壮观,具体划分见表 2-2。

表 2-1 大陆的地势特征

地 形		地 势 特 征
山地	低山	海拔 500~1000m
	中山	海拔 1000~3500m
	高山	海拔大于 3500m
平原		一般海拔小于 600m,地形起伏小于 50m
高原		海拔高于 600m,表面较平坦或有一定起伏的广阔地区
裂谷或大陆裂谷系		大陆上有一些宏伟的线状低地
丘陵		一般海拔在 500m 以下,相对高差 50~200m
盆地		四周是高原或山地,中间地平的地区为盆地
洼地		高程在海平面以下的盆地

注:山地是指海拔高于 500m,地形起伏大于 200m 的地区。

表 2-2 海底的地势特征

地 形		地 势 特 征
海岭		海底山脉泛称海岭,地震海岭称为洋脊或洋中脊
海槽		海底的长条形洼地
海沟		海底的长条形洼地中较深且边坡较陡者
大洋盆地		约占海底面积的 45%,一般深 4000~5000m
岛屿		微型的大陆,火山岛
海山		大洋中比较孤立的水下山丘
大陆边缘	大陆架	平均坡度仅为 0°07′,平均宽度为 50~70km
	大陆坡	平均坡度为 4.3°,平均宽度为 28km
	大陆基(麓)	大陆坡与大洋盆地的过渡地带

2)地壳的组成

地壳是地球最表面的构造层,也是目前人类能够直接观察的唯一内部圈层,它只占地球体积的 0.8%。地壳主要由岩石组成,岩石是自然形成的矿物集合体,它构成了地壳及其以下的固体部分,根据其性质可分为大陆地壳和大洋地壳,如图 2-3 所示。

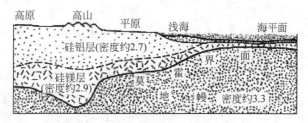

图 2-3 地壳结构示意图(单位:g/cm³)

大陆地壳是指大陆及大陆架部分的地壳,具有上部硅铝层(花岗质层)和下部硅镁层(玄武质层)的双层结构,以康德拉面为界;大洋地壳往往缺失硅铝层,仅发育硅镁层,不具有双层结构。大陆地壳与大洋地壳的区别如表 2-3 所示。

表 2-3　大陆地壳与大洋地壳的区别

	大 陆 地 壳	大 洋 地 壳
分布	大陆及大陆架	海底
平均厚度	33km	6～8km
硅铝层	10～40km	缺失
硅镁层	玄武岩质层,20km	玄武岩质层,5.5～7km
最古老的岩石	41 亿年	<2 亿年
构造运动	强烈,大部分岩石已发生了变形	轻微,大部分洋壳岩层很少发生变形

组成地壳的化学成分有 100 多种,其中含量最多的是表 2-4 所列的几种。

表 2-4　地壳主要化学成分表

元素	成分/%	元素	成分/%	元素	成分/%
O	49.13	Fe	4.20	Mg	2.35
Si	26.00	Ga	3.45	K	2.35
Al	7.45	Na	2.40	H	1.00

2.1.2　地质作用

现代地质学研究证实,地球形成之初,地表像现在的月球,并不存在水,也就没有海陆之分。大气成分中也没有二氧化碳和氧气。地球在其 46 亿年形成历史中逐渐发展和演化成今天的面貌。同时,今天的地球仍以人们不易察觉的速度和方式在继续变化。由自然动力引起地球和地壳物质组成、内部结构和地表形态不断变化和发展的作用,称为地质作用。

地质作用的动力来源,一是由地球内部放射性元素蜕变产生内热;二是太阳热辐射以及地球旋转力和重力。只要引起地质作用的动力存在,地质作用就不会停止。地质作用实质上是组成地球的物质以及由其传递的能量发生运动的过程。根据动力来源部位,地质作用常被划分为内力地质作用和外力地质作用两类。地质作用常常引起灾害,按地质灾害成因的不同,工程地质学把地质作用划分为物理地质作用和工程地质作用两种。其中,物理地质作用即自然物质作用,包括内力地质作用和外力地质作用;工程地质作用即人为地质作用。

1. 物理地质作用

1) 内力地质作用

内力地质作用的动力来自地球本身,并主要发生在地球内部,按其作用方式可分为地壳运动、岩浆作用、变质作用和地震作用四种。

地壳运动是指由地球内动力所引起的地壳岩石发生变形、变位(如弯曲、错断等)的机械运动,如图 2-4 所示。地壳运动按其运动方向可以分为水平运动和垂直运动两种形式。水平方向的运动常使岩层受到挤压产生褶皱,或使岩层拉张而破裂。垂直方向的构造运动会使地壳发生上升或下降,青藏高原数百万年以来的隆升是垂直运动的表现。

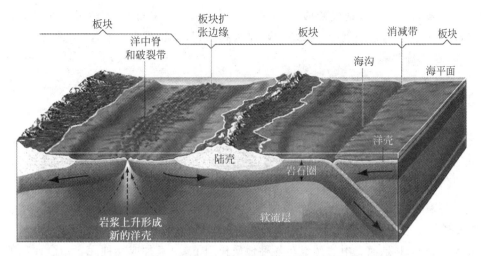

图 2-4 地壳运动示意图

岩浆作用是指在地壳运动的影响下,地壳内部的岩浆向外部压力减小的方向移动,上升侵入地壳或喷出地面,并冷却凝固成为岩石的全过程。岩浆作用形成岩浆岩,并使围岩发生变质现象,同时引起地形改变。

变质作用是指地壳运动、岩浆作用等引起物理和化学条件发生变化,促使岩石在固体状态下改变其成分、结构和构造的作用,变质作用可形成不同的变质岩。

地震作用一般是由于地壳运动引起地球内部能量的长期积累,达到一定限度而突然释放时,地壳在一定范围内的快速颤动。按产生的原因,地震作用可分为构造地震、火山地震、陷落地震和激发地震等。

2)外力地质作用

外力地质作用主要由太阳热辐射引起,主要发生在地壳的表层。一般按下面的程序进行:风化→剥蚀→搬运→沉积→固结成岩。主要包括风化作用、剥蚀作用、搬运作用、沉积作用和固结成岩作用等作用方式。

风化作用是指在温度、气体、水及生物等因素的长期作用下,暴露于地表的岩石发生化学分解和机械破碎。

剥蚀作用是指河水、海水、湖水、冰川及风等在其运动过程中对地表岩石造成破坏,破坏产物随其运动而搬走。例如,海岸、河岸因受海浪和流水的撞击、冲刷而发生后退。斜坡发生剥蚀作用时,斜坡物质在重力以及其他外力作用下产生滑动和崩塌,又称为块体运动。

搬运作用是指岩石经风化、剥蚀破坏后的产物,被流水、风、冰川等介质搬运到其他地方的作用。搬运作用与剥蚀作用是同时进行的。

沉积作用是指由于搬运介质的搬运能力减弱,搬运介质的物理、化学条件发生变化,或由于生物的作用,被搬运的物质从搬运介质中分离出来,形成沉积物的过程。

固结成岩作用是指沉积下来的各种松散堆积物,在一定条件下,由于压力增大、温度升高以及某些化学溶液的影响,发生压密、胶结及重结晶等物理或化学过程而使之固结成为坚硬岩石的作用。

2. 工程地质作用(人为地质作用)

工程地质作用或人为地质作用是指人类活动引起的地质效应。例如,采矿特别是露天开采移动大量岩体会引起地表变形、崩塌和滑坡；人类在开采石油、天然气和地下水时因岩土层疏干排水会造成地面沉降；特别是兴建水利工程，会造成土地淹没、盐渍化、沼泽化或是库岸滑坡、水库地震。

2.2　主要造岩矿物

组成地壳的岩石都是在一定地质条件下，由一种或几种矿物自然组合而成的矿物集合体。矿物的成分、性质及其在各种因素影响下的变化，都会对岩石的强度和稳定性产生影响。

自然界有各种各样的岩石，按成因可分为岩浆岩、沉积岩和变质岩。岩石是由矿物组成的，要认识岩石、分析岩石在各种自然条件下的变化，就必须掌握与矿物相关的知识。

矿物(mineral)是地壳中的元素在各种地质作用下，由一种或几种元素结合而成的天然单质或化合物。

组成岩石的矿物，通常称为造岩矿物(rock forming minerals)；组成矿产的常见矿物，通常称为金属造矿矿物。矿物按生成条件可分为原生矿物和次生矿物。原生矿物一般由岩浆冷凝生成，如石英、长石、辉石、角闪石、云母、橄榄石、石榴石等；次生矿物一般由原生矿物经风化作用直接生成，如高岭石、蒙脱石、伊利石、绿泥石等；或在水溶液中析出生成，如方解石、石膏、白云石等。

2.2.1　矿物的形态

矿物单体是以某种矿物形式存在的单一颗粒，它们的大小悬殊，有的用肉眼或用一般的放大镜可见(显晶)，有的须借助显微镜或电子显微镜辨认(隐晶)；有的单体晶型完好，呈规则的几何多面体形态，有的呈不规则的颗粒状存在于岩石或土壤之中。可见，矿物的形态不仅与其组成成分有关，也与矿物的生长环境密切相关。因此，矿物的形态可以作为鉴定矿物的重要特征之一。一般来说，矿物的形态包括矿物单体和集合体两种。

1. 矿物单体的形态

绝大多数矿物都是晶体，具有各自特定的晶体结构。当生长条件合适时，同种矿物的单个晶体往往都有自己常见的形态，称为晶体习性(结晶习性)。虽然有很多矿物晶体，但按其结晶习性主要分为以下三种。

(1) 一向延长型：晶体沿一个方向发展，呈柱状、斜状、棒状、针状等，如角闪石、电气石(见图 2-5(a))。

(2) 二向延展型：晶体沿两个方向发育，呈片状、板状，如重晶石、云母(见图 2-5(b))。

(3) 三向等长型：晶体沿三个方向均等发育，呈粒状，如磁铁矿、石榴石(见图 2-5(c))。

2. 矿物集合体的形态

自然界的矿物很少呈单体出现，大多数呈集合体形态。集合体的形态很多，常见的有如下几种。

1) 显晶集合体

显晶集合体的形态有规则连生的双晶集合体，如接触双晶和穿插双晶，还有不规则的粒

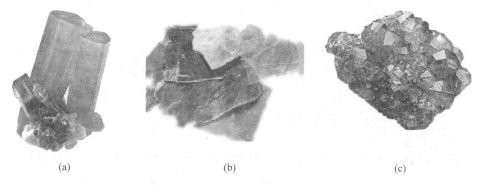

图 2-5　常见矿物晶体的形态

(a) 电气石；(b) 云母；(c) 石榴石

状、块状、片状、板状、纤维状、针状、柱状、放射状集合体和晶簇等。其中,晶簇是以岩石空洞洞壁或裂隙壁作为共同基底而生长的晶体群,如图 2-6 所示。

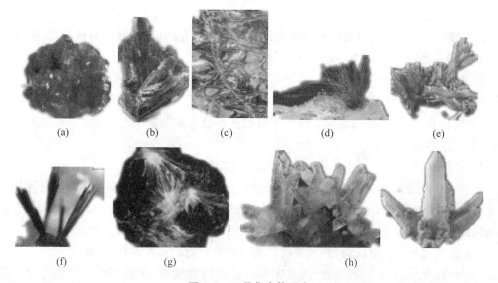

图 2-6　显晶集合体形态

(a) 粒状集合体；(b) 片状集合体；(c) 板状集合体；(d) 纤维状集合体；(e) 柱状集合体；

(f) 针状集合体；(g) 放射状集合体；(h) 晶簇

2) 隐晶和胶态集合体

隐晶和胶态集合体可以由溶液直接沉积或由胶体沉积生成,其主要形态有球状、土状、结核体、鲕状、豆状、分泌体、钟乳状、笋状集合体等,如图 2-7 所示。

图 2-7　隐晶集合体形态

2.2.2　矿物的物理性质

矿物的物理性质取决于矿物的化学成分和内部构造。不同矿物的化学成分或内部构造不同，可反映出不同的物理性质。所以，矿物的物理性质是鉴别矿物的重要依据。

矿物的物理性质多种多样，为便于用肉眼鉴别常见的造岩矿物，下面主要介绍矿物的颜色、条痕、光泽、透明度、硬度、解理和断口。

1. 颜色

矿物的颜色是由矿物对可见光波的吸收作用产生的。按成色来分，矿物颜色有自色、他色和假色。

(1) 自色：由矿物的化学成分和晶体结构所形成的矿物本身固有的颜色，如黄金的金黄色、黄铜矿的赤黄色和孔雀石的翠绿色等。

(2) 他色：由矿物混入某些杂质引起，与矿物本身的性质无关。他色不固定，随杂质的不同而异，如纯净的石英是无色透明的，混入杂质就呈紫色、玫瑰色或烟色，故他色对鉴定矿物没有很大意义。

(3) 假色：由于矿物内部的裂隙或表面的氧化膜对光的折射、散射而造成，如斑铜矿表面的蓝色和紫色。

2. 条痕

矿物在白色无釉的瓷板上划擦时留下的粉末的颜色，称为条痕或条痕色。条痕可消除假色、减弱他色，常用于矿物鉴定。某些矿物的条痕色与矿物的颜色不同，如黄铁矿为浅铜黄色，而其条痕是绿黑色。

3. 光泽

矿物表面反射光线的能力称为光泽。通常可按反射能力自强而弱把矿物的光泽分为金属光泽、半金属光泽和非金属光泽。绝大部分造岩矿物的光泽都属于非金属光泽，由于矿物表面的性质或矿物集合体的集合方式不同，矿物又会反映出不同特征的光泽。

(1) 玻璃光泽：反射较弱，如同玻璃表面的反光，如长石、方解石、水晶。

(2) 珍珠光泽：光线在解理面间发生多次折射和内反射，在解理面上呈现的像珍珠一样的光泽，如云母。

(3) 丝绢光泽：由于光的反射互为干扰，纤维状或细鳞片状矿物形成丝绢般的光泽，如石棉。

(4) 油脂光泽与树脂光泽：油脂光泽见于浅色矿物，如同涂上油脂的反光，如石英断口处的光泽；树脂光泽见于较深色的矿物，如部分闪锌矿。

(5) 蜡状光泽：表面呈现像石蜡的光泽，如蛇纹石、滑石等致密块体矿物表面的光泽。

(6) 土状光泽：矿物表面暗淡如土，如高岭石等松细粒块体矿物表面所呈现的光泽。

4. 透明度

透明度是指矿物透光的程度，可分成三级。

(1) 透明：绝大多数光线可透过矿物，如水晶、冰洲石。

(2) 半透明：部分光线可通过矿物，如闪锌矿、辰砂等。

(3) 不透明：光线通不过矿物，如黄铁矿。

5. 硬度

硬度指矿物抵抗外力刻划、研磨的能力。硬度对比的标准,从软到硬依次由十种矿物组成,称为摩氏硬度计,如表 2-5 所示。可以看出,摩氏硬度只能反映矿物的相对硬度,并不能反映矿物绝对硬度的等级。

表 2-5　矿物摩氏硬度表

硬度	1	2	3	4	5	6	7	8	9	10
矿物	滑石	石膏	方解石	萤石	磷灰石	正长石	石英	黄玉	刚玉	金刚石

注:矿物摩氏硬度可简记为"滑石方,萤磷长,石英黄玉刚金刚"。

测定某矿物的硬度,只须将待定矿物与硬度计中的标准矿物相互刻划,进行比较。例如,某矿物可以刻划正长石,又被石英划破,则该矿物的硬度介于 6～7 之间。通常以简便的工具来代替摩氏硬度计中的矿物。如指甲的硬度为 2～2.5,铁刀刃的硬度为 3～5.5,玻璃的硬度为 5～5.5,钢刀刃的硬度为 6～6.5。

6. 解理与断口

矿物晶体在外力作用下(如敲打、挤压等)沿着一定方向发生破裂并裂成光滑平面的性质称为解理,这些光滑的平面称为解理面。通常根据晶体受力时是否易于沿解理面破裂,以及解理面的大小和平整光滑程度,将解理分成极完全、完全、中等和不完全等级别。例如,云母沿解理面可剥离成极薄的薄片,为极完全解理;岩盐可沿解理面破裂成立方体而具有完全解理。几种解理如图 2-8 所示。

（a）　　　　　　　（b）　　　　　　　（c）　　　　　　　（d）

图 2-8　解理分类

（a）极完全解理；（b）完全解理；（c）中等解理；（d）无解理

矿物受外力作用,在任意方向破裂并呈现出的各种凹凸不平的断面(如贝壳状、锯齿状等)称为断口。根据形态特征断口有贝壳状断口(见图 2-9(a))、参差状断口(见图 2-9(b))、锯齿状断口和平坦状断口。

7. 其他性质

除上述各种性质外,矿物还具有诸如密度、磁性、导电性、荷(摩擦、热等导致)电性、压电性、发光性、放射性等性质。这些特性往往为某些特有矿物所具有,对一般矿物不具有鉴定意义。如磁铁矿的磁性,金属矿物、石墨等的导电性,琥珀的摩擦带电性,石英的压电性,萤石的发光性,含铀矿物的放射性等。

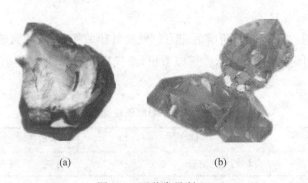

(a)　　　　　　　　　　(b)

图 2-9　两种常见断口

（a）贝壳状断口；（b）参差状断口；

2.2.3　常见的主要造岩矿物

目前自然界产出的矿物约有 3000 种。对于形成岩石具有普遍意义的矿物,即主要造岩矿物则不过数十种。就其化学成分而言,绝大多数主要造岩矿物(常见矿物)为硅酸盐,其余为氧化物、硫化物、卤化物、碳酸盐和硫酸盐等。

2.3　岩石

岩石是地壳的基本组成物质,即平常所称的石头的科学术语。岩石是矿物有规律组合的集合体,是地壳中各种地质作用形成的地质体,并具有一定的结构、构造和变化规律。大多数岩石由若干种矿物组成,有的主要由一种矿物组成,如花岗岩(包括正长石、石英、黑云母)、大理岩(如方解石)。

虽然岩石的面貌千变万化,但是从它们形成的环境,即从成因来划分,可以把岩石分成三大类：岩浆岩(火成岩)、沉积岩(水成层)和变质岩。

2.3.1　岩浆岩

由于放射性元素的集中,地壳下部不断地蜕变而放出大量的热能,使物质处于高温(1000℃以上)、高压(上部岩石的重量产生巨大的压力)的过热可塑状态。这些物质成分复杂,但主要是硅酸盐,并含有大量的挥发性组分。当地壳变动时,一旦上部岩层压力减小,过热可塑状态的物质就立即转变为高温的熔融体,即为岩浆。它的化学成分很复杂,主要有 SiO_2、TiO_2、Al_2O_3、Fe_2O_3、FeO、MgO、MnO、CaO、K_2O、Na_2O 等。依其含 SiO_2 含量的多少,岩浆分为基性岩浆和酸性岩浆。基性岩浆的特点是富含 Ca、Mg、Fe,而贫 K 和 Na,黏度较小,流动性较大。酸性岩浆富含 K、Na 和 Si,而贫 Ca、Mg、Fe,黏度大,流动性较小。岩浆内部压力很大,不断向地壳压力低的地方移动,以致冲破地壳深处的岩层,沿着裂缝上升；上升到一定高度,温度、压力都要降低或减小。当岩浆的内部压力小于上部岩层压力时,岩浆将停止运动,冷凝成岩浆岩。

1. 岩浆岩的物质成分

1) 岩浆岩的化学成分

岩浆岩种类繁多,但根据各种岩浆岩的化学分析成果可知,占岩石 99％以上的是 O、Si、

Al、Fe、Ca、Na、K、Mg、Ti 等九种元素，其中 O、Si 占岩石总质量的 75.13%、占总体积的 93%，其次是 Al、Fe。这些元素一般都以氧化物的形式存在。

2) 岩浆岩的矿物成分

岩浆岩中的各种氧化物之间有明显的变化规律：当 SiO_2 含量较低时，FeO、MgO 等铁镁质矿物增多；当 SiO_2 和 Al_2O_3 的含量较高时，Na_2O、K_2O 等钠、钾矿物增加。由此，可根据 SiO_2 的含量把岩浆岩分为以下四类，见表 2-6。

表 2-6　岩浆岩的分类　　　　　　　　　　　　　　　　　　　　%

类型	酸性	中性	基性	超基性
SiO_2 含量	65～75	55～65	45～55	<45

组成岩浆岩的造岩矿物有 30 多种，按其颜色及化学成分的特点可分为浅色矿物和深色矿物两类。浅色矿物富含 Si、Al 元素，如正长石、斜长石、石英、白云母等；深色矿物富含 Fe、Mg 元素，如黑云母、辉石、角闪石、橄榄石等。

2. 岩浆岩的结构和构造

1) 岩浆岩的结构

岩浆岩的结构(texture of magmatite)是指岩石中(单体)矿物的结晶程度、颗粒大小、形状及其相互组合关系。

(1) 按岩石中矿物结晶程度划分

全晶质结构：岩石中的矿物全为结晶体，如闪长石、花岗岩，如图 2-10(a)所示。

半晶质结构：岩石中的矿物既有结晶体，又有波动质，如流纹岩，如图 2-10(b)所示。

非晶质结构：岩石全由波动质组成，如黑曜岩，如图 2-10(c)所示。

(a)　　　　　　　　　　(b)　　　　　　　　　　(c)

图 2-10　岩浆岩的典型结构

(a) 全晶质结构(花岗岩)；(b) 半晶质结构(流纹岩)；(c) 非晶质结构(黑曜岩)

(2) 按岩石中矿物颗粒的绝对大小划分

显晶质结构：岩石中的矿物颗粒较大，用肉眼可以分辨并鉴定其特征，一般为深成侵入岩所具有的结构。

隐晶质结构：岩石中矿物颗粒细小，只有在偏光显微镜下方可识别，常为喷出岩及浅成岩所具有的结构。

玻璃质结构：岩石由非晶质的玻璃质组成，各种矿物成分混沌成一个整体，为喷出岩所具有的结构。

（3）按岩石中矿物颗粒的相对大小划分

等粒结构：岩石中同种矿物颗粒的大小相近。按结晶颗粒的绝对大小，等粒结构又可以分为粗粒结构（矿物结晶颗粒的直径大于 5mm）、中粒结构（矿物结晶颗粒的直径为 2～5mm）、细粒结构（矿物结晶颗粒的直径为 0.2～2mm）、微粒结构（矿物结晶颗粒的直径小于 0.2mm）。

不等粒结构：组成岩石的主要矿物结晶颗粒大小不等，相差悬殊。其中，晶形完好、颗粒粗大的称为斑晶，小的称为石基。不等粒结构又分为以下两种类型：①斑状结构：石基为非晶质或隐晶质；②似斑状结构：石基为显晶质，主要分布于浅成侵入岩和部分中深成侵入岩中。

（4）按矿物自形程度划分

自形晶：晶型完整，往往呈规律的多边形，如斑晶。

半自形晶：部分晶面完整，部分有不规则的轮廓。

他形晶：晶型不规则，无棱角。

2）岩浆岩的构造

岩浆岩的构造（structure of magmatite）是指（集合体）矿物在岩石中排列的顺序和填充的方式所反映出来岩石的外貌特征。常见的构造形式及其各自特征如表 2-7 所示。

表 2-7   岩浆岩的构造

岩浆岩构造类型	特征岩石	特　点
块状构造 （massive）	花岗岩	矿物在岩石中的排列无一定的次序和方向，为不具有任何特殊形状的均匀块体，大部分侵入岩具有块状构造
流纹状构造 （rhyotaxitic）	流纹岩	在喷出岩中，不同颜色的矿物、玻璃质和拉长气孔等沿一定方向排列，表现出熔岩流动的状态，仅出现于喷出岩中
气孔状构造 （vesicular）	浮岩	岩浆凝固时，挥发性的气体未能及时逸出，以致在岩石中留下许多圆形、椭圆形或长管形的孔洞
杏仁状构造 （amygdaloidal）	安山岩	岩石中的气孔为后期矿物（如方解石、石英等）充填所形成的一种形似杏仁的构造

3. 岩浆岩的产状

岩浆岩的产状，即指岩浆岩体在地壳中产出的状况，表现为岩体的形态、规模、与围岩的接触关系及其产出的地质构造环境等，如图 2-11 所示。

根据岩浆本身成分的不同及其受地质条件的影响，岩浆岩的产状大致有下列几种。

（1）岩基：深成巨大的侵入岩体，范围很大，常与硅铝层连在一起，形状不规则，表面起伏不平，与围岩呈不谐和接触，露出地面的大小决定了当地的剥蚀深度。

（2）岩株：与围岩接触较陡，面积达几平方千米或几十平方千米，其下部与岩基相连，比岩基小。

（3）岩盆：岩浆冷凝成为上凸下平呈透镜状的侵入岩体，底部通过颈体和更大的侵入体连通，直径可达几千米。

（4）岩床：岩浆沿着成层的围岩方向侵入，表面无突起，略为平整，延伸长度可达数千米。

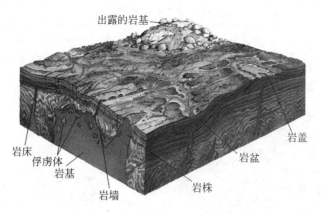

图 2-11 岩浆岩产状立体示意图

（5）岩墙：又称岩脉，是岩浆沿围岩裂隙挤入后冷凝形成的，与围岩成层方向垂直相交或近于垂直。

4. 岩浆岩的分类

岩浆岩的种类很多，其间既存在差别又有内在的联系。现行岩浆岩分类通常是从岩浆的成分和冷凝固结成岩环境两方面考虑。按岩浆岩中 SiO_2 的含量，可将岩浆岩分成超基性岩、基性岩、中性岩及酸性岩。分类的另一个标志是岩浆冷凝环境，据此分成侵入岩和喷出岩，侵入岩又可分成深成岩和浅成岩。每大类中又可根据其成分、产状、结构构造进一步细分，如表 2-8 所示。

表 2-8 岩浆岩的分类简表

化学成分			含 Si、Al 为主			含 Fe、Mg 为主	
颜 色			浅色（浅灰、浅红、红色、黄色）			深色（深灰、绿色、黑色）	
酸基性与 SiO_2 含量			酸性岩 >65%	中性岩 65%～62%		基性岩 52%～45%	超基性岩 <45%
矿物成分			含石英	很少或不含石英			不含石英
			正长石为主		斜长石为主		不含长石
成因及结构			石英、云母、角闪石	黑云母、角闪石、辉石	角闪石、辉石、黑云母	辉石、黑云母、橄榄石	辉石、橄榄石、角闪石
喷出岩	渣块状气孔状杏仁状流纹状	玻璃状	火山玻璃：黑曜岩、浮石等				
		隐晶斑状	流纹岩	粗面岩	安山岩	玄武岩	苦橄岩金伯利岩
浅成岩	块状斑状	伟晶	脉岩：伟晶岩、细晶岩、煌斑岩				
		斑状	花岗斑岩	正长斑岩	闪长斑岩	辉绿岩	苦橄玢岩
深成岩	块 状	显晶、等粒	花岗岩	正长岩	闪长岩	辉长岩	橄榄岩辉岩
相对密度			2.5～2.7	2.7～2.8		3.1～3.5	3.1～3.5

5. 常见岩浆岩

常见岩浆岩特征见表 2-9。

表 2-9　常见岩浆岩特征表

类型	名称	成因	颜色	主要成分	次要成分	结构	构造
酸性岩	花岗岩	深成侵入岩	肉红色、灰色、灰白色	石英、正长石	黑云母、角闪石、白云母	粒状或似斑状	块状
	花岗斑岩	浅成侵入岩	杂色	长石、石英	黑云母、角闪石	斑状	块状
	流纹岩	喷出岩	浅红色、灰白色、灰红色	透长石、斜长石、石英	黑云母、角闪石	斑状	流纹状
	脉岩	浅成侵入岩	黑色、墨绿色	石英、长石	稀有稀土及放射性元素	斑状、细粒	脉状、团块状
	英安岩	喷出岩	灰色、灰白色、土红色、浅紫色	石英、斜长石、正长石	角闪石、黑云母	斑状或玻璃质	流纹状
中性岩	安山岩	喷出岩	浅褐色、灰绿色、灰色	角闪石、斜长石、辉石	黑云母	斑状或隐晶质	气孔、杏仁状
	闪长岩	深成侵入岩	灰黑色、灰色、浅绿色	斜长石、角闪石	辉石、黑云母	半自形粒状	块状
	闪长玢岩	浅成侵入岩	灰色、灰绿色	斜长石、角闪石、黑云母	石英、钾长石	斑状	块状
	粗面岩	喷出岩	浅灰色、浅黄色、粉红色	正长石	黑云母、角闪石、辉石	斑状	块状、流纹状、气孔
	正长岩	深成侵入岩	肉红色、浅灰色、浅黄色	正长石	角闪石、黑云母	全晶质等粒	块状
	正长斑岩	浅成侵入岩	浅灰色、肉红色	正长石	角闪石、黑云母	斑状	块状
基性岩	玄武岩	喷出岩	黑色、灰黑色、暗红色	斜长石、辉石	橄榄石、角闪石	斑状、细粒至隐晶质	气孔、杏仁状
	辉长岩	深成侵入岩	灰黑色、黑色	斜长石、辉石	橄榄石、角闪石、黑云母	全晶质、等粒结构	块状
	辉绿岩	浅成侵入岩	暗绿色、深灰色、灰黑色	辉石、斜长石	橄榄石、石英	辉绿、斑状	气孔、块状
	煌斑岩	浅成侵入岩	黑色或灰黑色	绿帘石、绿泥石、方解石、斜长石	黑云母、角闪石、辉石	煌斑	块状
超基性岩	橄榄岩	深成侵入岩	深绿色	橄榄石、辉石	角闪石、黑云母	全晶质自形或他形粒状	致密块状
	金伯利岩	浅成侵入岩	黑色、暗绿色、灰色	橄榄石、辉石、云母	石榴石、钛铁矿、钻石	斑状	块状、角砾状
	科马提岩	喷出岩	绿色	橄榄石、辉石	铬尖晶石、玻璃基质	鬣刺、鱼骨状、羽状	枕状
	角闪石岩	深成侵入岩	绿色、黑色	角闪石	辉石、橄榄石	全晶质粒状	块状

1) 酸性岩

(1) 花岗岩——深成侵入岩,多呈肉红色、灰色或灰白色,矿物成分主要为石英和正长石,其次有黑云母、角闪石和其他矿物。花岗岩为全晶质等粒结构(也有不等粒或似斑状结构),块状构造。根据所含深色矿物的不同,可将花岗岩进一步分为黑云母花岗岩、角闪石花岗岩等。花岗岩分布广泛,行至均匀坚固,是良好的建筑石料。

(2) 花岗斑岩——浅成侵入岩,成分与花岗岩相似,所不同的是具有斑状结构,斑晶为长石或石英,石基多由细小的长石、石英及其他矿物组成。

(3) 流纹岩——喷出岩,呈岩流产出,常呈灰白、紫灰或浅黄褐色,具有典型的流纹构造、斑状结构,细小的斑晶常由石英或长石组成。流纹岩中很少出现黑云母和角闪石等深色矿物。

2) 中性岩

(1) 正长岩——深成侵入岩,肉红色、浅灰色或浅黄色,全晶质等粒结构,块状构造;主要矿物成分为正长石,其次为黑云母和角闪石,一般石英含量极少。其物理力学性质与花岗岩相似,但不如花岗岩坚硬,且易风化。

(2) 正长斑岩——浅成侵入岩,与正长岩不同的是具有斑状结构,斑晶主要是正长石,石基比较致密;一般呈棕灰色或浅红褐色。

(3) 粗面岩——喷出岩,常呈浅灰、浅黄色或淡红色,斑状结构,斑晶为正长石,石基多为隐晶质,具有细小孔隙,表面粗糙。

(4) 闪长岩——深成侵入岩,呈灰白、深灰至黑灰色,主要矿物为斜长石和角闪石,其次有黑云母和辉石;为全晶质等粒结构,块状构造。闪长岩结构致密,强度高,且具有较高的韧性和抗风化能力,是良好的建筑石料。

(5) 闪长玢岩——浅成侵入岩,呈灰色或灰绿色。其成分与闪长岩相似,具有斑状结构,斑晶主要为斜长石,有时为角闪石。岩石中常有绿泥石、高岭石和方解石等次生矿物。

(6) 安山岩——喷出岩,呈灰色、紫色或灰紫色,为斑状结构,斑晶常为斜长石,为气孔状或杏仁状构造。

3) 基性岩

(1) 辉长岩——深成侵入岩,呈灰黑至黑色,为全晶质等粒结构,块状构造。主要矿物为斜长石和辉石,其次有橄榄石、角闪石和黑云母。辉长岩强度高,抗风化能力强。

(2) 辉绿岩——浅成侵入岩,呈灰绿或黑绿色,具有特殊的灰绿结构(辉石充填于斜长石晶体格架的空隙中),成分与辉长岩相似,但常含有方解石、绿泥石等次生矿物,强度较高。

(3) 玄武岩——喷出岩,呈灰黑至黑色,其成分与辉长岩相似,呈隐晶质细粒或斑状结构,气孔或杏仁状构造。玄武岩致密坚硬、性脆,强度很高。

4) 超基性岩

橄榄岩:呈灰黑、褐至绿色,中粒、粗粒等结构,块状构造,主要由橄榄石、镁质辉石等组成,一般无浅色矿物;橄榄石和镁质辉石常因后期变化,部分或全部变为蛇纹石等,使岩石成为石化橄榄岩或蛇纹岩,易于辨认,新鲜的橄榄岩很少见。

2.3.2 沉积岩

沉积岩(sedimentary rock)是在地表和地下不太深的地方形成的地质体,是在常温常压下,由风化作用、生物作用和某些火山作用所形成的松散沉积层,经过成岩作用形成的。

沉积岩的原生构造可以反映其沉积环境,因此对沉积物和沉积岩的研究有相当大的实用价值,沉积岩中有许多不可缺少的能量资源,如石油、天然气和煤。

1. 沉积岩的形成

沉积岩的形成一般经历了先成岩石(岩浆岩、沉积岩或变质岩)遭受风化、剥蚀破坏,破坏产物被搬运至一定场所沉积下来,再固结成岩的过程,具体经过风化作用、搬运作用、沉积作用和成岩作用四个阶段。

(1)风化作用分为物理风化、化学风化和生物风化三类。

(2)搬运作用的方式有三种,即拖曳搬运、悬浮搬运和溶液搬运。

(3)沉积作用可分为机械沉积、化学沉积、生物和生物化学沉积三种类型。

(4)成岩作用主要表现为压固作用、胶结作用、脱水作用和重结晶作用。

2. 沉积岩的物质组成

沉积岩是一种次生岩石,其物质成分除了岩浆岩等原来的岩石、矿物的碎屑外,还有一些在外生条件下形成的矿物,如黏土和一些胶体矿物、易溶盐类、来自生物遗体的硬体(骨骼、甲壳等)和有机质等,这是沉积岩所特有的性质。

(1)碎屑物质:原岩经风化破碎而生成的呈碎屑状态的物质。其中,主要有矿物碎屑(石英、长石、云母等)、岩石碎块、火山碎屑等。碎屑物质形成于高温高压环境中的橄榄石、辉石、角闪石、黑云母、基性斜长石等,在沉积岩中含量为零。岩浆岩中的石英在表生条件下稳定性较高,一般以碎屑物形式出现于沉积岩中。

(2)黏土矿物:主要是一些含铝硅酸盐类矿物的岩石,经化学风化作用形成的次生矿物,如高岭石、微晶高岭石及水云母等。这类矿物的颗粒极小(直径小于 0.005mm),具有很大的亲水性、可塑性和膨胀性。

(3)化学沉积物:由化学作用从溶液中沉淀结晶产生的沉积矿物,如方解石、白云石、石膏、铁锰的氧化物及氢氧化物等。

(4)有机质及生物残骸:由生物残骸或有机化学变化而成的物质,如贝壳、珊瑚礁、泥炭及其他有机质等。

(5)胶结物:常见的有硅质、铁质、钙质和泥质等。

3. 沉积岩的结构和构造

1)沉积岩的结构

沉积岩的结构是指组成岩石的物质颗粒大小、形状及其组合关系,它是对沉积岩进行分类、命名的重要依据。一般可将沉积岩的结构分为碎屑结构、泥质结构、结晶结构和生物结构四种。

(1)碎屑结构:碎屑物质被胶结物胶结而成。

按主要碎屑粒度大小,可将碎屑结构分为以下三种。

① 砾状结构(碎屑粒径>2mm),相应沉积岩为砾岩;

② 砂状结构(碎屑粒径为 0.05～2mm),相应沉积岩为砂岩;

③ 粉砂状结构(碎屑粒径为 0.005～0.05mm),相应的沉积岩为粉砂岩。

按胶结物的成分,可分为以下四种。

① 硅质胶结:由石英及二氧化硅胶结而成,颜色浅,强度高。

② 铁质胶结：由铁的氧化物及氢氧化物胶结而成，颜色深，呈红色，其强度次于硅质胶结。

③ 钙质胶结：由方解石等碳酸钙类的物质胶结而成，颜色浅，强度比较低，容易遭受侵蚀。

④ 泥质胶结：由细粒黏土矿物胶结而成，颜色不定，胶结松散，强度最低，容易遭受风化破坏。

（2）泥质结构：几乎全部由小于0.005mm的黏土质点组成，是泥岩、页岩等黏土岩的主要结构。

（3）结晶结构：由溶液中沉淀或经重结晶形成的结构。由沉淀生成的晶粒极细，经重结晶作用后晶粒变粗，但直径一般都小于1mm，肉眼不易分辨。结晶结构是石灰岩、白云岩等化学岩的主要结构。

（4）生物结构：由生物遗体或碎片组成，如贝壳结构、珊瑚结构等，是生物化学岩所具有的结构。

2）沉积岩的构造

沉积岩的构造，是指其组成部分的空间分布及其相互间的排列关系。沉积岩最主要的构造是层理构造。层理是沉积岩成层的性质。由于季节性气候的变化和沉积环境的改变，先后沉积的物质在颗粒大小、形状、颜色和成分方面发生相应变化，从而显示出来的成层现象，称为层理构造。

由于形成层理的条件不同，层理有不同的形态类型，如常见的有水平层理（见图2-12（a））、斜层理（见图2-12（b））、交错层理（见图2-12（c））等。可根据层理推断沉积物的沉积环境和搬运介质的运动特征。

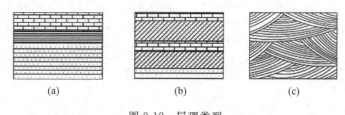

(a)　　　　　　　(b)　　　　　　　(c)

图 2-12　层理类型

（a）水平层理；（b）斜层理；（c）交错层理

层与层之间的界面称为层面。有时可以在层面上看到波痕、雨痕及泥面干裂的痕迹。上、下两个层面间的成分基本均匀一致的岩石称为岩层，岩层是层理最大的组成单位。一个岩层上、下层面之间的垂直距离称为岩层的厚度。在短距离内岩层厚度的减小称为变薄；厚度变薄以至消失称为尖灭，若岩层两端尖灭，则成为透镜体。大厚度岩层中所夹的薄层，称为夹层。

沉积岩内岩层的变薄、尖灭和透镜体，可使其强度和透水性在不同的方向发生变化；松软夹层容易引起上覆岩层发生顺层滑动。

在沉积岩中，还可看到许多化石，它们是经石化作用保存下来的动植物遗骸和遗迹，如三叶虫、树叶等，常沿层里面平行分布。根据化石可以推断岩石形成的地理环境，确定岩层的地质年代。沉积岩的层理构造、层面特征和化石，是沉积岩在构造上区别于岩浆岩的重要特征。

4. 沉积岩的分类及常见沉积岩

1) 沉积岩的分类

按成因、结构、成分可将沉积岩分成碎屑岩、黏土岩、化学岩及生物化学岩,具体分类见表 2-10。

表 2-10　沉积岩分类简表

岩类	结　构		岩石分类名称	主要亚类及其组成物质
碎屑岩	火山碎屑岩	粒径＞100mm	火山集块岩	主要由大于 100mm 的熔岩碎块、火山灰尘等经压密、胶结而成
		粒径 2～100mm	火山角砾岩	主要由 2～100mm 的熔岩碎屑、晶屑、玻屑及其他碎屑混入物组成
		粒径＜2mm	凝灰岩	由 50％以上粒径小于 2mm 的火山灰组成,其中有岩屑、晶屑、玻屑等细粒碎屑物质
	沉积碎屑岩 · 碎屑结构	粒状结构(粒径＞2mm)	砾岩、角砾岩	角砾岩(由带棱角的角砾经胶结而成)、砾岩(由浑圆的砾石经胶结而成)
		砂质结构(粒径 0.05～2mm)	砂岩	石英砂岩:石英(＞90％)、长石和岩屑(＜10％); 长石砂岩:石英(＜75％)、长石(＞25％)、岩屑(＜10％); 岩屑砂岩:石英(＜75％)、长石(＜10％)、岩屑(＞25％)
		粉砂结构(粒径 0.005～0.05mm)	粉砂岩	主要由含石英、长石的粉、黏粒及黏土矿物组成
黏土岩	泥质结构(粒径＜0.005mm)		泥岩	主要由高岭石、微晶高岭石及水云母等黏土矿物组成
			页岩	黏土质页岩(由黏土矿物组成); 碳质页岩(由黏土矿物及有机质组成)
化学岩及生物化学岩	结晶结构及生物结构		石灰岩	石灰岩:方解石(＞90％)、黏土矿物(＜10％); 泥灰岩:方解石(50％～75％)、黏土矿物(25％～50％)
			白云岩	白云岩:白云石(90％～100％)、方解石(＜10％); 灰质白云岩:白云石(50％～75％)、方解石(25％～50％)

2) 常见的沉积岩

(1) 碎屑岩

① 火山碎屑岩

火山集块岩:由 50％以上粒径大于 100mm 的熔岩碎块及细小的火山碎屑和火山灰填充、胶结而成,为集块结构,岩块坚硬。

火山角砾岩:粒径 2～100mm 的碎屑占 50％以上,胶结物为火山灰,火山角砾结构,块状构造。

凝灰岩：由粒径小于2mm的火山灰组成，凝灰结构，块状构造，容重小，易风化。

② 沉积碎屑岩

砾岩及角砾岩：由50％以上粒径大于2mm的圆砾或角砾胶结而成，粒状结构，块状构造。硅质胶结的石英砾岩非常坚硬，开采加工较困难，泥质胶结的石英砾岩则相反。

砂岩：由50％以上粒径为0.05～2mm的砂粒胶结而成，砂粒主要成分为石英、长石及岩屑等，砂状结构为层理构造。砂岩为多孔岩石，孔隙越多，透水性和蓄水性越好。砂岩强度主要取决于砂粒成分和胶结物的成分和胶结类型等。其抗压强度差异较大，由于多数砂岩岩性坚硬而脆，在地质构造作用下裂隙发育，所以常具有较强的透水性。

粉砂岩：由50％以上粒径为0.002～0.05mm的粉砂粒胶结而成，粉砂质结构，层理构造，结构疏松，强度和稳定性不高。成分主要是石英，其次为白云母、长石和黏土矿物等，胶结物多为泥质，因颗粒细小，肉眼难以区分成分及胶结物。具有代表性的未固结沉积物有黄土等。

（2）黏土岩

泥岩：主要由黏土矿物经脱水固结而成，具有黏土结构，层理不明显，呈块状构造，固结不紧密、不牢固，强度较低，干试样的抗压强度一般为5～30MPa，遇水易软化，强度显著降低，饱水试样的抗压强度可降低50％左右。

页岩：主要由黏土矿物经脱水固结而成，黏土结构，层理构造，富含化石。一般情况下，页岩岩性松软，易于风化成碎片状，强度低，遇水易软化而丧失其稳定性。

（3）化学岩及生物化学岩

石灰岩：简称灰岩，化学结晶结构、生物结构、块状构造。主要由方解石组成，次生矿物有白云石、黏土矿物等。质纯者为浅色，若含有机质及杂质则色深。石灰岩致密、性脆，一般抗压强度较差。石灰岩分布很广，是烧制石灰和水泥的重要原材料，也是用途很广的建筑石材。

泥灰岩：主要由方解石和黏土矿物（含量为25％～50％）组成，化学结晶结构，块状构造。其抗压强度低，遇水易软化，可作为水泥原料。

白云岩：主要由白云石和方解石组成，颜色灰白，略带淡黄、淡红色。化学结晶结构，块状构造，可作为高级耐火材料和建筑石料。

鉴别化学岩及生物化学岩时要特别注意对盐酸试剂的反应：石灰岩在常温下遇稀盐酸剧烈起泡；泥灰岩遇稀盐酸起泡后留有泥点；白云岩在常温下遇稀盐酸不起泡，但加热或研成粉末后则起泡。多数岩石结构致密，性质坚硬，强度较高，但是具有可溶性，在水流的作用下形成溶蚀裂隙、洞穴、地下河等，对基础工程影响很大。

2.3.3 变质岩

变质岩是由原先存在的岩石（岩浆岩、沉积岩或早期变质岩），在温度、压力、应力发生改变以及物质组分加入或带出的情况下，发生矿物成分、结构构造改变而形成的岩石。这种改造过程称为变质作用。

1．变质作用的因素及类型

1）变质作用的因素

变质作用是一种地质作用，其控制因素主要包括高温、高压和新的化学成分的加入。

（1）高温是引起岩石变质最基本、最积极的因素。促使岩石温度升高的原因主要有三种：一是地下岩浆侵入地壳带来热量；二是随地下深度增加而地热增加，一般认为自地表常温带以下，深度每增加 33m，温度升高 1℃；三是地壳中放射性元素蜕变释放出热量。高温提高了原岩中元素的化学活泼性，使原岩中的矿物重新结晶，隐晶变显晶、细晶变粗晶，从而改变原结构，并产生新的变质矿物。

（2）高压分静压力和定向压力两种。①静压力类似于静水压力，是由上覆岩石重力产生的，是一种各方向相等的压力，随深度而增大。静压力使岩石体积受到压缩而变小、密度变大，从而形成新矿物。②定向压力由地壳运动产生。在定向压力作用下，原岩中各种矿物发生不同程度变形甚至破碎的现象，并形成垂直于压力方向的定向构造，如层理、线理、片理构造等。

（3）新的化学成分的加入。在岩石发生变质作用的过程中新的化学成分主要来自岩浆活动带来的含有复杂化学元素的热液和挥发性气体。在温度和压力的综合作用下，这些具有化学活动性的成分，容易与围岩发生反应，产生各种新的变质矿物，甚至会使岩石的化学成分发生深刻的变化。

岩石发生变质，经常是上述因素综合作用的结果。但由于变质前原来岩石的性质不同，变质过程中变质作用的主要因素和变质的程度不同，因而形成了具有不同特征的变质岩。

2）变质作用类型

在自然界中，原岩变质很少只受单一变质因素的作用，多受两种以上变质因素的综合作用，但在某个局部地区内，以某一种变质因素起主导作用，其他变质因素起辅助作用。根据起主要作用的变质因素的不同，可将变质因素划分为下述几种类型。

（1）接触变质作用：又称为热力变质作用，指岩浆岩侵入体与围岩接触，岩体带来的高温及其挥发组分的影响使围岩发生质变，如煤变为石墨、石灰岩变为大理岩、页岩变为角岩。

（2）交代变质作用：又称为汽化热液变质作用，指主要受化学活泼性流体因素影响而变质的作用，多使原岩矿物和结构特征发生改变。

（3）区域变质作用：包括埋深变质作用、区域低温动力变质作用、区域动力热流变质作用和区域中高温变质作用，是由于区域性地壳运动的影响而在大面积范围内发生的一种变质作用，温度、压力流体都起作用，规模大、分布广，一般该区域内地壳运动和岩浆活动都较为强烈。

（4）动力变质作用：又称为"碎裂变质作用"或"错动变质作用"，是在构造运动所产生的定向压力作用下，岩石发生的变质作用。其变质因素以机械能及其转变的热能为主，常沿断裂带呈条带分布，形成断层角砾岩、碎裂岩、糜棱岩等，这些岩石成为判断断裂带的重要标志。

2．变质岩的物质成分

岩石变质后，其化学成分和矿物组成都发生了变化。

变质岩的化学成分一方面取决于原岩成分，另一方面受到变质过程的影响。若在变质过程中无明显的物质交换，则变质前后的化学成分变化不大，可以反映原岩的化学成分特征。例如,黏土岩变质而成的千枚岩、白云母片岩和含夕线石的片麻岩,其化学成分与黏土岩基本相同。若变质过程中发生明显的物质交换,则变质岩的化学成分除受原岩的化学成分决定外,还受变质过程带入和带出组分的限制。

变质岩的矿物成分有一定的继承性,也经过变质作用产生了一系列新矿物。变质作用后仍保留的部分矿物称为残留矿物,如石英、长石、角闪石、辉石等。原岩经变质后出现某些新特征的矿物称为变质矿物,如石墨、滑石、蛇纹石、绿泥石、石榴子石、硅灰石、十字石、红柱石、蓝晶石、夕线石、堇青石等。这些变质矿物多为纤维状、鳞片状或柱状,延长性较大,如岩浆岩中的云母的长宽比为 1.5 左右,在变质岩中达到7～10。因此,变质岩的工程性质较差。

3. 变质岩的结构和构造

变质岩的结构和构造是变质岩的重要特征之一,它对研究变质作用的过程、强度、原岩类型及分类命名都具有重要意义。

1) 变质岩的结构

变质岩的结构是指构成岩石的各矿物颗粒的大小、形状以及颗粒之间的相互关系。

原岩的结构在变质作用过程中可以全部发生改变而形成变质岩的结构,也可以部分残留。一般变质岩结构按成因可分为变晶结构、变余结构、碎裂结构和交代结构。

(1) 变晶结构:指岩石在固态条件下,岩石中的各种矿物重结晶或重组合作用形成的结晶质结构。该类结构中无玻璃质,矿物多呈定向排列。变晶结构按变晶矿物颗粒的形状分为粒状变晶结构、鳞片变晶结构和纤维状变晶结构等,这是变质岩中最常见的结构。

(2) 变余结构:指从早先岩石中保留的结构,因此又称为残留结构。由于变质程度低,重结晶作用不完全,变余结构中仍残留原来的一些结构特征,常见于变质程度较低的变质岩中,如变余砂状结构、变余砾状结构、变余火山碎屑结构等。

(3) 碎裂结构:又称为压碎结构,是动力变质作用造成的一种结构。在定向压力影响下,岩石中的矿物颗粒发生弯曲、破裂、断开,甚至研磨成细小的碎屑而成的结构。

(4) 交代结构:指交代作用形成的结构,一般在显微镜下才能观察到,矿物的一些物质成分被其他物质替代。

2) 变质岩的构造

变质岩的构造是指岩石中矿物在空间排列关系上的外貌特征,是变质岩的主要特征,也是其区别于其他岩石的特有标志。变质岩的构造主要是片理构造和块状构造。其中,片理构造为变质岩所特有,是从构造上区别于其他岩石的一个显著标志。比较典型的片理构造有下面几种。

(1) 板状构造:片理厚,片理面平直,重结晶作用不明显,颗粒细密,光泽微弱,沿片里面裂开则呈厚度一致的板状,如板岩。

(2) 千枚状构造:片理薄,片理面较平直,颗粒细密,沿片理面有绢云母出现,容易裂开呈千枚状,呈丝绢光泽,如千枚岩。

(3) 片状构造:重结晶作用明显,片状、板状或柱状矿物沿片理面富集,平行排列,片理很薄,沿片理面很容易剥开,剥开后呈不规则的薄片,光泽很强,如云母片岩等。

(4) 片麻状构造:颗粒粗大,片理很不规则,粒状矿物呈条带状分布,少量片状和柱状矿物相间,断续平行排列,沿片理面不易裂开,如片麻岩。

变质岩除上述片理构造外,如果岩石主要由粒状矿物组成,则呈致密块状构造,如大理岩和石英岩等。

4. 变质岩的分类及常见变质岩

1) 常见的变质岩分类(见表 2-11)。

表 2-11　变质岩分类简表

岩类	构造	岩石名称	主要亚类及其矿物成分	原　岩
片理状岩类	片麻状构造	片麻岩	花岗片麻岩：以长石、石英、云母为主，其次为角闪石，有时含石榴子石；	中酸性岩浆岩，黏土岩、粉砂岩、砂岩
			角闪石片麻岩：以长石、石英、角闪石为主，其次为云母，有时含石榴子石	
	片状构造	片岩	云母片岩：以云母、石英为主，其次有角闪石等	黏土岩、砂岩，中酸性火山岩
			滑石片岩：以滑石、绢云母为主，其次有绿泥石、方解石等	超基性岩，白云质泥灰岩
			绿泥石片岩：以绿泥石、石英为主，其次有滑石、方解石等	中基性火山岩，白云质泥灰岩
	千枚状构造	千枚岩	以绢云母为主，其次有石英、绿泥石等	黏土岩、黏土质粉砂岩，凝灰岩
	板状构造	板岩	黏土矿物、绢云母、石英、绿泥石、黑云母、白云母等	黏土岩、黏土质粉砂岩，凝灰岩
块状岩类	块状构造	大理岩	以方解石为主，其次有白云石等	石灰岩、白云岩
		石英岩	以石英为主，有时含有绢云母、白云母等	砂岩、硅质岩
		蛇纹岩	以蛇纹石、滑石为主，其次有绿泥石、方解石等	超基性岩

2) 常见的变质岩

(1) 片理状岩类

片麻岩：属于深变质岩，具有典型的片麻状构造，变晶或变余结构，由各种沉积岩、岩浆岩及变质岩经变质形成。矿物结晶粒度较大，以长石和石英为主，其次为黑云母、角闪石等，可加工劈成石板作为建筑材料。它在垂直片理方向上的强度要比其他方向的强度大得多。

片岩：属于中深变质岩，分布广泛，鳞片状或纤维状变晶结构，片理构造。重结晶的变晶矿物粗大，可用肉眼直接观察。其矿物成分主要是白云母、黑云母、绿泥石、滑石、角闪石、石英及长石等，片理面一般较粗糙，不如板理面平整。片岩岩性软弱、抗风化能力差，一般无实际用途。

千枚岩：属于浅变质岩，原岩的泥状结构一般不易观察到，矿物基本上已全部重结晶，主要是绢云母、绿泥石和石英等。岩石具有显微鳞片变晶结构，千枚状构造。由于千枚岩质地软，没有实际用途。

(2) 块状岩类

石英岩：是一种极致密、坚硬的岩石，由较纯的石英砂岩变质而成，主要矿物成分是石英，还有少量长石、云母、绿泥石等。纯质的石英岩为白色，因杂质而呈黄色、灰色和红色等。岩石具有粒状变晶结构、块状构造。由于石英岩非常坚硬，故开采较困难，破碎后可广泛用作建筑石料。

大理岩：由石灰岩或白云岩经区域变质作用或接触变质作用而成。岩石具有粒状变晶结构、块状构造。大多数大理岩因含有杂质而显示出不同颜色的条带和层纹,故广泛用作建筑材料和雕刻原料。

2.3.4　三大类岩石的相互转化

三大类岩石具有不同的形成条件和环境,而岩石形成所需的环境条件又会随着地质作用的进行不断地发生变化。

沉积岩和岩浆岩可以通过变质作用形成变质岩。在地表常温、常压条件下,岩浆岩和变质岩又可以通过母岩的风化、剥蚀和一系列沉积作用形成沉积岩。当变质岩和沉积岩进入地下深处后,在高温高压条件下又会发生熔融形成岩浆,经结晶作用而变成岩浆岩。因此,在地球的岩石圈内,三大岩类处于不断的演化过程之中,转化过程如图 2-13 所示。

图 2-13　岩石相互转化与地壳物质循环示意图

2.3.5　三大类岩石的肉眼鉴别

鉴别岩石有很多的方法,但最基本的方法是根据岩石的外观特征,用肉眼和简单工具(如小刀、放大镜等)进行鉴别。

1. 岩浆岩的鉴别方法

对岩浆岩标本的观察,一般须观察岩石的颜色、结构、构造、矿物成分及其含量,最后确定岩石名称。

(1) 颜色：主要描述岩石新鲜面的颜色,也要注意岩石风化后的颜色。鉴别时,单色的可直接描述岩石的总体颜色,如紫、绿、红、褐、灰等颜色;有的颜色介于两者之间,则用复合名称,如灰白色、黄绿色、紫红色等。

岩浆岩的颜色反映在暗色矿物和浅色矿物的相对含量上。一般暗色矿物质量含量大于 60% 称为暗色岩;含量为 30%～60% 的称为中色岩;含量小于 30% 则称为浅色岩。

(2) 结构：根据岩石中各组分的结晶程度,可分为全晶质、半晶质、玻璃质等结构。岩浆岩结构的描述内容和方法如表 2-12 所示。

表 2-12　岩浆岩结构的描述内容和方法

结 构 类 型		描 述 内 容 与 方 法
全晶质	显晶质	描述总体矿物及各不同矿物的颗粒大小、形态及在岩石中的含量： 　　粗粒（>5mm）、中粒（1～5mm）、细粒（<1mm），不等粒（描述最大、最小及中间大小颗粒的大小及含量）； 　　似斑状结构：大的为斑晶，小的为基质，描述斑晶基质的相对含量、成分、形状、大小
	隐晶质	描述颜色、断口特点
半晶质		斑状结构（玻璃质＋结晶质）：描述斑晶成分、形状、颗粒大小及含量；基质部分的含量、颜色、断口特点
玻璃质		描述颜色、断口特点

（3）构造：侵入岩常为块状构造，岩石中的矿物无定向排列；喷出岩常具有气孔状、杏仁状和流纹状构造。要注意描述气孔的大小和形状，杏仁的充填物及气孔、杏仁有无定向排列。

（4）矿物成分：矿物成分及其含量是岩浆岩定名的重要依据，岩石中凡能用肉眼识别的矿物均须进行矿物成分的描述。首先要描述主要矿物的成分、形状、大小、物理性质及其相对含量，其次对次要矿物进行简单描述。

（5）次生变化：岩浆岩固结后，受到岩浆后期热液作用和地表风化作用，往往使岩石中的矿物全部或部分受到次生变化，若变化较强，就应描述它蚀变成何种矿物。例如，橄榄石、辉石易变成蛇纹石，角闪石、黑云母常变成绿泥石，而长石则变成绢云母、高岭石等。

（6）岩石定名：在肉眼观察和描述的基础上定出岩石名称。例如，某岩石标本，黑灰色，风化面略显黑绿色，等粒中粒结构，颗粒一般为 1～1.5mm，块状构造，主要矿物为斜长石和辉石，各占 55％ 和 40％ 左右。斜长石为灰白色，柱状或粒状，时见解理面闪闪有光，玻璃光泽；辉石为黑色，短柱状，玻璃光泽，有的解理面清晰。岩石较新鲜，未发生次生变化。根据以上描述，此岩石标本的各种特征可定为基性、深成岩，定名为黑灰色中粒辉长岩。

2. 沉积岩的鉴别方法

鉴别沉积岩时，可以先从观察岩石的结构开始，结合岩石的其他特征，先将所属的大类分开，再做进一步分析，确定岩石的名称。

从沉积岩的结构特征来看，如果岩石是由碎屑和胶结物两部分组成，或者碎屑颗粒很细而不易与胶结物分辨，但触摸有明显含砂感的，一般属于碎屑岩类的岩石。如果岩石颗粒十分细密，用放大镜也看不清楚，但断裂面暗淡呈土状，硬度低，触摸有滑腻感的，多是黏土类的岩石。具有结晶结构的岩石可能是化学岩类。

1）碎屑岩

鉴别碎屑岩时，可先观察碎屑粒径的大小，其次分析胶结物性质和碎屑物质的主要矿物成分。根据碎屑的粒径，先区分是砾岩、砂岩还是粉砂岩。根据胶结物的性质和碎屑物质的主要矿物成分，判断所属的亚类，并确定岩石的名称。

例如，有一块由碎屑和胶结物质两部分组成的岩石，碎屑粒径为 0.25～0.5mm，滴盐酸起泡强烈，说明这块岩石是钙质胶结的中粒砂岩。进一步分析碎屑的主要矿物成分，发现这块岩石除含有大量的石英外,还含有 30% 左右的长石。最后可以确定,这块岩石是钙质中粒长石砂岩。

2）黏土岩

常见的黏土岩主要有页岩和泥岩两种。它们在外观上都有黏土岩的共同特征,但页岩层理清晰,一般能沿层理分成薄片,风化后呈碎片状,可以与层理不清晰、风化后呈碎块状的泥岩相区别。

3）化学岩

常见的化学岩,主要的有石灰岩、白云岩和泥灰岩等。它们的外观特征都很类似,所不同的主要是方解石、白云石和黏土矿物的含量有差别。所以在鉴别化学岩时,要特别注意对盐酸试剂的反应。石灰岩遇盐酸强烈起泡,泥灰岩遇盐酸也起泡,但由于泥灰岩的黏土矿物含量高,所以泡沫浑浊,干燥后往往留有泥点。白云岩遇盐酸不起泡,或者反应微弱,但当粉碎成粉末之后,则发生显著泡沸现象,并常常伴有"咝咝"的响声。

3. 变质岩的鉴别方法

鉴别变质岩时,可以先从观察岩石的构造开始。根据构造,首先将变质岩区分为片理构造和块状构造两类。然后,可进一步根据片理特征和主要矿物成分分析所属的亚类,确定岩石的名称。

例如,有一块具有片理构造的岩石,其片理特征既不同于板岩的板状构造,也不同于云母片岩的片状构造,而是一种粒状的浅色矿物与片状的深色矿物,断续相间呈条带状分布的片麻构造,因此可以判断,这块岩石属于片麻岩。经分析,浅色的粒状矿物主要是石英和正长石,片状的深色矿物是黑云母,还含有少许角闪石和石榴子石,可以肯定,这块岩石是花岗片麻岩。

块状构造的变质岩,常见的主要是大理岩和石英岩。两者都是具有变晶结构的单矿岩,岩石的颜色一般都比较浅。但大理岩主要由方解石组成,硬度低,遇盐酸起泡;而石英岩几乎全部由石英颗粒组成,硬度很高。

三大类岩石的主要区别参见表 2-13。

表 2-13　岩浆岩、沉积岩和变质岩的地质特征表

地质特征	岩 浆 岩	沉 积 岩	变 质 岩
主要矿物成分	全部为从岩浆中析出的原生矿物,成分复杂,但较稳定。浅色的矿物有石英、长石、白云母等;深色的矿物有黑云母、角闪石、辉石、橄榄石等	次生矿物占主要地位,成分单一,一般多不固定;常见的有石英、长石、白云母、方解石、白云石、高岭石等	除了具有变质前原岩的矿物,如石英、长石、云母、角闪石、辉石、方解石、白云石、高岭石等,尚有经变质作用产生的矿物,如石榴子石、滑石、绿泥石、蛇纹石等
结构	以结晶粒状、斑状结构为特征	以碎屑、泥质及生物碎屑结构为特征。部分为成分单一的结晶结构,但肉眼不易分辨	以变晶结构等为特征

续表

地质特征	岩 浆 岩	沉 积 岩	变 质 岩
构造	具有块状、流纹状、气孔状、杏仁状构造	具有层理构造	多具有片理构造
成因	直接由高温熔融的岩浆经岩浆作用形成	主要由先成岩石的风化产物,经压密、胶结、重结晶等成岩作用形成	由先成的岩浆岩、沉积岩和变质岩,经变质作用形成

2.4 岩石与岩体的工程地质性质

岩石的工程地质性质包括物理性质和力学性质两个主要方面。影响岩石工程性质的因素,主要受矿物成分、岩石的结构和构造以及风化作用等控制。岩体是工程影响范围内的地质体,包含岩石块、层理、裂隙和断层等。而岩体的工程性质主要取决于岩体内部裂隙系统的性质及其分布情况,当然岩石本身的性质亦起着重要的作用。本节主要介绍有关岩石与岩体工程地质的常用指标,供分析和评价岩石和岩体工程性质时参考。

2.4.1 岩石的主要物理力学性质

1. 岩石的主要物理性质

1) 质量

岩石的质量是岩石最基本的物理性质之一。一般用相对密度和密度两个指标表示。

(1) 相对密度:指岩石固体(不包括孔隙)部分单位体积的质量。在数值上等于岩石固体颗粒的质量与同体积的水在4℃时质量之比。

岩石相对密度的大小,取决于组成岩石中矿物的密度及其在岩石中的相对含量。组成岩石的矿物的密度大、含量多,则岩石的相对密度就大。常见的岩石的相对密度一般为2.4~3.3。

(2) 密度:指岩石单位体积的质量,在数值上等于岩石的总质量(包括空隙中的水质量)与其总体积(包括空隙体积)之比。

岩石密度的大小取决于岩石中矿物的密度、空隙性及其含水情况。岩石空隙中完全没有水存在时的密度称为干密度。干密度的大小取决于岩石的空隙性及矿物的密度。岩石中的空隙全部被水充满时的密度,则称为岩石的饱和密度。

一般来讲,如果组成岩石的矿物的密度大,或岩石的空隙性小,则岩石的密度就大。相同条件下的同一种岩石,如果密度大,说明岩石的结构致密、空隙性小,因而岩石的强度和稳定性也较高。

2) 空隙性

岩石的空隙是岩石的孔隙与裂隙的总称,岩石的空隙性指岩石孔隙与裂隙的发育程度。岩石中的孔隙、裂隙大小、多少及其连通情况等,对岩石的强度和透水性有重要的影响,一般可用空隙率和空隙比来表示。

空隙率指岩石中空隙体积 V_a 与岩石总体积 V 的百分比,即

$$n = \frac{V_a}{V} \times 100\%$$ (2-1)

空隙比指岩石中空隙体积 V_a 与岩石固体部分体积 V_s 的比值,即

$$e = \frac{V_a}{V_s}$$ (2-2)

岩石空隙主要取决于岩石的结构和构造,也受到外力因素的影响。由于岩石中孔隙、裂隙的发育程度变化很大,所以其空隙率的变化程度也很大。例如,三叠系砂岩的空隙率为 $0.6\% \sim 27.2\%$,碎屑沉积岩的时代越新,其胶结越差,则空隙率越高。结晶岩类的空隙率较低,很少高于 3%。随着空隙率的增大,透水性增大,岩石的强度降低,削弱了岩石的整体性,又加快了风化的速度,使空隙不断扩大。

3) 吸水性

岩石在一定实验条件下的吸水性能称为岩石的吸水性。它取决于岩石的空隙数量、大小、开闭程度、连通与否等情况。表征岩石吸水性的指标有吸水率、饱水率和饱水系数等。

吸水率指岩石试件在常压下(1atm,即 1 个标准大气压)所吸入水分的质量 m_{w1} 与干燥岩石质量 m_s 的比值,即

$$\omega_1 = \frac{m_{w1}}{m_s} \times 100\%$$ (2-3)

饱水率指岩石试件在高压或真空条件下所吸水分的质量 m_{w2} 与干燥岩石质量 m_s 的比值,即

$$\omega_2 = \frac{m_{w2}}{m_s} \times 100\%$$ (2-4)

饱水系数指岩石吸水率与饱水率的比值。饱水系数反映了岩石大开型空隙与小开型空隙的相对数量,饱水系数越大,表明岩石的吸水能力越强,受水作用越加显著。一般认为饱水系数小于 0.8 的岩石抗冻性较高,一般岩石的饱水系数为 $0.5 \sim 0.8$。

4) 透水性

岩石能被水透过的性能称岩石的透水性。它主要取决于岩石空隙的大小、数量、方向及其相互连通的情况。岩石透水性可用渗透系数来衡量。

5) 软化性

岩石的软化性是指岩石受水浸泡作用后,其力学强度和稳定性趋于降低的性能。软化性的大小取决于岩石的孔隙性、矿物成分及岩石结构、构造等因素。凡孔隙大、含亲水性或可溶性矿物多、吸水率高的岩石,受水浸泡后,岩石内部颗粒间的联结强度降低,导致岩石软化。

岩石软化性的大小常用软化系数 η 来衡量:

$$\eta = \frac{R_w}{R_c}$$ (2-5)

式中 R_w——岩石饱水状态下的抗压强度;

R_c——岩石干燥状态下的抗压强度。

软化系数是判定岩石耐风化、耐水浸能力的指标之一。软化系数越大,则岩石的软化性越小。当 $\eta > 0.75$ 时,岩石工程性质较好。

6）抗冻性

岩石的抗冻性是指岩石抵抗冻融破坏的性能。岩石浸水后，当温度降到 0℃ 以下时，其空隙中的水将冻结，体积膨胀，产生较大的膨胀压力，使岩石的结构和构造发生改变，直到破坏。反复冻融将使岩石的强度降低。可用强度损失率和质量损失率表示岩石的抗冻性。

强度损失率指冻融前后饱和岩样抗压强度的差值与冻融前饱和抗压强度的比值；质量损失率指冻融试验前后干试件的质量差与试验前干试件质量的比值。

强度损失率和质量损失率的大小主要取决于岩石开型空隙发育程度、亲水性和可溶性矿物及矿物颗粒间的联结强度。一般认为，强度损失率小于 25% 或质量损失率小于 2% 时，岩石是抗冻的。此外 $\omega_1 < 0.5, \eta > 0.75$ 的岩石均为抗冻岩石。

常见岩石的主要物理性质指标如表 2-14 所示。

表 2-14 常见岩石的主要物理性质

岩石名称	相对密度	天然密度 /(g/cm³)	孔隙率/%	吸水率/%	软化系数
花岗岩	2.50~2.84	2.30~2.80	0.04~2.80	0.10~0.70	0.75~0.97
闪长岩	2.60~3.10	2.52~2.96	0.25~5.00	0.30~0.38	0.60~0.84
辉长岩	2.70~3.20	2.55~2.98	0.28~1.13	0.5~4.00	0.44~0.90
辉绿岩	2.60~3.10	2.53~2.97	0.29~1.13	0.80~5.00	0.44~0.90
玄武岩	2.60~3.30	2.54~3.10	0.50~7.20	0.30~2.80	0.71~0.92
砂岩	2.50~2.75	2.20~2.70	1.60~28.30	0.20~7.00	0.44~0.97
页岩	2.57~2.77	2.30~2.62	0.40~10.00	0.51~1.44	0.24~0.55
泥灰岩	2.70~2.75	2.45~2.65	1.00~10.00	1.00~3.00	0.44~0.54
石灰岩	2.48~2.76	2.30~2.70	0.53~27.00	0.10~4.45	0.58~0.94
片麻岩	2.63~3.01	2.60~3.00	0.30~2.40	0.10~3.20	0.91~0.97
片岩	2.75~3.02	2.69~2.92	0.02~1.85	0.10~0.20	0.49~0.80
板岩	2.84~2.86	2.70~2.78	0.40~0.50	0.10~0.30	0.52~0.82
大理岩	2.70~2.87	2.63~2.75	0.10~6.00	0.10~0.80	0.80~0.96
石英岩	2.63~2.84	2.60~2.80	0.00~8.70	0.10~1.45	0.82~0.98

2. 岩石的主要力学性质

岩石的力学性质指岩石在各种静力、动力作用下所表现出的性质，主要包括变形和强度。岩石在外力作用下首先会发生变形，当外力继续增加，达到或超过某一极限时，便开始破坏。变形与破坏是岩石受力后发生变化的两个阶段。

岩石抵抗外荷载而不破坏的能力称为岩石强度，荷载过大并超过岩石的承受范围时便造成破坏。岩石开始破坏时所能承受的极限荷载称为岩石的极限强度，简称为强度。按外力作用方式的不同，可将岩石强度分为抗压强度、抗拉强度和抗剪强度。

1）抗压强度

岩石单向受压时，抵抗压碎破坏的最大轴向压应力称为岩石的极限抗压强度，简称抗压强度。通常在室内用压力机对岩样进行加压试验确定抗压强度。抗压强度的主要影响因素是岩石的矿物成分、颗粒大小、结构、构造的影响，受岩石风化程度影响、试验条件的影响等。饱和条件下岩石抗压强度小于天然状态或干燥条件下岩石的抗压强度。

2）抗拉强度

岩石在单向拉伸破坏时的最大拉应力称为抗拉强度。抗拉强度试验一般有轴向拉伸法和劈裂法。抗拉强度主要取决于岩石中矿物组成之间黏聚力的大小,其值远小于岩石的抗压强度。

3）抗剪强度

抗剪强度是岩石在一定的压力条件下被剪破时的极限剪切应力值(τ)。根据岩石受剪时的条件不同,通常把抗剪强度分为三种类型。

（1）抗剪（摩擦）强度：岩石或岩石与其他材料之间沿某一摩擦面在压应力作用下,被剪动时的最大剪应力。测试该指标的目的在于求出接触面的抗剪系数值,为坝基、桥基、隧道等基底滑动和稳定验算提供试验数据。

（2）抗切强度：岩石剪断面上无正压应力条件下,岩石被剪断时的最大剪应力值。它是测定岩石黏聚力的一种方法。

（3）抗剪断强度：在一定的压应力作用下,岩石被剪断时的最大剪应力值。室内测定抗剪强度时一般采用剪力仪。

岩石三类强度中,抗压强度最大,抗拉强度最小,抗剪强度为抗压强度的 1/12～1/8,抗拉强度为抗压强度的 1/30～1/10。常见岩石的抗压、抗剪及抗拉强度指标见表 2-15。

表 2-15 常见岩石的抗压强度、抗剪强度及抗拉强度 MPa

岩石名称	抗压强度	抗剪强度	抗拉强度
花岗岩	100～250	14～50	7～25
闪长岩	150～300	20～60	15～30
辉长岩	150～300	20～60	15～30
玄武岩	150～300	20～60	10～30
砂岩	20～170	8～40	4～25
页岩	5～100	3～30	2～10
石灰岩	30～250	10～50	5～25
白云岩	30～250	10～50	15～25
片麻岩	50～200	7～30	5～20
板岩	100～200	15～30	7～20
大理岩	100～250	15～50	7～20
石英岩	150～300	20～60	10～30

3. 影响岩石工程性质的因素

从岩石工程性质的介绍中可以看出,影响岩石工程性质的因素有多个方面,归纳起来主要有以下两个方面：一是岩石的地质特征,如岩石的矿物成分、结构、构造及成因等；二是岩石形成后所受外部因素的影响,如水的作用及风化作用等。下面进行详细说明。

1）矿物成分

岩石是由矿物组成的,岩石的矿物成分会对岩石的物理力学性质产生直接影响。例如,辉长岩的相对密度比花岗岩大,这是因为辉长岩的主要矿物成分——辉石和角闪石的相对密度比石英和正长石大。又比如石英岩的抗压强度比大理岩高得多,这是因为石英的强度比方解石高。这说明,尽管岩类相同,结构和构造也相同,如果矿物成分不同,岩石的物理力学性质会有明显的差别。但也不能简单地认为，含有高强度矿物的岩石，其强度一定就高。因为当岩石受力后，内部应力通过矿物颗粒的直接接触来传递，如果强度较高的矿物在岩石中互不接触，则应力的传递必然会受到中间低强度矿物的影响，岩石就不一定能显示出高强度。因此，只有在矿物分布均匀，高强度矿物在岩石的结构中形成牢固的骨架时，才能起到增高岩石强度的作用。

从工程要求来看，岩石的强度相对来说都是比较高的。所以在对岩石的工程性质进行分析和评价时，更应注意那些可能降低岩石强度的因素，如花岗岩中黑云母的含量是否过高，石灰岩、砂岩中黏土类矿物的含量是否过高等。因为黑云母是硅酸盐类矿物中硬度低、解理最发育的矿物之一，容易遭受风化而剥落，也易于发生次生变化，最后成为强度较低的铁的氧化物和黏土类矿物。当石灰岩和砂岩中黏土类矿物的含量大于20%时，就会直接降低岩石的强度和稳定性。

2）结构

岩石的结构特征是影响岩石物理力学性质的一个重要因素。根据岩石的结构特征，可将岩石分为两类：一类是结晶联结的岩石，如大部分岩浆岩、变质岩和一部分沉积岩；另一类是由胶结物联结的岩石，如沉积岩中的碎屑岩等。

结晶联结是由岩浆或溶液中结晶或重结晶形成的。矿物的结晶颗粒靠直接接触产生的力牢固地固结在一起，结合力强，孔隙度小，结构致密、容重大、吸水率变化范围小，比胶结联结的岩石具有较高的强度和稳定性。但就结晶联结来说，结晶颗粒的大小则对岩石的强度有明显影响。例如，粗粒花岗岩的抗压强度一般为118～137MPa，而有的细粒花岗岩的强度则可达196～245MPa。又如大理岩的抗压强度一般为79～118MPa，而最坚固的石灰岩则可达196MPa左右，有的甚至可达255MPa。这充分说明，矿物成分和结构类型相同的岩石，矿物结晶颗粒的大小对强度的影响是显著的。

胶结联结是矿物碎屑由胶结物联结在一起。胶结联结的岩石，其强度和稳定性主要取决于胶结物的成分和胶结的形式，也会受到碎屑成分的影响。就胶结物的成分来说，硅质胶结强度和稳定性高，泥质胶结的强度和稳定性低，钙质和铁质胶结介于两者之间。如泥质砂岩的抗压强度一般只有59～79MPa，钙质胶结的强度可达118MPa，而硅质胶结的强度则可达137MPa，高的甚至可达206MPa。

胶结联结的形式有基底胶结、孔隙胶结、接触交接和镶嵌胶结（见图2-14），肉眼不易分辨，但对岩石的强度有重要影响。基底胶结的碎屑物质散布于胶结物中，碎屑颗粒互不接触。所以基底胶结的岩石孔隙度小，强度和稳定性完全取决于胶结物的成分。当胶结物和碎屑的性质相同时（如硅质），经重结晶作用可以转化为结晶联结，强度和稳定性将会随之增高。孔隙胶结的碎屑颗粒相互间直接接触，胶结物充填于碎屑间的孔隙中，所以其强度与碎屑和胶结物的成分都有关系。接触胶结则仅在碎屑的相互接触处有胶结物联结，所以其孔隙度都较大、容重小、吸水率高、强度低、易透水。至于镶嵌胶结，颗粒之间由点接触发展为线接触、凹凸接触，甚至形成缝合状接触。镶嵌胶结亦为颗粒支撑，在成岩期的压固作用下，特别是当压溶作用明显时，砂质沉积物中的碎屑颗粒会更紧密地接触，从而形成镶嵌式胶结。如果胶结物为泥质，与水作用则容易软化，而丧失岩石的强度和稳定性。

3）构造

构造对岩石物理力学性质的影响主要是由矿物成分在岩石中分布的不均匀性和岩石结

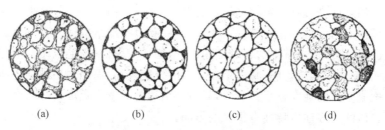

图 2-14　胶结联结的四种形式

（a）基底胶结；（b）孔隙胶结；（c）接触胶结；（d）镶嵌胶结

构的不连续性所决定的。前者如某些岩石所具有的片状构造、板状构造、千枚状构造、片麻构造以及流纹状构造等。岩石的这些构造，往往使矿物成分在岩石中的分布极不均匀。一些强度低、易风化的矿物，多沿一定方向富集，或呈条带状分布，或者成为局部的聚集体，从而使岩石的物理力学性质在局部发生很大变化。观察和试验证明，岩石受力破坏和岩石遭受风化，首先都是从岩石的这些缺陷中开始发生的。另一种情况是，虽然不同的矿物成分在岩石中的分布是均匀的，但由于存在着层理、裂隙和各种成因的孔隙，致使岩石结构的连续性与整体性受到一定程度的影响，从而使岩石的强度和透水性在不同的方向上发生明显的差异。一般来说，垂直层面的抗压强度大于平行层面的抗压强度，平行层面的透水性大于垂直层面的透水性。假如上述两种情况同时存在，则岩石的强度和稳定性将会明显降低。

4）水

大量试验资料证实，岩石被水饱和后，会发生强度降低。当岩石受到水的作用时，水会沿着岩石中可见和不可见的孔隙、裂隙浸入，浸湿岩石全部自由表面上的矿物颗粒，并继续沿着矿物颗粒间的接触面向深部浸入，削弱矿物颗粒间的联结，使岩石的强度受到影响。如石灰岩和砂岩被水饱和后，其极限抗压强度会降低 25%～45%。即使是花岗岩、闪长岩及石英岩等类的岩石，被水饱和后，其强度也均有一定程度的降低。降低程度在很大程度上取决于岩石的孔隙度。当其他条件相同时，孔隙度大的岩石，被水饱和后，其强度降低的幅度也大。

与上述几种因素相比，水对岩石强度的影响在一定程度上是可逆的，当岩石干燥后，其强度仍然可以得到恢复。但是如果发生干湿循环、化学溶解或是岩石的结构状态发生变化，则岩石强度的降低就转化为不可逆的过程。

5）风化

风化是在温度、水、气体及生物等综合因素影响下，改变岩石状态、性质的物理化学过程。它是自然界最普遍的一种地质现象。

风化作用促使岩石原有的裂隙进一步扩大，并产生新的风化裂隙，使岩石矿物颗粒间的联结松散，并使矿物颗粒沿解理面崩解。风化作用的这种物理过程，能使岩石的结构、构造和整体性遭到破坏，孔隙度增大，重度减小，吸水性和透水性显著增高，强度和稳定性将大为降低。随着化学过程的加强，岩石中某些矿物会发生次生变化，从根本上改变岩石原有的工程性质。

2.4.2　岩体的工程地质性质

虽然岩石和岩体都是自然地质历史的产物，然而两者的概念不同。所谓岩体，是指包括各种地质界面,如层面、层理、节理、断层、软弱夹层等结构面的单一或多种岩石构成的地质体,它被各种结构面切割,由大小不同的、形状不一的岩块(即结构体)组合而成。所以,岩体是指某一地点一种或多种岩石中的各种结构面、结构体的总体,不能以小型的完整单块岩石作为代表,例如,坚硬的岩层,其完整的单块岩石的强度较高,而当岩层被结构面切割成碎裂状块体时,所构成岩体的强度较小。所以,岩体中结构面的发育程度、性质、充填情况以及连通程度等,对岩体的工程地质特性有很大的影响。

工业与民用建筑地基、道路与桥梁地基、地下洞室围岩、水工建筑地基的岩体,以及道路工程边坡、港口岸坡、桥梁岸坡、库岸边坡的岩体等,都属于工程岩体。在工程施工、使用和运转过程中,这些岩体自身的稳定性和承受工程建筑运转过程传来的荷载作用下的稳定性,直接关系着部分甚至整个工程施工期间和运转期间的安全与稳定,关系着工程的成功与失败,故对岩体稳定性的分析和评价在工程建设中具有十分重要的地位。

影响岩体稳定性的主要因素有区域稳定性、岩体结构特征、岩体变形特性与承载能力、地质构造及岩体风化程度等。

1. 岩体结构分析

1) 结构面的类型和特征

(1) 结构面的类型

存在于岩体中的各种地质界面(结构面),包括各种破裂面(如劈理、节理、断层面、顺层裂隙或错动面、卸荷裂隙、风化裂隙等)、物质分异面(如层理、层面、沉积间断面、片理等)以及软弱夹层或软弱带、构造岩、泥化夹层、充填夹泥(层)等,所以"结构面"这一术语具有广义的性质。不同成因的结构面,其形态与特征、力学特性等往往也不同。按地质成因,可将结构面分为原生结构面、构造结构面、次生结构面。

原生结构面是在成岩时形成的,分为沉积结构面、火成结构面和变质结构面。沉积结构面如层面、层理、沉积间断面和沉积软弱夹层等。一般的层面和层理结合良好,层面的抗剪强度并不低,但构造作用产生的顺层错动或风化作用会使其抗剪强度降低。软弱夹层是指介于硬层之间强度低、遇水易软化、厚度不大的夹层;风化之后称为泥化夹层,如泥岩、页岩、泥灰岩等。火成结构面是在岩浆岩形成过程中形成的,如原生节理(冷凝过程中形成)、纹面、与围岩的接触面、火山岩中的凝灰岩夹层等,其中的围岩破碎带或蚀变带、凝灰岩夹层等均属于火成软弱夹层。变质结构面如片麻理、片理、板理,都是在变质过程中矿物定向排列形成的结构面,如片岩或板岩的片理或板理均易脱开。其中,云母片岩、绿泥石片岩、滑石片岩等片理发育,易风化并形成软弱夹层。

构造结构面是在构造应力作用下,于岩体中形成的破裂面或破碎带,包括劈理、节理、断层和层间错动带等。劈理和节理是规模较小的构造结构面,其特点是比较密集且多呈一定方向排列,常导致岩体的各向异性。断层为规模较大的构造结构面,常形成各种软弱的构造岩,并有一定的厚度。因此,它是最不利的软弱构造面之一。层间错动系指岩层在发生构造变动时,在派生力的作用下使岩层间产生相对位移或滑动。这种现象在褶皱岩层地区和大断层的两侧分布相当普遍。自然界中的层间错动常常沿着原生结构面产生,因而使软弱夹层形成碎屑状、片状或鳞片状。在黏土岩夹层中,还可以看到由于层间剪切造成的光滑镜面,并在地下水作用下产生泥化现象。实践证明,岩体中的破碎夹层及泥化夹层多与层间错动有关。

次生结构面指岩体在形成后经风化、卸荷及地下水侵入等作用在岩体中形成的结构面，如风化裂隙、卸荷裂隙和次生充填夹泥等。风化裂隙一般呈无规律分布，连续性不强，多为泥质碎屑所填充。风化裂隙还常沿原有的结构面发育，可形成不同的风化夹层、风化沟槽或风化囊以及地下水淋滤沉淀形成的次生夹泥层等。卸荷裂隙是由于岩体受到剥蚀、侵蚀或人工开挖，引起垂直方向卸荷和水平应力的释放，使临空面附近岩体回弹变形、应力重分布所造成的破裂面。卸荷裂隙普遍分布在河谷地区。在卸荷过程中，平行谷坡常常产生一系列张性破裂面(见图2-15(a)、(b))。在高地应力区，当人工开挖坝基时，由于垂直卸荷，水平应力的作用会使谷底产生隆起变形，并形成一些近水平的张性板状节理和倾斜的剪切裂隙或逆断层(见图2-15(c))，恶化了坝基的工程地质条件。

由此可见，由于卸荷作用，岩体可以产生新的裂隙，或使原有的结构面张开或错动，从而导致岩体松弛，增加了岩体的透水性，降低了岩体的强度。因此，卸荷裂隙是不利的软弱结构面之一。

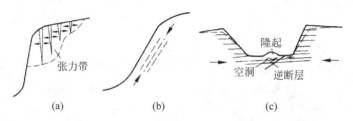

图 2-15　河谷地区的卸荷裂隙

(a) 张性裂隙；(b) 劈理(相互平行的构造裂隙)；(c) 剪切裂隙

(2) 结构面的特征

结构面的特征包括结构面的规模、形态、密集程度、连通性、胶结及充填情况等，它们对结构面的物理力学性质有很大的影响。

实践证明，结构面对岩体力学性质及岩体稳定的影响程度，首先取决于结构面的延展性及其规模。中科院地质研究所将结构面的规模分为五级。①一级结构面：区域性的断裂破碎带，延展数十千米以上，破碎带的宽度从数米至数十米，它直接关系到工程所在区域的稳定性，一般在规划选点时，应尽量避开一级结构面。②二级结构面：一般指延展性较强，贯穿整个工程地区，或在一定范围内切断整个岩体的结构面，长度可达数百米至数千米，宽达一米至数米，主要包括断层、层间错动带、软弱夹层、沉积间断面及大型接触破碎带等。二级结构面控制了山体及工程岩体的破坏方式和滑动边界。③三级结构面：包括在走向和倾向方向延伸有限，一般为数十米至数百米的小断层、大型节理、风化夹层和卸荷裂隙等。这些结构面控制着岩体的破坏和滑移机理，常常是工程岩体稳定的控制性因素及边界条件。④四级结构面：包括延展性差，一般为数米至数十米的节理、片理、劈理等，仅在小范围内将岩体切割成块状。这些结构面的不同组合，可以将岩体切割成各种形状和大小的结构体，是岩体机构研究的重点问题之一。⑤五级结构面：指延展性极差的一些微小裂隙，主要影响岩块的力学性质。由于微裂隙的存在，岩块的破坏具有随机性。

结构面的形态，如平整、光滑和粗糙程度对其抗剪性能有很大的影响。自然界中结构面的几何形状非常复杂，大体上可分为以下四种类型(见图2-16)。①平直结构面：包括大多数层面、片理和剪切破裂面等。②波状结构面：如具有波痕的层面、轻度柔曲的片理、呈舒缓波状的压性及压扭性结构面等。③锯齿状结构面：如多数张性或张扭性结构面。④不规则结构面：结构面曲折不平，如沉积间断面、交错层理及沿原裂隙发育的次生结构面等。一般用起伏度和粗糙度表征结构面的形态特征。起伏度用于衡量结构面总体起伏的程度，常用起伏角 i 和起伏高度 h 来描述(见图 2-17)。粗糙度表示结构面表面的粗糙程度，一般多根据手摸时的感觉而定，很难进行定量的描述，大致可分为极粗糙、粗糙、一般、光滑和镜面五个等级。结构面的形态对结构面的抗剪强度有很大影响。一般来说，平直光滑的结构面有较低的摩擦角，粗糙起伏的结构面则有较高的抗剪强度。

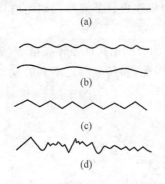
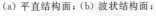
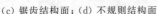

图 2-16   结构面起伏形态示意图

(a) 平直结构面；(b) 波状结构面；

(c) 锯齿结构面；(d) 不规则结构面

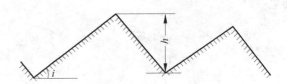

图 2-17   结构面的起伏程度

结构面的密集程度反映了岩体的完整性，它决定了岩体变形和破坏的力学机制。试验证明，岩体结构面越密集，岩体变形越大，强度越低，而渗透性越高。通常以线密度(单位：条/m)或结构面的间距表示，表 2-16 为中国水电部门公布的节理发育分级情况。

表 2-16   节理发育程度分级

分级	Ⅰ	Ⅱ	Ⅲ	Ⅳ
节理间距/m	>2	0.5~2	0.1~0.5	<0.1
节理发育程度	不发育	较发育	发育	极发育
岩体完整性	完整	块状	碎裂	破碎

结构面的连通性是指在一定空间范围内的岩体中，结构面在走向、倾向方向的连通程度，如图 2-18 所示。结构面的抗剪强度与连通程度有关，其剪切破坏的性质亦有区别；要了解地下岩体的连通性往往很困难，一般根据勘探平硐、岩芯、地面开挖面的统计做出判断。风化裂隙有向深处消失的趋势。

结构面的张开度是指结构面的两壁离开的距离，可分为四级：闭合(张开度小于 0.2mm)、微张(张开度为 0.2~1.0mm)、张开(张开度为 1.0~5.0mm)、宽张(张开度大于 5.0mm)。闭合结构面的力学性质取决于岩石成分及结构面的粗糙程度。总体是张开的结构面，其两侧壁之间有时保持点接触，其抗剪强度较完全张开者要大。当结构面完全张开时，其抗剪强度取决于充填物情况及胶结情况。试验证明，结构面内夹有软弱物质时，其强度显著降低。据此可将结构面分为硬性结构面和软弱结构面。前者结构面两壁结合牢固或无软弱物质充填，后者则夹有软弱物质。结构面间常见的充填物质成分有黏土质、砂质、角砾质、钙质和石

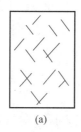 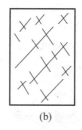 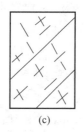

(a)   (b)   (c)

图 2-18 岩体内结构面的连通性

（a）非连通；（b）半连通；（c）连通

膏质沉淀物及含水蚀变矿物等,其相对强度的次序如下:钙质≥角砾质>砂质≥石膏质>含水蚀变矿物≥黏土。

2）结构体的类型

由于各种成因的结构面的组合,岩体中可形成大小、形状不同的结构体,根据其外形特征可大致归纳为柱状、块状、板状、楔形、菱形和锥形等六种基本形态,如图 2-19 所示。

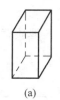  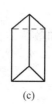

(a)   (b)   (c)   (d)   (e)   (f)   (g)   (h)

图 2-19 结构体的类型

（a）方柱（块）体；（b）菱形柱体；（c）三棱柱体；（d）楔形体；（e）锥形体；（f）板状体；（g）多角柱体；（h）菱形块体

当岩体发生强烈变形而破碎时,也可形成片状、碎块状、鳞片状等形式的结构体。结构体的形状与岩层产状之间有一定的关系,如在平缓产状的层状岩体中,一般由层面(或顺层裂隙)与平面上的 X 形断裂组合,常将岩体切割成方块体、三角形柱体等(见图 2-20);在陡立的岩层地区,由于层面(或顺层错动面)、断层与剖面上的 X 形断裂组合,往往形成块体、锥形体和各种柱体(见图 2-21)。

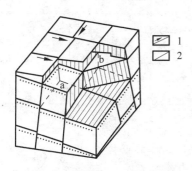 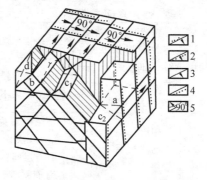

图 2-20 平缓岩层中结构体形式

1—扭性断裂；2—层面；

a—方块体；b—三角形柱状

图 2-21 陡立岩层中结构体的形式

1、2、3、4、5—压、张、扭性断裂及层面和结构面的产状

a—方柱（块）体；b—菱形柱体；c₁、c₂—三棱柱体；d—锥形体

结构体的大小可采用《工程岩体分级标准》(GB 50218—1994)中岩体体积节理数 J_v 来表示,其定义是岩体单位体积通过的总节理数(单位:条/m³),表达式为

$$J_v = S_1 + S_2 + \cdots + S_n + S_k \tag{2-6}$$

式中　S_n——第 n 组节理每米测线上的条数;

　　　S_k——每立方米岩体非成组节理条数。

根据 J_v 值的大小,可对结构体的块度进行分类(见表 2-17)。

表 2-17　结构体块度(大小)分类

块度描述	巨型块体	大型块体	中型块体	小型块体	碎块体
体积节理数 J_v/(条/m³)	<1	1~3	3~10	10~30	>30

3) 岩体结构特征

岩体结构是指岩体中结构面与结构体的组合方式。不同类型的岩体结构具有不同的工程地质特性(承载能力、变形、抗风化能力、渗透性等)。

岩体结构可分为整体块状结构、层状结构、碎裂结构和散体结构等基本类型,其地质背景、结构面特征和结构体特征等如表 2-18 所示。

表 2-18　岩体结构的基本类型

结构类型		地质背景	结构面特征	结构体特征	
类	亚类			形态	强度
整体块状结构	整体结构	岩性单一,构造变形轻微的巨厚层岩层及火成岩体,节理稀少	结构面少,1~3 组,延展性差,多呈闭合状,一般无充填物,$\tan\varphi \geqslant 0.6$	巨型块体	大于 60MPa
	块状结构	岩性单一,构造变形轻微至中等的厚层岩体及火成岩体,节理一般发育,较稀疏	结构面为 2~3 组,延展性差,多呈闭合状,一般无充填物,层面有一定结合力,$\tan\varphi = 0.4 \sim 0.6$	大型的方块体、菱块体、柱体	一般大于 60MPa
层状结构	层状结构	构造变形轻微或中等的中厚层状岩体(单层厚大于 30cm),节理中等发育,不密集	结构面为 2~3 组,延展性较好,以层面、层理、节理为主,有时有层间错动面和软弱夹层,层面结合力不强,$\tan\varphi = 0.3 \sim 0.5$	中型或大型层块体、柱体、菱柱体	大于 30MPa
	薄层(板)状结构	构造变形中等或强烈的薄层状岩体(单层厚小于 30cm),节理中等发育,不密集	结构面为 2~3 组,延展性较好,以层面、节理、层理为主,有时有层间错动面和软弱夹层,结构面一般含泥膜,结合力差,$\tan\varphi \approx 0.3$	中型或大型的板状体、板楔体	一般为 10~30MPa

续表

结构类型		地质背景	结构面特征	结构体特征	
类	亚类			形态	强度
碎裂结构	镶嵌结构	脆硬岩体形成的压碎岩,节理发育,较密集	结构面为2～3组,以节理为主,组数多,较密集,延展性较差,闭合状,无或有少量充填物,结构面结合力不强,tanφ=0.4～0.6	形态大小不一,棱角显著,以小型或中型块体为主	大于60MPa
	层状破裂结构	软硬相间的岩层组合,节理、劈理发育,较密集	节理、层间错动面、劈理带软弱夹层均发育,结构面组数多较密集或密集,多含泥膜、充填物,tanφ=0.2～0.4;骨架硬岩层,tanφ=0.4	形态大小不一,以小型或中型板柱、板楔、碎块体为主	骨架硬结构体强度不小于30MPa
	碎裂结构	岩性复杂,构造变动强烈,破碎遭受弱风化作用,节理裂隙发育、密集	各类结构面均发育,组数多,彼此交切,多含泥质充填物,结构面形态光滑度不一,tanφ=0.2～0.4	形态大小不一,以小型块体、碎块体为主	含微裂隙强度小于30MPa
散体结构	松散结构	岩体破碎,遭受强烈风化,裂隙极发育,紊乱密集	以风化裂隙、夹泥节理为主,密集无序状交错,结构面强烈风化、夹泥、强度低	以块度不均匀的小碎块体、岩屑及夹泥为主	碎块体,手捏即碎
	松软结构	岩体强烈破碎,全风化状态	结构面已完全模糊不清	以泥、泥团、岩粉、岩屑为主,岩粉、岩屑呈泥包块态	"岩体"已呈土状,如土松软

工程利用岩面的确定与岩体的风化深度有关,岩体往地下深处渐变为新鲜岩石,但各种工程对地基的要求不同,因而可以根据其要求选择适当的岩层,以减少开挖的工程量。

2. 岩体的工程地质性质

岩体的工程地质性质首先取决于岩体的结构类型和特征,其次才是组成岩体的岩石的性质(或结构体本身的性质)。例如,散体结构的花岗岩岩体的工程地质性质往往要比层状结构的页岩岩体的工程地质性质要差。因此,在分析岩体的工程地质性质时,首先必须分析岩体的结构特征及其相应的工程地质性质,再分析组成岩体的岩石的工程地质性质,有条件时进行必要的室内和现场岩体(或岩块)的物理力学性质试验加以综合分析,才能确切地把握和认识岩体的工程地质性质。不同结构类型岩体的工程地质性质如下。

1) 整体块状结构岩体的工程地质性质

因整体块状结构岩体结构面稀疏、延展性差、结构体块度大且常为硬质岩石,故其整体强度高,变性特征接近于各向同性的均质弹性体,变形模量、承载能力和抗滑能力均较高,抗风化能力一般也较强,所以这类岩体具有良好的工程地质性质,往往可作为较理想的各类工程建筑地基、边坡岩体及洞室围岩。

2) 层状结构岩体的工程地质性质

层状结构岩体中的结构面以层面、不密集的节理为主,结构面多呈闭合或微张状、一般风化微弱、结合力一般不强,结构体块度较大且保持着母岩岩块性质,故这类岩体的总体变形模量和承载能力均较高。作为工程建筑地基时,其变形模量和承载能力一般均能满足要求。但当结构面结合力不强,又有层间错动面或软弱夹层存在时,其强度和变形特性均具有各向异性的特点,一般沿层面方向的抗剪强度明显比垂直层面方向更低,特别是当有软弱结构面存在时,这种现象更为明显。当这类岩体作为边坡岩体时,一般来说,结构面倾向坡外时的工程地质性质比结构面倾向坡里时差。

3)碎裂结构岩体的工程地质性质

碎裂结构岩体中节理、裂隙发育,常有泥质充填物质,结合力不强。其中,层状岩体中平行层面的软弱结构面常常比较发育,结构体块度不大,岩体完整性破坏较大。镶嵌结构岩体因其结构体为硬质岩石,尚具有较高的变形模量和承载能力,工程地质性能较好;而层状碎裂结构和碎裂结构岩体的变形模量、承载能力均不高,工程地质性质较差。

4)散体结构岩体的工程地质性质

散体结构岩体节理、裂隙非常发育,岩体十分破碎,岩石手捏即碎,属于碎石土类,可按碎石土类研究。

本章小结

地球的外部圈层、固体地球内部圈层、地质作用的定义、分类及其与工程活动的关系。

矿物的概念及其形态、颜色、光泽、条痕、硬度、解理、断口等主要特征。

岩石的成因及其结构、构造,常见的岩石以及三大类岩石的肉眼鉴别方法。

岩石的物理力学性质及其影响因素。

思考题

1. 矿物的定义是什么?如何对矿物进行分类?常见的造岩矿物和造矿矿物有哪些?常见的原生矿物和次生矿物有哪些?

2. 矿物的主要物理性质有哪些?如何根据矿物的性质进行标本识别?

3. 岩浆岩是怎样形成的?可分为哪几种类型?岩浆岩常见的矿物成分有哪些?岩浆岩的结构、构造特征是什么?岩浆岩的代表性岩石有哪些?

4. 沉积岩是怎样形成的?可分为哪几种类型?沉积岩中常见的矿物成分有哪些?沉积岩的结构、构造特征是什么?沉积岩的代表性岩石有哪些?

5. 什么是变质作用?变质作用有哪些类型?变质岩的主要矿物组成、结构、构造特征是什么?变质岩的代表性岩石有哪些?

6. 三大类岩石在物质组成、结构、构造上的异同有哪些?如何对岩石标本进行鉴定?如何对三大类岩石进行鉴定?三大类岩石是如何相互转化的?

7. 岩石有哪些物理力学性质?影响其工程性质的因素有哪些?

8. 如何分析和评价岩体结构的各种基本类型?

第3章

地质构造

地质构造是地壳运动的产物。由于地壳中存在很大的应力,组成地壳的上部岩层在地应力的长期作用下就会发生变形,形成构造变动的形迹,如在野外经常见到的岩层褶皱和断层等。构造变动在岩层和岩体中遗留下来的各种构造形迹称为地质构造。

地质构造改变了岩层和岩体原来的工程地质性质,影响了岩体的稳定性。因此,研究地质构造不仅可以了解地壳运动、发展规律,而且对指导工程地质、水文地质、地震预测预报工作和地下水资源的开发利用等具有重要意义。

3.1　地质年代及第四纪地质特征

地壳发展演变的历史称为地质历史,简称地史。据科学推算,地球的年龄至少有 45.5 亿年。在这漫长的地质历史中,地壳经历了许多强烈的构造运动、岩浆活动、海陆变迁、剥蚀和沉积作用等地质事件,形成了不同的地质体。因此,查明地质事件发生或地质体形成的时代和先后顺序是十分重要的。

3.1.1　地质年代的确定

地质年代是指一个地层单位形成的时代或年代。地层是在地壳发展过程中形成的具有一定层位的一层或一组岩层(包括沉积岩、岩浆岩和变质岩),并具有时代的概念。地层的上下或新老关系称为地层层序。表示地层的地质年代有两种方法:一种是绝对地质年代,用距今多少年以前来表示,是根据放射性同位素的衰变规律来测定岩石和矿物的年龄;另一种是相对地质年代,由该岩石地层单位与相邻已知岩石地层单位相对层位的关系来决定。在地质工作中,多采用相对地质年代来表示地层的地质年代。

1. 沉积岩相对地质年代的确定方法

沉积岩的相对地质年代是通过层序、岩性、接触关系和古生物化石来确定的。

1) 地层对比法

沉积岩在形成过程中,下面的总是先沉积的地层,上覆的总是后沉积的地层,形成自然层序。若这种自然层序没有被褶皱或断层打乱,那么岩层的相对地质年代可以由其在层序中的位置来确定,如图 3-1(a)、(b)所示;在构造变动复杂的地区,岩层自然层位发生了变化,就难以用这种方法进行确定了,如图 3-1(c)、(d)所示。

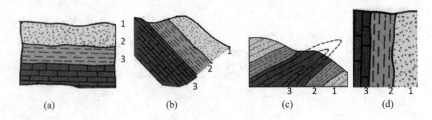

图 3-1　岩层层序规律

(a)岩层水平;(b)岩层倾斜;(c)岩层倒转;(d)岩层直立

注:1~3 代表岩层从新到老。

2)地层接触关系法

沉积地层在形成过程中,如地壳发生升降运动,产生沉积间断,岩层的沉积顺序中缺失沉积间断期的岩层,上下岩层之间的这种接触关系称为不整合接触。不整合接触面上、下的岩层,由于在时间上发生了阶段性的变化,岩性及古生物等都有显著不同。因此,不整合接触就成为划分地层相对地质年代的一个重要依据。不整合接触面以下的岩层先沉积,年代比较老;不整合接触面以上的岩层后沉积,年代比较新。

3)岩性对比法

岩性对比法是用已知地质时代地层的岩性特征与未知地质时代地层的岩性特征进行对比,来确定未知地层的时代。在同一地质时代、环境相似的情况下形成的地层,其岩石成分、结构、构造等方面具有一定的相似性。此方法具有一定的局限性和可靠性。

4)古生物化石法

古生物化石法是利用地层中所含化石确定地层时代的方法。地球上生物的演化具有阶段性和不可逆性,一定种属的生物生活在一定的地质时代。相同地质时代的地层里必定保存着相同或相近种属的化石。所以,只要确定出岩层中所含标准化石的地质年代,就可以随之确定岩层的地质年代。

上述几种方法各有优点,但也都存在着不足之处。在实践中,应结合具体情况综合分析,才能正确地划分地层的地质年代。

2. 岩浆岩地质年代的确定

岩浆岩中不含古生物化石,也没有层理构造,但它总是侵入或喷出于周围的沉积岩层之中。因此,可以根据岩浆岩体与周围已知地质年代的沉积岩层的接触关系来确定岩浆岩的相对地质年代。

1)侵入接触

岩浆侵入沉积岩层之中,使围岩发生变质现象,说明岩浆侵入体的形成年代晚于发生变质的沉积岩层的地质年代(见图 3-2(a))。

2）沉积接触

岩浆岩形成之后，经过长期风化剥蚀，后来在剥蚀面上又产生新的沉积，剥蚀面上部的沉积岩层无变质现象，而沉积岩层的底部往往存在着由岩浆岩组成的砾岩或风化剥蚀的痕迹。这说明岩浆岩的形成年代早于沉积岩的地质年代（见图 3-2(b)）。

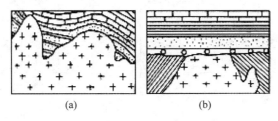

（a）　　　　　　　　（b）

图 3-2　岩浆岩与沉积岩的接触关系
（a）侵入接触；（b）沉积接触

对于喷出岩，可根据其中夹杂的沉积岩或上覆下伏的沉积岩层的年代确定其相对地质年代。

3.1.2　地层单位与地质年代表

1. 地层年代的单位和地层单位

划分地层年代和地层单位的主要依据是地壳运动和生物的演变。地壳发生大的构造变动之后，自然地理条件将发生显著变化，各种生物也将随之演变来适应新的生存环境，这样就形成了地壳发展历史的阶段性。根据几次大的地壳运动和生物界大的演变，可把地壳发展的历史过程分为五个称为"代"的大阶段，每个代又分为若干"纪"，纪内因生物发展及地质情况不同，又进一步细分为若干"世"、"期"以及一些更细的段落，这些统称为地质年代。每一个地质年代中都划分有相应的地层。地质年代和地层的单位、顺序和名称如表 3-1 所示。

表 3-1　地质年代单位与相对应的地层单位表

使用范围	地质年代单位/宙	地层单位/宇
国际性	代 纪 世	界 系 统
全国性或 大区域性	期	阶
地方性	时（时代、时期）	带（群、组、段、层）

在代、纪、世期间，世界各地的地壳运动和生物演化有普遍性的显著变化，所以代、纪、世是国际通用的地质年代单位。次一级的单位只具有区域性或地方性的意义。

2. 地质年代表

地质年代表反映了地壳历史阶段的划分和生物的演化阶段，如表 3-2 所示。

表 3-2　地质年代表

宙	代	纪		世	距今大约年代/百万年	主要地壳运动	主 要 现 象
显生宙	新生代 K_z	第四纪		全新世 Q_4	0.01	喜马拉雅运动	冰川广布,黄土形成,地壳发育成现代形式,人类出现、发展
				晚更新世 Q_3	0.10		
				中更新世 Q_2	0.73		
				早更新世 Q_1	2		
		第三纪 R	晚第三纪	上新世 N_2	5.3	燕山运动	地壳出具现代轮廓,哺乳类动物、鸟类急速发展,并开始分化
				中新世 N_1	23.3		
			早第三纪	渐新世 E_3	36.5		
				始新世 E_2	53		
				古新世 E_1	65		
	中生代 M_z	白垩纪		晚白垩纪 K_2	140	印支运动	地壳运动强烈,岩浆活动
				早白垩纪 K_1			
		侏罗纪		晚侏罗纪 J_3	208		除西藏等地区外,中国广大地区已上升为陆,恐龙极盛,出现鸟类
				中侏罗纪 J_2			
				早侏罗纪 J_1			
		三叠纪		晚三叠纪 T_3	250	海西运动	华北为陆,华南为浅海,恐龙、哺乳类动物发育
				中三叠纪 T_2			
				早三叠纪 T_1			
	古生代 P_z	上古生代 P_{z1}	二叠纪	晚二叠纪 P_2	290		华北为陆,华南为浅海。冰川广布,地壳运动强烈,间有火山爆发
				早二叠纪 P_2			
			石炭纪	晚石炭纪 C_3	362	加里东运动	华北时陆时海,华南浅海,陆生植物繁盛,珊瑚、腕足类、两栖类动物繁盛
				中石炭纪 C_2			
				早石炭纪 C_1			
			泥盆纪	晚泥盆纪 D_3	409		华北为陆,华南浅海,火山活动,陆生植物发育,两栖类动物发育,鱼类极盛
				中泥盆纪 D_2			
				早泥盆纪 D_1			
		下古生代 P_{z2}	志留纪	晚志留纪 S_3	439		华北为陆,华南浅海,局部地区火山爆发,珊瑚、毛石发育
				中志留纪 S_2			
				早志留纪 S_1			
			奥陶纪	晚奥陶纪 O_3	510	蓟县运动	海水广布,三叶虫、腕足类、笔石极盛
				中奥陶纪 O_2			
				早奥陶纪 O_1			
			寒武纪	晚寒武纪 C_3	570		浅海广布,生物开始大量发展,三叶虫极盛
				中寒武纪 C_2			
				早寒武纪 C_1			

续表

宙	代	纪	世	距今大约年代/百万年	主要地壳运动	主 要 现 象
隐生宙	元古代	新元古	震旦纪		800	吕梁运动	浅海与陆地相间出露,有沉积岩形成,藻类繁盛
			青白口纪		1000		
		中元古	蓟县纪		1400		
			长城纪		1800		
		古元古			2500	五台运动	海水广布,构造运动及岩浆活动强烈,开始出现原始生命现象
	太古代				3650	鞍山运动	

3.1.3 第四纪地质特征

第四纪是新生代最晚的纪,也是包括现代在内的地质发展历史的最新时期。第四纪的下限一般定为 200 万年。第四纪分为更新世和全新世,更新世可分为早、中、晚三个世,它们的划分及绝对年代如表 3-3 所示。

表 3-3 第四纪地质年代表

地质年代		绝对年龄/万年	
纪	世	距今时间	时间间隔
第四纪 Q	全新世 Q_4	1	1
	更新世 { 晚更新世 Q_3	10	9
	中更新世 Q_2	73	63
	早更新世 Q_1	200	127

200 多万年前,地球上出现了人类,这是最重大的事件。北京附近周口店的石灰岩洞穴中发现了生活在四五十万年以前的"北京猿人"的头盖骨化石及其使用工具。

第四纪时期地壳有过强烈的活动,为了与第四纪以前的地壳运动相区别,把第四纪以来发生的地壳运动称为新构造运动。地球上巨大块体大规模的水平运动、火山喷发、地震等都是地壳运动的表现。第四纪气候多变,曾多次出现大规模冰川。地区新构造运动的特征是对工程区域稳定性评价的一个基本要素。

1. 第四纪气候与冰川活动

第四纪气候冷暖变化频繁,气候寒冷时期冰雪覆盖面积扩大,冰川作用强烈发生,称为冰期。气候温暖时期,冰川面积缩小,称为间冰期。在晚、新生代冰期中,第四纪冰期规模最大,地球上的高、中纬度地区普遍为巨厚冰流覆盖。当时气候干燥,因而沙漠面积扩大。中国大陆在冰期时,海平面下降,渤海、东海、黄海均为陆地,台湾与大陆相连,气候干燥,风沙盛行,黄土堆积作用强烈。第四纪冰川活动不仅规模大而且频繁。根据深海沉积物研究,第四纪冰川作用有 20 次之多,而近 80 万年每 10 万年有一次冰期和间冰期。

2. 板块构造

20 世纪 40 年代以来,出于军事目的和对石油资源的需求,人类进行了大规模海底地质调查,获得大量成果,导致全球构造理论——板块构造学说的诞生。

1915 年德国魏根纳提出大陆漂移说,他认为距今大约 1.5 亿年前,地球表面有一个统一的大陆,他称之为联合古陆。联合古陆周围全是海洋。从侏罗纪开始,联合古陆分裂成几块并各自漂移,最终形成现今大陆和海洋的分布。奥地利地质学家休斯对大陆漂移学说做了进一步推论,认为古大陆不是一个而是两个,北半球的一个称为劳亚古陆,南半球的一个称为冈瓦纳大陆。大陆漂移说的主导思想是正确的,但限于当时地质科学发展的水平而未得到普遍接受。

20 世纪五六十年代,大量科学观测资料使大陆漂移说重新抬头。20 世纪 60 年代末形成板块构造理论,把大陆、海洋、地震、火山以及地壳以下的上地幔活动有机地联系起来,形成一个完整的地球动力系统。

板块学说认为,刚性的岩石圈分裂成六个大的地壳块体(板块),它们驮在软流圈上做大规模水平运动。各板块边缘结合地带是相对活动的区域,表现为强烈的火山(岩浆)活动、地震和构造变形等。而板块内部是相对稳定区域。全球划分出的六个大的板块是太平洋板块、美洲板块、非洲板块、印度洋板块、南极洲板块和欧亚板块。此外,还有六个小型板块,共十二个板块,如图 3-3 所示。

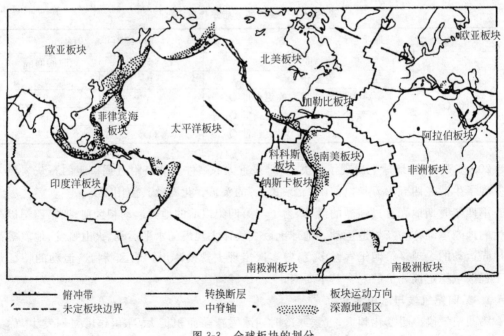

图 3-3　全球板块的划分

相邻板块间的结合有岛弧和海沟、洋中脊、转换断层等三种类型。

(1)岛弧和海沟表现为大洋地壳沿海沟插入地下,构成消减带,并引起火山作用、地震以及挤压应力作用,如太平洋板块与欧亚板块间的情况(见图 3-4)。

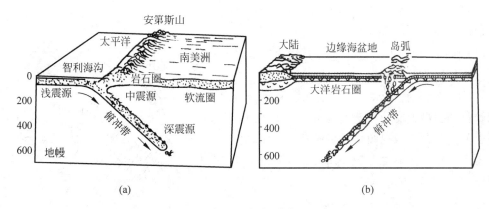

图 3-4　岛弧和海沟(单位：km)

(a)东太平洋俯冲作用形成的火山山脉及地震震源的分布；(b)西太平洋俯冲作用形成岛弧及边缘海盆地

(2)洋中脊是地壳生成的地方,表现为拉张应力,如非洲板块与美洲板块之间的情况。

(3)转换断层是横穿过洋中脊的大断裂,表现为剪切应力作用。板块间的接合带与现代地震、火山活动带一致。板块构造学说极好地解释了地震的成因和分布。

第四纪沉积物的成因类型及其特征在第 4 章中详述。

3.2　岩层产状与地层接触关系

3.2.1　构造运动与地质构造

构造运功是一种机械运动,涉及的范围包括地壳及上地幔或上部即岩石圈,按运动方向可分为水平运动和垂直运动。水平方向的构造运动使岩块相互分离裂开或是相向聚汇,发生挤压、弯曲或剪切、错开。垂直方向的构造运动则使相邻块体做差异性上升或下降。

原始沉积物多是水平或近于水平的层状堆积物经固结成岩作用形成坚硬岩层。当它未受到构造运动作用,或在大范围内受到垂直方向构造运动的影响,沉积岩层基本上呈水平状态在相当范围内连续分布,这种岩层称为水平岩层,如图 3-1(a)所示。经过水平方向构造运动作用后,岩层由水平状态变为倾斜状态,称为倾斜岩层。倾斜岩层往往是褶皱的一翼或断层的一盘,如图 3-5 所示,是由不均匀抬升或沉降所致。

图 3-5　倾斜岩层

构造运动使岩层发生变形和变位,形成的产物称为地质构造。常见的地质构造有褶皱、断层和节理。断层和节理又统称为断裂构造。

3.2.2　岩层的产状

岩层的产状是指岩层的空间位置,是研究地质构造的基础。产状用走向、倾向和倾角来表示,这些称为产状要素。

（1）走向：层面与水平面交线的延伸方向，走向线就是层面上的水平线（见图 3-6）。

（2）倾向：层面上与走向垂直并指向下方的直线，它的水平投影方向为倾向。

（3）倾角：层面与水平面的交角。其中，沿倾向方向测量得到的最大交角称为真倾角。岩层层面在其他方向上的夹角皆称为视倾角。视倾角恒小于真倾角。

为了更好地理解岩层产状的三要素，下面列出其几何图示，如图 3-7 所示。

图 3-7 中，AB 表示走向，OD 为倾向线，OD' 为倾向；α 为（真）倾角，HD 表示视倾斜线，β 为视倾角，$\tan\beta = \tan\alpha \cdot \cos\omega$，$\omega$ 为视倾向与倾向之夹角。

图 3-6　岩层产状要素及其测量方法

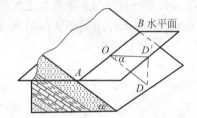
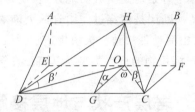

图 3-7　岩层产状要素

如图 3-6 所示，产状要素用地质罗盘进行测量。产状要素表示方法如下：

（1）方位角表示法：倾向、倾角，如 210°∠25°等。

（2）象限角表示法：走向、倾向、倾角，如 N65°W/SW25°。

（3）符号表示法：⊥25°，其中横线代表走向，竖线代表倾向，度数是倾角。

3.2.3　地层接触关系

在地质历史发展、演化的各个阶段，构造运动贯穿始终。由于构造运动的性质不同，或所形成的地质构造特征不同，往往造成新、老地层之间具有不同的相互接触关系。地层接触关系是构造运动最明显的综合表现。概括起来，地层（或岩石）的接触关系有以下几种。

1. 整合接触

整合接触表现为相邻的新、老地层产状一致，时代连续。它是在构造运动处于持续下降或持续上升的背景下发生连续沉积而形成的，如图 3-8（a）所示。

2. 不整合接触

在沉积过程中，如果地壳发生上升运动，沉积区隆起，则沉积作用即为剥蚀作用所代替，发生沉积间断。其后，若地壳又发生下降，则在剥蚀的基础上又发生新的沉积。由于沉积过程发生间断，所以岩层在形成年代上是不连续的，中间缺失沉积间断期的岩层，岩层之间的这种接触关系称为不整合接触。存在于接触面之间、因沉积间断而产生的剥蚀面称为不整合面。在不整合面上，有时可以发现砾石层或底砾岩等下部岩层遭受外力剥蚀的痕迹。不

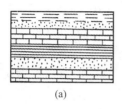 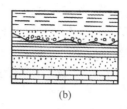 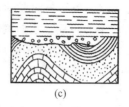

(a) (b) (c)

图 3-8 沉积岩的接触关系

(a) 整合; (b) 平行不整合; (c) 角度不整合

整合接触有各种不同的类型,但主要有平行不整合和角度不整合两种。

1) 平行不整合

平行不整合是指不整合面上、下两套岩层之间的地质年代不连续,缺失沉积间断期的岩层,但彼此间的产状基本上是一致的,看起来像整合接触,所以又称为假整合,如图 3-8(b)所示。华北地区的石炭二叠纪地层直接覆盖在中奥陶纪石灰岩之上,虽然两者的产状彼此平行,但中间缺失志留纪到泥盆纪的岩层,是一个规模巨大的平行不整合。

2) 角度不整合

角度不整合又称为斜交不整合,简称不整合。角度不整合中,不仅不整合面上、下两个岩层间的地质年代不连续,而且两者的产状也不一致,下伏岩层与不整合面以一定的角度相交。这是由于不整合面下部的岩层,在发生新的沉积之前发生过褶皱变动。角度不整合是野外常见的一种不整合,如图 3-8(c)所示。在华北震旦亚界与前震旦亚界之间,岩层普遍存在有角度不整合现象,这说明在震旦亚代之前,华北地区的构造运动是比较频繁而强烈的。

不整合接触中的不整合面是下伏古地貌的剥蚀面,它常有比较大的起伏,同时常存在风化层或底砾,层间结合差,地下水发育。当不整合面与斜坡倾向一致时,如开挖路基,不整合面经常会成为斜坡滑移的边界条件,对工程建筑不利。

3.3 褶皱构造

组成地壳的岩层,受构造应力的强烈作用,形成一系列波状弯曲而未丧失其连续性的构造,称为褶皱构造。褶皱构造是岩层产生的塑性变形,是地壳表层广泛发育的基本构造之一。

3.3.1 褶曲要素

褶曲是褶皱构造中的一个弯曲,是褶皱构造的组成单位。每一个褶曲,都有核部、翼部、轴面、轴及枢纽等组成部分。这些组成部分称为褶曲要素,如图 3-9 所示。

核部:指褶曲的中心部分。通常把位于褶曲中央最内部的岩层称为褶曲的核。

翼部:指位于核部两侧、向不同方向倾斜的部分。

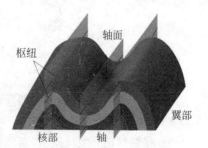

图 3-9 褶曲要素示意图

轴面：指从褶曲顶平分两翼的面。轴面在客观上并不存在，而是为了标定褶曲方位及产状而划定的一个假想面。褶曲的轴面可以是一个简单的平面，也可以是一个复杂的曲面。轴面可以是直立的、倾斜的或平卧的。

轴：指轴面与水平面的交线。轴的方位表示褶曲的方位，轴的长度表示褶曲延伸的规模。

枢纽：指轴面与褶曲在同一岩层层面的交线。褶曲的枢纽有水平的和倾斜的，也有波状起伏的。枢纽可以反映褶曲在延伸方向产状的变化情况。

3.3.2　褶曲的类型

褶曲有两种基本形态：背斜和向斜，如图 3-10 所示。

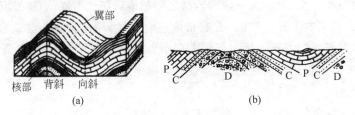

图 3-10　背斜与向斜

(a) 未剥蚀；(b) 经剥蚀后

背斜褶曲是岩层向上拱起的弯曲。背斜褶曲的岩层以褶曲轴为中心向两翼倾斜。当地面受到剥蚀而出露属于不同地质年代的岩层时，较老的岩层出现在褶曲的轴部，从轴部向两翼依次出现的是较新的岩层。

向斜褶曲是岩层向下凹的弯曲。在向斜褶曲中，岩层的倾向与背斜褶曲相反，两翼的岩层都向褶曲的轴部倾斜。例如，地面遭受剥蚀，褶曲轴部出露的是较新的岩层，向两翼依次出露的是较老的岩层。

1. 按褶曲的轴面产状分类

按褶曲的轴面产状，褶曲可分为直立褶曲、倾斜褶曲、倒转褶曲、平卧褶曲和翻卷褶曲，如图 3-11 所示。

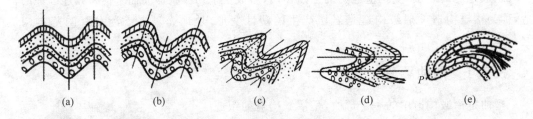

图 3-11　按褶曲的轴面产状分类

(a) 直立褶曲；(b) 倾斜褶曲；(c) 倒转褶曲；(d) 平卧褶曲；(e) 翻卷褶曲

(1) 直立褶曲：轴面直立，两翼向不同方向倾斜，两翼岩层的倾角基本相同，在横剖面上两翼对称，也称为对称褶曲。

(2) 倾斜褶曲：轴面倾斜，两翼向不同方向倾斜，但两翼岩层的倾角不等，在横剖面上两翼不对称，又称为不对称褶曲。

（3）倒转褶曲：轴面倾斜程度更大，两翼岩层大致向同一方向倾斜，一翼层位正常，另一翼老岩层覆盖于新岩层之上，层位发生倒转。

（4）平卧褶曲：轴面水平或近于水平，两翼岩层也近于水平，一翼层位正常，另一翼发生倒转。

（5）翻卷褶曲：轴面为一曲面。

在褶曲构造中，褶曲的轴面产状和两翼岩层的倾斜程度常与岩层的受力性质及褶皱的强烈程度有关。在褶皱不太强烈和受力性质比较简单的地区，一般多形成两翼岩层倾角舒缓的直立褶曲或倾斜褶曲；在褶皱强烈和受力性质比较复杂的地区，一般两翼岩层的倾角较大，褶曲紧闭，并常形成倒转或平卧褶曲。

2. 按褶曲的枢纽产状分类

按褶曲的枢纽产状，褶曲可分为水平褶曲和倾伏褶曲。

（1）水平褶曲：褶曲的枢纽水平展布，两翼岩层平行延伸，如图3-12（a）所示。

（2）倾伏褶曲：褶曲的枢纽向一端倾伏，两翼岩层在转折端闭合，如图3-12（b）所示。

（a）　　　　　　　　　　（b）

图3-12　按褶曲的枢纽产状分类

（a）水平褶曲；（b）倾伏褶曲

当褶曲的枢纽倾伏时，在平面上会看到褶曲的一翼逐渐转向另一翼，形成一条圆滑的曲线。在平面上，褶曲从一翼弯向另一翼的曲线部分称为褶曲的转折端。在倾伏背斜的转折端，岩层向褶曲的外方倾斜（外倾转折）。在倾伏向斜的转折端，岩层向褶曲的内方倾斜（内倾转折）。从平面上看，倾伏褶曲的两翼岩层在转折端闭合是其区别于水平褶曲的一个显著标志。

3. 按褶曲横剖面的形态分类

按褶曲横剖面的形态，褶曲又可分为扇形褶曲、箱形褶曲、圆弧褶曲、尖棱褶曲及挠曲等，如图3-13所示。

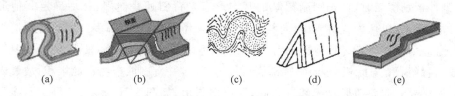

（a）　　　（b）　　　（c）　　　（d）　　　（e）

图3-13　按褶曲的横剖面形态分类

（a）扇形褶曲；（b）箱形褶曲；（c）圆弧褶曲；（d）尖棱褶曲；（e）挠曲

4. 按褶皱的平面形态分类

按褶皱的平面形态，可将其分为以下类型。

（1）线状褶曲：褶皱的长宽比大于10：1，如图3-14（a）所示。

（2）短轴褶曲：褶曲的长宽比为3：1～10：1，如图3-14（b）所示。

（3）长轴褶曲：褶曲的长宽比介于10：1～5：1。

（4）穹窿构造：长宽比小于 3∶1 的背斜构造，褶皱层面呈浑圆形隆起，如图 3-14（c）所示。

（5）构造盆地：长宽比小于 3∶1 的向斜构造，褶皱层面从四周向中心倾斜，如图 3-14（d）所示。

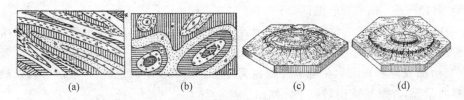

图 3-14　按褶曲的表面形态分类

（a）线状褶曲；（b）短轴褶曲；（c）穹窿构造；（d）构造盆地

3.3.3　褶皱构造

褶皱是褶曲的组合形态，两个或两个以上褶曲构造的组合，称为褶皱构造。在褶皱比较强烈的地区，单个褶曲比较少见，一般的情况都是线形的背斜与向斜相间排列，以大体一致的走向平行延伸，有规律地组合成不同形式的褶皱构造。图 3-15 所示即为一个舒缓开阔的褶皱构造的实例。如果褶皱剧烈，或在早期褶皱的基础上再经褶皱变动，就会形成更为复杂的褶皱构造。中国的一些著名山脉，如昆仑山、祁连山、秦岭等，都属于复杂的褶皱构造山脉。

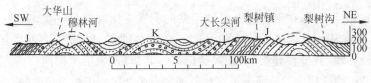

图 3-15　吉林穆林河至梨树沟地质剖面

3.3.4　褶皱构造的野外识别

在野外识别褶皱时，首先判断褶皱的基本形态是背斜还是向斜，然后确定其他形态特征。一般情况下，可认为背斜成山、向斜为谷，但实际情况要复杂得多。因为背斜遭受长期轴部裂隙发育，岩层较破碎且地形突出，剥蚀作用进行得较快，背斜山被夷为平地，甚至成为谷地，成为背斜谷；与此相反，向斜轴部岩层较为完整，并有剥蚀产物在此堆积，故其剥蚀速度较慢，最终导致向斜地形较相邻背斜高，形成向斜山，如图 3-16 所示。因此，不能完全以地形的起伏情况作为识别褶皱构造的主要标志。

褶皱的规模有大有小，小的褶皱可以在小范围内通过几个出露在地面的露头进行观察；大的褶皱，由于分布范围广，又常受到地形的影响，不可能通过几个露头窥其全貌。所以，在野外识别褶皱时，常采用下面方法进行判别。

1. 穿越法

穿越法即沿垂直于岩层走向的方向进行观察。

（1）当地层出现对称、重复分布时，便可判断存在褶皱构造。如图 3-16 所示，区内岩层

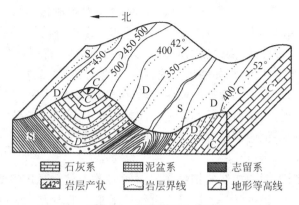

图 3-16 褶皱构造立体图

走向近东西方向,从南北方向观察,有志留系及石炭系地层两个对称中心,其两侧地层重复对称出现,所以该地区有两个褶曲构造。

(2)分析地层新老组成关系:左侧褶曲构造,中间是新地层 C,两侧依次为老地层 D 和 S,故为向斜;右侧褶曲构造,中间是老地层 S,两侧依次为新地层 D 和 C,故为背斜。

(3)观察轴面产状和两翼情况,图 3-16 中左侧向斜褶曲中,轴面直立,两翼岩层倾向相反、倾角近似相等,应为直立向斜;而右侧背斜轴面倾斜,两翼岩层倾向均向北倾斜,一翼层序正常,另一翼发生倒转,故为倒转背斜。

2. 追索法

追索法即沿平行于岩层的走向(沿褶曲轴延伸方向)进行平面分析,了解褶曲轴的起伏及其平面形态的变化。若褶曲轴呈水平、直线状,或者在地质图上两翼岩层对称重复,但彼此不平行,且逐渐转折汇合,呈 S 形,则为倾伏褶曲。

在野外识别褶皱时,往往以穿越法为主,以追索法为辅,根据不同情况穿插进行两种方法。穿越法和追索法不仅是野外观察、识别褶曲的主要方法,也是野外观察和研究其他地质构造的基本方法。

3.3.5　褶皱构造的工程地质评价

如果从路线所处的地质构造条件来看,可能是一个大的褶皱构造。但从工程所遇到的具体构造问题来说,则往往是一个个褶曲,或者是大型褶曲构造的一部分。局部构成了整体,整体与局部存在着密切的联系,通过整体能更好地了解局部构造相互间的关系及其空间分布的来龙去脉。上述观点对于了解某些构造问题在路线通过地带的分布情况,进而研究地质构造复杂地区路线的合理布局,无疑是非常重要的。

不论是背斜褶曲还是向斜褶曲,在褶曲的翼部遇到的基本上是单斜构造,需关注倾斜岩层的产状与路线或隧道轴线走向之间的关系问题。一般来说,倾斜岩层对建筑物的地基没有特殊的不良影响,但对于深路堑、挖方高边坡及隧道工程等,则须根据具体情况进行具体分析。

对于深路堑和高边坡来说,路线垂直岩层走向,或路线与岩层走向平行,但岩层倾向与边坡倾向相反时,只就岩层产状与路线走向的关系而言,对路基边坡的稳定性是有利的;不利的情况是路线走向与岩层的走向平行,边坡与岩层的倾向一致,特别在云母片岩、绿泥石片岩、滑石片岩、千枚岩等松软岩石分布地区,坡面容易发生风化剥蚀,产生严重的碎落、坍塌,会对路基边坡及路基排水系统造成经常性的危害。最不利的情况是路线与岩层走向平行,岩层倾向与路基边坡一致,而边坡的坡角大于岩层的倾角,特别是在石灰岩、砂岩与黏土质页岩互层,且有地下水作用时,如路堑开挖过深,边坡过陡,或者由于开挖使软弱构造面暴露,都容易引起斜坡岩层发生大规模的顺层滑动,破坏路基稳定。

对于隧道工程来说,从褶曲的翼部通过一般是比较有利的。如果中间有松软岩层或软弱构造面,则在顺倾向一侧的洞壁有时会出现明显的偏压现象,甚至会破坏支撑,发生局部坍塌。

从岩层的产状来说,褶曲构造的轴部是岩层倾向发生显著变化的地方;就构造作用对岩层整体性的影响来说,该处又是岩层受应力作用最集中的地方。所以,不论公路、隧道或桥梁工程,褶曲构造的轴部容易遇到工程地质问题,主要是由于岩层破碎而产生的岩体稳定问题和向斜轴部地下水的问题。这些问题往往在隧道工程中显得更为突出,容易产生隧道塌顶和涌水现象,有时会严重影响正常施工。

3.4　断裂构造

断裂构造是指岩石受地应力作用发生变形,当变形达到一定程度后,岩石的连续性和完整性遭到破坏,产生各种大小不一的断裂。断裂构造是地壳中常见的地质构造,而且分布很广,特别是在一些断裂构造发育地带常成群分布,形成断裂带,对建筑地区岩体稳定性起控制作用。根据岩体断裂后两侧岩块相对位移的情况,断裂构造分为节理(裂隙)和断层两类。

3.4.1　节理

节理又称为裂隙,是指断裂面两侧的岩石仅因开裂而分开,未发生明显相对位移的断裂构造。

1. 节理的类型

1) 按节理的几何形状分类

根据节理与所在岩层产状之间的关系,节理可分为以下类型(见图3-17)。

(1) 走向节理:节理的走向与所在岩层的走向大致平行。

(2) 倾向节理:节理的走向与所在岩层的走向大致垂直。

(3) 斜向节理:节理的走向与所在岩层的走向斜交。

(4) 顺层节理:节理面大致平行于岩层面。

根据节理走向与所在褶皱的枢纽、主要断层走向或其他线状构造延伸方向的关系(见图3-18),可将节理分为以下类型:

(1) 纵节理:两者大致平行。

(2) 横节理:两者大致垂直。

(3) 斜节理:两者斜交。

对于枢纽水平的褶皱,以上两种分类可以吻合,即走向节理相当于纵节理,倾向节理相当于横节理。

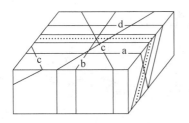 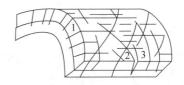

图 3-17 根据节理与所在岩层产状关系的分类　　　　图 3-18 根据节理产状与褶皱轴向关系的分类
　　　　a—走向节理；b—倾向节理；　　　　　　　　　　　1—纵节理；2—斜节理；3—横节理
　　　　c—斜向节理；d—顺层节理

2）按节理的成因分类

按节理的成因，可将节理分为原生节理和次生节理。

（1）原生节理是指在成岩过程中形成的节理。例如沉积岩中的泥裂。火山熔岩冷凝收缩形成的柱状节理，岩浆侵入过程中由于流动作用及冷凝收缩产生的各种原生节理等。

（2）次生节理是指岩石成岩后形成的节理，包括非构造节理和构造节理。

非构造节理是指岩石在风化作用、崩塌、滑坡、冰川及人工爆破等外动力地质作用下产生的裂隙。非构造节理场分布在地表浅部的岩土层中，延伸不长，形态不规则，多为张开的张节理。

构造节理是地壳构造运动的产物，常与褶皱、断层相伴出现，并在成因和产状上有一定的联系，是广泛存在的一种节理。按其形成的力学性质，构造节理可分为张节理与剪节理两类。张节理是岩石受张应力作用产生的节理。其特点是裂隙张开较宽，断裂面粗糙，一般很少有擦痕，裂缝宽窄变化较大，沿走向和倾向方向延伸不远。在砂岩和砾岩中，裂隙面往往绕过砂粒和砾石，呈现凹凸不平状。在褶皱构造中，张节理主要发育在背斜或向斜的轴部。剪节理是岩石受剪应力的作用产生的节理。其特点是解理面平直而闭合，分布较密，走向稳定，延伸较深；断裂面光滑，常有擦痕、镜面等现象；若发生在砾岩中，可切破砾石。剪节理常等间距分布，成对出现，呈两组共轭剪节理，又称为 X 节理，将岩体切割成菱形块体。剪节理常出现在褶曲的翼部和断层附近。除上述两种构造节理外，在强烈褶皱岩层、变质岩和断层两侧的岩层中，可见一种大致平行、微细而密集的构造节理，称为劈理。劈理是一种小型构造，按其成因分为流劈理和破劈理。流劈理是岩石在强烈的构造应力作用下发生塑性流动，其内部片状、板状和长条状矿物沿垂直于压应力方向呈定向排列，并由此产生易于裂开的软弱面，多发育于塑性较大、较软弱的岩层中，如页岩、板岩、片岩等。破劈理是指岩石中一组密集的平行破裂面，沿这些面上一般不产生矿物定向排列。劈理间距在 1cm 以内。如果间距超过 1cm，应称为剪节理。劈理多发育在薄层的脆硬岩石中或在脆硬岩层内的软弱岩层中。

2．节理的调查、统计和表示方法

为了了解工程场地节理分布规律及其对工程岩体稳定性的影响，在进行工程地质勘察时，要对节理进行野外调查和室内资料整理工作，并用统计图表的形式把岩体节理的分布情况表示出来。

调查节理时，在工程建筑位置，选择有代表性的基岩露头，然后按照表 3-4 所列内容对一定面积内的节理进行测量，同时要考虑节理的成因和充填情况。

表 3-4　节理野外测量记录表

编号	节理产状			长度/cm	宽度/cm	条数	填充情况	节理成因
	走向	倾向	倾角					
1	NW370°	NE37°	18°	60	0.5	22	裂隙面夹泥	剪裂隙
2	NW332°	NE62°	10°	85	1.0	15	裂隙面夹泥	剪裂隙
3	NE7°	NW277°	80°	110	2.5	2	裂隙面夹泥	张裂隙
4	NE15°	NW285°	60°	125	1.5	4	裂隙面夹泥	张裂隙

测量节理产状的方法与测量岩层产状的方法相同。为方便起见,常用一硬纸片进行测量。当节理面出露不佳时,可将纸片插入裂隙,用测得的纸片产状代替节理的产状。

可用不同的图式来统计节理。节理玫瑰花图就是其中比较常用的一种。节理玫瑰花图可以用节理走向编制,也可以用节理倾向编制。其编制方法如下。

1) 节理走向玫瑰花图

在一任意半径的半圆上,画上刻度网。把所测得的节理按走向以每5°或每10°分组,统计每一组内的节理数并算其平均走向。自圆心沿半径引射线,射线的方位代表每组节理平均走向的方位,射线的长度代表每组节理的条数。然后用折线把射线的端点连接起来,即得节理走向玫瑰花图,如图 3-19(a)所示。

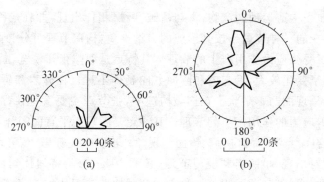

图 3-19　节理玫瑰花图
(a) 节理走向玫瑰花图;(b) 节理倾向玫瑰花图

图中的每一个"玫瑰花瓣"代表一组节理的走向,"花瓣"的长度代表这个方向上节理的条数,"花瓣"越长,表明沿这个方向分布的节理越多。从图 3-19(a)可以看出,比较发育的节理有走向 330°、30°、60°、300° 及走向东西等五组。

2) 节理倾向玫瑰花图

先将测得的节理按倾向以每5°或每10°分组,统计每一组内节理的条数,并算出其平均倾向。用绘制走向玫瑰花图的方法,在注有方位的圆周上,根据平均倾向和节理的条数定出各组相应的点。用折线将这些点连接起来,即得节理倾向玫瑰花图,如图 3-19(b)所示。

如果用平均倾角表示半径方向的长度,可以用同样方法编制节理倾角玫瑰花图。同时可看出,节理玫瑰花图的编制方法比较简单,但其缺点是不能在同一张图上把节理的走向、倾向和倾角同时表示出来。

节理的发育程度在数量上有时用节理密度来表示。所谓节理密度,是指岩石中某节理组在单位面积或单位体积中的节理总数。节理密度越大,表示岩石中的节理越发育。反之,则表明节理不发育。公路工程地质常用的节理发育程度的分级如表3-5所示。

表3-5 节理发育程度分级表

发育程度等级	基 本 特 征	附 注
节理不发育	节理为1~2组,规则,构造型,间距在1m以上,多为密闭节理,岩体被切割成巨块状	对基础工程无影响,在不含水且无其他不良因素时,对岩体稳定性影响不大
节理较发育	节理为2~3组,呈X形,较规则,以构造型为主,多数间距大于0.4m,多为密闭节理,少有填充物,岩体被切割成大块状	对基础工程影响不大,可能对其他工程产生相当影响
节理发育	节理在3组以上,不规则,以构造型或风化型为主,多数间距小于0.4m,大部分为张开节理,部分有填充物,岩体被切割成小块状	可能对工程建筑产生很大影响
节理很发育	节理在3组以上,杂乱,以风化型和构造型为主,多数间距小于0.2m,以张开裂隙为主,一般均有填充物,岩体被切割成碎石状	对工程建筑产生严重影响

注:节理宽度:小于1mm,为密闭裂隙;1~3mm,为微张裂隙;3~5mm,为张开裂隙;大于5mm,为宽张裂隙。

3. 节理的工程地质评价

岩体中的节理,在工程中有利于开挖,但会对岩体的强度和稳定性产生不利影响。

岩体中存在的节理破坏了岩体的整体性,促进岩体风化速度,增强岩体的透水性,因而使岩体的强度和稳定性降低。当节理主要发育方向与路线走向平行,倾向与边坡一致时,不论岩体的产状如何,路堑边坡都容易产生崩塌等不稳定现象。在路基施工中,如果岩体存在节理,还会影响爆破作业的效果。所以,当节理有可能成为影响工程设计的重要因素时,应当对节理进行深入的调查研究,详细论证节理对岩体工程建筑条件的影响,并采取相应措施,以保证建筑物的稳定和正常使用。

3.4.2 断层

断层是指岩体受构造应力作用断裂后,两侧岩体发生了显著位移的断裂构造。它包含了断裂和位移两种含义。断层规模有大有小,大的可达到上千千米,小的只有几米,相对位移可达几厘米到几十千米不等。断层不仅对岩体的稳定性和渗透性、地震活动及区域稳定性有重大影响,而且是地下水运动的良好通道和汇聚场所。规模较大的断层附近或断层发育地区常富存有丰富的地下水资源。

1. 断层要素

断层由以下几个部分组成,如图3-20所示。

(1)断层面是指相邻两岩块断开或沿其滑动的破裂面。断层面可以是平面、曲面,也可以是波状起伏面,其上常有擦痕。

(2)断层破碎带:有时断层两侧的岩石不是沿着一个简单的面运动,而是沿着一个由许多密集的破裂面组成的错动带进行的,这个错动带称为断层破碎带。断层破碎带中常形成糜棱岩、断层角砾岩、断层泥等。

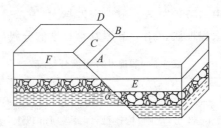

图 3-20 断层要素图

AB—断层线；*C*—断层面；*α*—断层倾角；*E*—上盘；*F*—下盘；*DB*—总断距

（3）断层线是指断层面（带）与地面的交线。断层线的方向表示断层延伸的方向，它的形状取决于断层面的形状和地面起伏情况。

（4）断盘是指断层面两侧的岩块。若断层面是倾斜的，位于断层面上侧的岩块称为上盘，位于断层面下侧的岩块称为下盘。若断层面是直立的，可用方位来表示，如东盘、西盘、南盘、北盘。

（5）断距是指两盘沿断层面相对错开的距离。总断距在水平方向的分量为水平断距，铅（垂）直分量为铅（垂）直断距。

2．断层的类型

断层的分类方法很多，有以下不同的类型。

（1）根据断层两盘相对位移的情况，可将断层分为正断层、逆断层和平推断层。

正断层是沿断层面倾斜线方向，上盘相对下降，下盘相对上升的断层（见图 3-21（a））。正断层一般是由于岩体受到水平张力作用而发生断裂，进而在重力作用下产生错动而成。这种断层一般规模不大，断层面倾角较陡，常大于 45°。

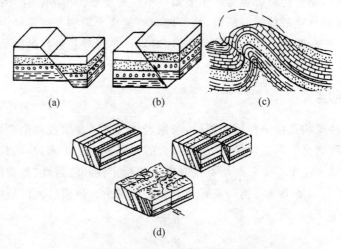

图 3-21 断层成因及构造示意图

(a) 正断层；(b) 逆断层；(c) 逆掩断层；(d) 平推断层

逆断层是沿断层面倾斜方向，上盘相对上升，下盘相对下降的断层（见图 3-21（b））。逆断层一般是岩体受到水平挤压作用的结果，所以也称为压性断层。逆断层一般规模较大，断层面呈舒缓波状，断层线方向常与岩层走向或褶皱轴方向一致，与压应力方向垂直。逆断层按断层面倾角的不同又可分为冲断层(断层面倾角大于 45°)、逆掩断层(断层面倾角为25°～45°,如图 3-21(c)所示)。辗掩断层(断层面倾角小于 25°)。逆掩断层和辗掩断层的规模一般都较大。

平推断层是断层两盘沿断层走向发生位移的断层(见图 3-21(d))。一般认为,平推断层是地壳岩体受到水平扭动力作用而形成的。平推断层的倾角很大,断层面近于直立,断层线比较平直。

上面介绍的主要是一些受单向应力作用而产生的断裂变形,这是断层构造的三种基本类型。由于岩体的受力性质和所处的边界条件十分复杂,所以实际情况还要复杂得多。

(2) 根据断层走向和褶皱轴走向关系,可将断层分为纵断层、横断层和斜断层(见图 3-22)。

纵断层:断层走向与褶皱轴(或区域构造线)方向一致或近于平行的断层。

横断层:断层走向与褶皱轴(或区域构造线)方向大致垂直的断层。

斜断层:断层走向与褶皱轴(或区域构造线)方向斜交的断层。

(3) 根据断层走向与岩层产状关系,可将断层分为走向断层、倾向断层和斜交断层(见图 3-23)。

走向断层:断层走向与岩层走向一致。

倾向断层:断层走向与岩层倾向一致。

斜交断层:断层走向与岩层走向(或倾向)斜交。

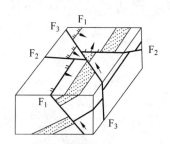

图 3-22　断层走向与褶皱轴向关系图
F₁—纵断层;F₂—横断层;F₃—斜断层

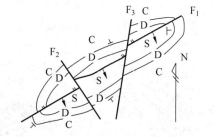

图 3-23　断层走向与岩层产状关系图
F₁—走向断层;F₂—倾向断层;F₃—斜交断层

(4) 根据断层的力学性质,可将断层分为压性断层、张性断层、扭性断层、压扭性断层和张扭性断层。

压性断层是由压应力作用形成的断层,多呈逆断层形式。

张性断层是在张应力作用下形成的断层,多呈正断层形式。

扭性断层是在剪应力作用下形成的断层。

压扭性断层具有压性断层兼扭性断层的力学特征,如部分平移逆断层。

张扭性断层具有张性断层兼扭性断层的力学特征,如部分平移正断层。

3. 断层的组合形式

在自然界中,断层很少孤立存在,往往由许多断层排列在一起形成一定的组合形态,主要有以下几种。

(1) 阶梯状断层:由数条倾向一致、大致平行的正断层组合而成,在地貌上呈阶梯状,如图 3-24 所示。阶梯状断层一般发育在上升地块的边缘。

（2）地堑和地垒：由两条倾向相向的正断层组成，其间相对下降的岩块称为地堑；由两条倾向相背的正断层组成，其间相对上升的岩块称为地垒，如图 3-24 所示。

在地形上，地堑常形成狭长的凹陷地带，如山西的汾河河谷、陕西的渭河河谷等都是有名的地堑构造。地垒多形成块状山地，如天山、阿尔泰山等都广泛发育有地垒构造。

（3）叠瓦式构造：由数条倾向一致、相互平行的逆断层组合而成，呈叠瓦状，如图 3-25 所示。

图 3-24　阶梯状断层、地垒和地堑

图 3-25　叠瓦式构造

4. 断层的野外识别

断层的存在，说明岩层受到了强烈的断裂变动，岩体的强度和稳定性降低，这对工程建筑是不利的。为了预防断层对工程建筑的危害，首先必须识别断层的存在。在进行野外调查时，可以从以下几方面进行判断。

1）构造上的标志

断层的存在常常造成构造上的不连续，如岩层、岩脉等的错动，岩层产状的突然变化；断层面两侧的岩石发生塑性变形，产生牵引弯曲；在断层面上，两盘错动会导致出现断层擦痕、摩擦镜面和细微陡坎；断层破碎带中存在断层角砾岩、糜棱岩和断层泥，如图 3-26 所示。

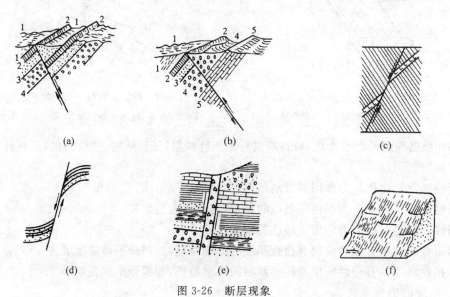

图 3-26　断层现象

（a）地层重复；（b）地层缺失；（c）岩脉错动；（d）牵引褶曲；（e）断层角砾；（f）断层擦痕

注：1～5 代表岩层从新到老。

2）地层上的标志

断层可造成地层的重复与缺失、岩层中断等现象。在单斜岩层地区，可沿岩层走向观察。若岩层突然中断,具有交错的不连续状态,或者改变了地层的正常层序,使地层产生不对称的重复或缺失,则往往是断层的标志。断层造成的地层重复与褶皱造成的地层重复不同,断层只是单向重复,褶皱为对称重复。断层造成的地层缺失与不整合造成的地层缺失也不同,断层造成的地层缺失只限于断层两侧,而不整合造成的地层缺失有区域性特点。地层的重复与缺失所出现的断层,可能有以下六种情况,如表 3-6 所示。

表 3-6　走向断层造成地层重复与缺失的情况

断层性质	断层倾向与岩层倾向关系		
	相　　反	相　　同	
		断层倾角大于岩层倾角	断层倾角小于岩层倾角
正断层	重复	缺失	重复
逆断层	缺失	重复	缺失

3）地形地貌上的特征

断层的地形地貌特征主要有断层崖、断层三角面、河流纵坡的突变、河流及山脊的改向等。

断层上升盘突露于地表形成的悬崖称为断层崖。一些比较平直的断层崖,经过流水的侵蚀作用,可形成一系列横穿崖壁的 V 形谷,谷与谷之间的三角面称为断层三角面,如图 3-27 所示。当断层横穿河谷时,可能使河流纵坡发生突变,使河流纵坡产生不连续的现象。但河流纵坡的突变不一定都是由断层造成的,也可能是由河床底部岩石抗侵蚀能力不同所致。水平方向相对位移显著的断层,可将河流或山脊错开,使河流流向或山脊走向发生急剧变化。断陷盆地是断层围岩的陷落盆地,由不同方向断层所围,或一边以断层为界,多呈长条菱形或楔形,盆地内有厚的松散物质。

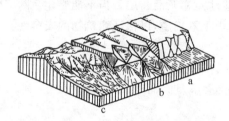

图 3-27　断层三角面形成示意图

a—断层崖剥蚀成冲沟；b—冲沟扩大,形成三角面；c—继续侵蚀,三角面消失

4）水文地质特征

在断层带附近,湖泊、洼地、温泉和冷泉呈串状排列,某些喜湿植物呈带状分布。以上是野外识别断层的主要标志。但是,由于自然界的复杂性,其他因素也可能造成上述某些特征。所以,不能孤立地看问题,要全面观察、综合分析,才能得出可靠的结论。

5．断层的工程地质评价

岩层发生强烈的断裂变动,致使岩体裂隙增多,岩石破碎、风化严重,地下水发育,从而降低了岩石的强度和稳定性,对工程建筑造成了各种不利的影响。因此,在公路工程建设中,如确定路线布局、选择桥位和隧道位置时,要尽量避开大的断层破碎带。

在研究路线布局,特别是安排河谷路线时,要特别注意河谷地貌与断层构造的关系。

当路线与断层走向平行,路基靠近断层破碎带时,开挖路基容易引起边坡发生大规模坍塌,直接影响施工和公路的正常使用。在进行大桥桥位勘测时,要注意查明桥基部分是否存在断层,并评估其影响程度,以便根据不同情况,在设计基础工程时采取相应的措施进行处理。

在断层发育地带修建隧道是非常不利的。由于岩层的整体性遭到破坏,加之地面水或地下水的侵入,其强度和稳定性很差,容易发生洞顶坍落,影响施工安全。因此,当隧道轴线与断层走向平行时,应尽量避免与断层破碎带接触。隧道横穿断层时,虽然只是个别段落受断层影响,但因地质及水文地质条件不良,必须预先考虑措施,以保证施工安全。特别当断层破碎带规模很大,或者穿越断层带时,施工会变得十分困难,所以在确定隧道平面位置时,要尽量设法避开断层。

3.4.3　活断层

活断层又称为活动断裂,是指现今仍在活动或者近期有过活动,将来还可能活动的断层。《岩土工程勘察规范》(GB 50021—2001)将全新世以来有过地震活动或正在活动,或者将来可能继续活动的断裂称为全新活动断裂。

1. 活断层对工程建筑的影响及设计原则

活断层对工程建筑的影响很大,主要表现在两个方面:一是其活动会导致跨越断层的建筑物开裂、变形甚至破坏;二是活断层的快速滑动会引起地震。例如,2008年5月12日四川省汶川大地震是龙门山断裂带内映秀—北川断裂活动的结果,其最大垂直错距和水平错距分别达到5m和4.8m,沿整个破裂带的平均错距达2m左右。在地表破裂带经过之处,所有的山脊水系和人类建筑均被错断毁坏,并形成大量的滑坡、山崩、泥石流等地质灾害。因此,在选择建筑场地时,应注意避开活断层。当不能避让活断层时,必须在场地选择、建筑物类型选择、结构设计等方面采取措施,以保证建筑物的安全性。

2. 识别活断层的标志

(1) 新生代地层被错断、拉裂或扭动。

(2) 地面出现地裂缝,且裂缝呈大面积、有规律地分布,其总体延伸方向与地下断裂的方向一致。

(3) 地形发生突然变化,形成断崖、断谷;或河床纵断面发生突然变化,在突变处出现瀑布或湖泊。

(4) 古建筑物(如古城堡、庙宇、古墓等)被断层错开。

(5) 根据仪器观测,沿断层带有新的地形变化或新的地应力集中现象。

(6) 出现地震活动、火山爆发等。

3.5　地质图的识读

地质图是用规定的符号,将一定地区的地质情况按一定的比例缩小、投影绘制在相应地形底图上的图件。它是形象化了的地质语言和地质资料,是地质勘察工作的主要成果之一。工程建设中的规划、设计和施工阶段都要以地质勘察资料为依据,而地质图就是可直接利用的主要图表资料。所以,工程技术人员必须学会分析和阅读地质图,以便进一步了解一个地区的地质特征。这对研究路线的布局、确定野外工程地质工作的重点以及找矿等均是十分有利的。

3.5.1　地质图的基本知识

地质图的种类很多。主要用来表示地层、岩性和地质构造条件的地质图称为普通地质图,简称为地质图。还有许多用来表示某一项地质条件,或者服务于某项国民经济的专门性地质图,如地貌及第四纪地质图、工程地质图、水文地质图等。

一幅完整的地质图不仅包括平面图、剖面图、柱状图,还包括图名、图例、比例尺和责任栏等。

3.5.2　地质条件在地质图上的表现

地质图上反映的地质条件一般包括地层、岩性、接触关系和各种地质构造等。可通过采用不同的线条、符号和方法,把这些条件在地质图上表现出来。

1. 接触关系在地质图上的表现

地层接触关系分为整合接触、假整合接触和角度不整合接触。整合接触在地质图上表现为岩层分界线彼此平行,呈带状分布,地层时代连续;假整合接触表现为岩层分界线彼此平行,呈带状分布,但地层时代不连续,有缺失现象;角度不整合接触表现为岩层分界线不平行,呈带状分布,地层时代有缺失。

侵入接触是指岩浆岩侵入到先期形成的沉积岩中,所以侵入岩体的界限覆盖了沉积岩的界限;沉积接触是先形成岩浆岩侵入体,后期在侵入体上沉积了其他岩层,岩层分界线的特征与侵入接触相反。

2. 地质构造在地质图上的表现

1) 水平构造

在地质平面图上,水平构造的地层分界线与地形等高线平行或重合。通常较新的岩层分布在地势较高处,较老的岩层分布在地势较低处,如图 3-28 所示。

2) 倾斜构造

倾斜构造的地层界限与地形等高线相交,在平面图上呈 V 形或 U 形,不同产状的岩层在地质图上表现也不同。

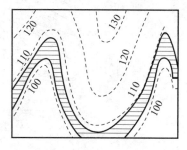

图 3-28　水平构造在地质图上的表现

(1) 当岩层倾向与地形坡向相反时,地层分界线的弯曲方向与地形等高线的弯曲方向相同,但地层分界线的弯曲度比地形等高线的弯曲度小,如图 3-29(a)所示。

(2) 当岩层倾向与地形坡向一致时,若岩层坡角大于地形坡脚,地层分界线弯曲方向与等高线弯曲方向相反,如图 3-29(b)所示。

(3) 当岩层倾向与地层坡向一致且岩层倾角小于地层坡角时,地层分界线的弯曲方向与地形等高线的弯曲方向相同,但地层分界线的弯曲度比地形等高线的弯曲度大,如图 3-29(c)所示。

3）直立构造

直立构造的地层分界线沿岩层走向延伸，不受地形影响。在平面图上表现为一条与地形等高线相交的直线。

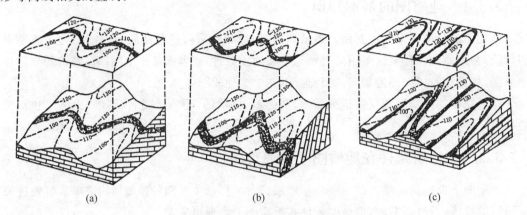

图 3-29　倾斜构造在地质图上的表现

(a) 向反相同；(b) 向同相反；(c) 向同相同

4）褶曲

在地质平面图上，主要根据地层分布特征、地层的新老关系和岩层产状来判断褶曲，如图 3-30 所示。

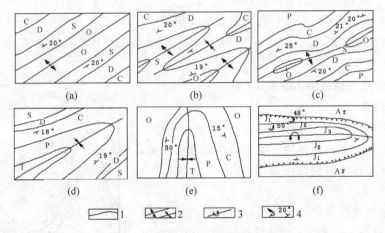

图 3-30　褶曲在地质图上的表现

（1）水平褶曲：在地质图上表现为平行带状分布，两翼地层对称，核部单一地层。若核部地层时代老，两翼地层新，为背斜褶曲；反之，为向斜褶曲。

（2）倾伏褶曲：在地质平面图上表现为抛物线形，两翼地层仍然对称，核部单一地层。有关背斜、向斜的判断同上。

上述地形特征建立在地形平坦的条件下，若地形有较大的起伏，情况就更为复杂，但地层的新老关系不变。

5）断层

断层在地质图上用断层线表示。由于断层的倾角一般较大，所以断层线在地质图上通常是直线或近于直线的曲线。可根据断层错动后断层线两侧地层的重复、缺失和宽窄变化等来判断断层的类型。

（1）当断层走向与岩层走向大致平行时,断层线两侧出现同一岩层的不对称重复或缺失,地面被剥蚀后,出露老岩层的一侧为上升盘,出露新岩层的一侧为下降盘,如图3-31所示。

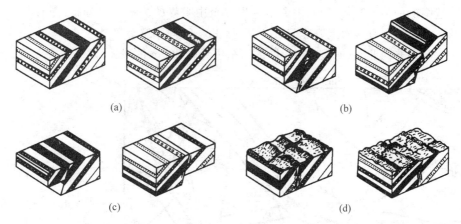

图3-31　断层平行岩层走向造成岩层重复(左)和缺失(右)
(a)断裂前;(b)、(c)错动后;(d)经剥蚀

（2）当断层走向与岩层走向垂直或斜交时,无论正断层、逆断层还是平移断层,断层线两侧都出现中断和前后错动现象。对于正断层和逆断层来说,向前错动的一侧为上升盘,向后错动的一侧为下降盘,如图3-32所示。

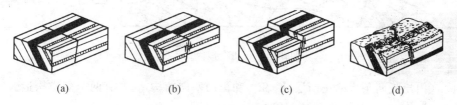

图3-32　断层垂直岩层走向造成岩层的中断和前后错动
(a)断裂前;(b)、(c)错动后;(d)经剥蚀

（3）当断层与褶曲轴线垂直或斜交时,不仅表现为翼部岩层顺走向不连续,还表现为褶曲轴部岩层宽度在断层线两侧有变化。如果褶曲是背斜,上升盘轴部岩层出露的范围变宽,下降盘轴部岩层出露的范围变窄,如图3-33(a)所示。如果褶曲是向斜,则情况与背斜相反,上升盘轴部岩层变窄,下降盘轴部岩层变宽,如图3-33(b)所示。平移断层两盘轴部岩层的宽度不发生变化,仅在断层线两侧表现为褶曲轴线及岩层错断开,如图3-33(c)所示。

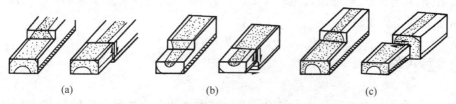

图3-33　断层造成褶曲核部地层宽窄变化
(a)背斜轴部在上升盘变宽;(b)向斜轴部在上升盘变窄;(c)平推断层造成褶曲轴线和岩层错开

3.5.3 阅读地质图

下面以黑山寨地区地质图（见图 3-34）为例，介绍阅读地质图的方法。

（1）本图是 1.2km² 的 1∶10000 大比例尺地质图。

（2）从图例的地层时代可知，主要是古生界至中生界的沉积岩层分布，并有花岗岩（γ）出露。在 C_2 之后，曾有两次上升隆起（K—T_3 及 T_1—C_2 间不整合接触）。

（3）本区地势西北高（海拔 550m 以上），东边为高 300m 的残丘，且有河谷分布。

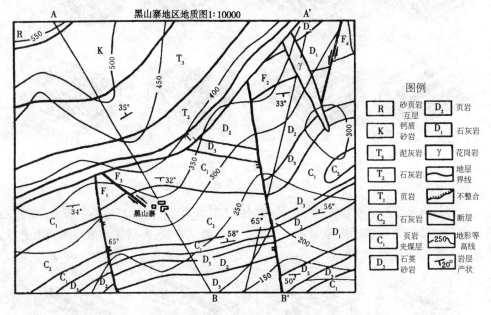

图 3-34　黑山寨地区地质图

（4）区内出现两条大的正断层（F_1、F_2）和黑山寨向斜构造，并有两个褶皱构造。区内西北部出露单斜构造，地层走向 NE63°，倾向 NW34°。

图 3-34 中的褶皱、断层表明，在 T_1 之前受到同一次构造运动，T_1 之后未出现断裂构造。T_1 与 D、C 地层呈角度不整合接触。

（5）地质发展简史在 D 至 C_2 期间，地壳处于缓慢升降运动，本区处于沉积平面以下发生沉积。C_2 期后，地壳剧烈变动，地层产生褶皱、断裂，并伴有岩浆活动，地壳随后上升而形成陆地，受到剥蚀。至 T_1 又被海侵，接受海相沉积，至 T_3 后期地壳大面积上升，再次形成陆地。J 期间，地壳暂处宁静，受风化剥蚀，至 K 期又缓慢下降，处于浅海环境，形成钙质砂岩；在 K 后期，地壳再次变动，东南部出现大幅度抬升，使中生界地层发生倾斜；中生代后期至今，地壳无剧烈构造变动。

本章小结

地质年代包括相对年代和绝对年代。表示地质事件发生先后顺序的年代为相对年代，表示地质事件发生至今的年代称为绝对年代。地层层序法、古生物化石法和地层接触法是确定地质事件相对年代的基本方法。地质年代表是依据全球地层系统划分和对比并综合其同位素年龄建立起来的地质历史编年。

地质构造是岩层或岩体在构造应力长期作用下造成的永久变形,是地壳运动的产物。地质构造的规模有大有小,形式有简单的,也有复杂的。其主要类型有水平构造、倾斜构造、直立构造、褶皱构造和断裂构造等。自然界中的构造形态,往往是各种类型的地质构造组合在一起形成的。

倾斜构造往往是褶皱或断裂构造的一翼或一盘,因此野外观测倾斜岩层的产状及其出露分布特征是研究地质构造的基础。

褶皱构造的基本类型有背斜褶皱和向斜褶皱,野外识别褶皱的地层依据是地层对称、重复出现;断裂构造分为节理和断层,断层的类型有正断层、逆断层和平推断层,野外识别断层的依据是地层的中断、重复和缺失等。

地质图是反映各种地质现象和地质条件的图件。通过阅读地质图,可以对一个地区的地质条件有较清晰的认识,在此基础上,可根据自然地质条件的客观情况,结合工程的具体要求,进行合理的工程布局和正确的工程设计。

思考题

1. 什么是相对年代?它是怎样确定的?
2. 什么是地层接触法?
3. 什么是岩层的产状?它的表达方法是什么?
4. 褶曲的组成要素是什么?
5. 背斜和向斜各有什么特点?
6. 褶曲有哪些分类?
7. 节理的类型及特点是什么?
8. 节理的走向及倾向玫瑰花图是如何绘制的?
9. 什么叫断层?它有哪些类型?
10. 在野外断层识别中,有哪些标志性地貌特征?
11. 什么是整合接触和不整合接触?不整合接触有哪些类型?
12. 简述地质图在工程中的应用意义。怎样正确阅读地质图?

第4章

土的工程性质

在自然界,土的形成过程十分复杂,地壳表层的岩石在阳光、大气、水和生物等因素的作用下,发生风化作用而崩解、破碎,经流水、风、冰川等动力搬运作用在各种自然环境中沉积,形成土体。因此,通常说土是岩石风化的产物。严格来说,土是指第四纪以来岩石经风化、剥蚀、搬运、堆积作用形成的多相、分散、多孔的松散堆积物。

不同类型土的工程性质相差很大。在工程建设中,应该采取不同的处理方法,尤其是一些特殊土,在进行工程建设时会产生特殊的工程地质问题,须进行适当处理。因此,很有必要对土的工程性质进行深入了解。

本章主要介绍土的工程分类、第四纪土的地质成因及特征、土的物质组成、结构与构造、三相比例指标、无黏性土的性质、黏性土的物理特征、土的力学性质以及特殊土的工程评价等内容。

4.1 土的生成与特性

4.1.1 土的生成

前面已经阐明土是岩石经物理化学风化、剥蚀、搬运、沉积,形成固体矿物、流体水和气体的一种集合体(见图 4-1)。

图 4-1 土的生成过程示意图

不同的风化作用可形成不同性质的土,风化作用有物理风化、化学风化和生物风化。

1) 物理风化

岩石经受风、霜、雨、雪的侵蚀以及温度、湿度的变化,发生不均匀膨胀与收缩,产生裂隙,崩解为碎块。这种风化作用只改变颗粒的大小与形状,不改变原来的矿物成分,称为物理风化。由物理风化生成的土称为粗粒土,如块碎石、砾石和沙土等,这类土统称为无黏性土。

2) 化学风化

岩石的碎屑与水、氧气和二氧化碳等物质接触时,逐渐发生化学变化,原来组成矿物的成分发生了改变,产生一种新的成分——次生矿物。这类风化称为化学风化。经化学风化生成的土为细粒土,具有黏结力,如黏土与粉质黏土,这类土统称为黏性土。

3) 生物风化

动物、植物和人类活动对岩体产生的破坏称为生物风化。例如,长在岩石缝隙中的树,因树根伸展使岩石缝隙扩展开裂。而人们开采矿山和石材,修铁路、打隧道、劈山修公路等活动形成的土,其矿物成分没有变化,不属于生物风化。

4.1.2 土的结构与构造

土的结构和构造是指其物质成分的联结特点、空间分布和变化形式。

1. 土的结构

土的结构是指土颗粒之间的相互排列和联结形式,分为单粒结构和集合体结构两类。

(1) 单粒结构(single grained structure),也称为散粒结构,是碎石(卵石)、砾石类土和砂土等无黏性土的基本结构形式,如图 4-2(a)所示。

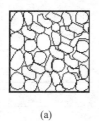 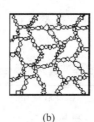 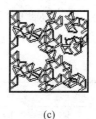

(a)　　　　　　　　　(b)　　　　　　　　　(c)

图 4-2　土的结构

(a) 单粒结构;(b) 蜂窝状结构;(c) 絮凝结构

(2) 集合体结构(assembly structure),也称为团聚结构或絮凝结构。对于集合体结构,根据其颗粒组成、联结特点及性状的差异性,可分为蜂窝状结构和絮状结构两种类型。

当土颗粒较细(粒径小于 0.02mm)时,在水中单个下沉,会碰到已沉积的土粒,因土粒间的分子引力大于土粒自重,则下沉的土粒被吸引而不再下沉。一粒粒土颗粒依次被吸引后,可形成具有很大孔隙的蜂窝状结构,如图 4-2(b)所示。

絮状结构主要是由更小的黏粒联结形成的,是上述蜂窝状的若干聚粒之间,以面边或边边联结组合而成的更疏松、孔隙体积更大的结构,亦称为聚粒絮凝结构或二级蜂窝结构,如图 4-2(c)所示。

以上三种结构中,密实的单粒结构工程性质最好,如蜂窝结构与絮状结构的天然结构被扰动破坏,则其强度低、压缩性高,不可用作天然地基。

2. 土的构造

土的构造是指在一定土体中,结构相对均一的土层单元体的形态和组合特征,是整个土层(土体)构成上不均匀性特征的总和。常见的土的构造有层状构造、分散构造、结核状构造和裂隙状构造。

（1）层状构造：土层由不同颜色或不同粒径的土组成层理，一层一层互相平行，平原地区的层理通常呈水平方向。这种层状构造反映不同年代不同搬运条件形成的土层，为细粒土的一个重要特征，如图 4-3 所示。

（2）分散构造：土层中的土粒分布均匀，性质相近，如砂与卵石。

（3）结核状构造：细粒土中混有粗颗粒或各种结核，如含礓石的粉质黏土、含砾石的冰碛黏土等。

（4）裂隙状构造：指土体中有很多不连续的小裂隙，如某些硬塑或坚硬状态的黏土。

图 4-3　土的层状构造

通常情况下，分散构造土的工程性质最好。结核状构造土的工程性质取决于细粒土部分。裂隙状构造中，因裂隙的强度低、渗透性大，故其工程性质较差。

4.1.3　土的工程特性

土与其他连续介质的建筑材料相比，具有下列三个显著的工程特性。

1）压缩性高

反映材料压缩性高低的指标——弹性模量 E（土中称为变形模量），随着材料性质的不同而有极大的差别，如表 4-1 所示。

表 4-1　不同材料的弹性模量 E

材料	钢材	C20 混凝土	卵石	饱和细砂
E/MPa	$E_1 = 2.1 \times 10^5$	$E_2 = 2.6 \times 10^4$	$E_3 = 40 \sim 50$	$E_4 = 8 \sim 16$
比较	$E_1 \geqslant 4200 E_3$，$E_2 > 1600 E_4$			

当应力数值和材料厚度均相同时，卵石的压缩性为钢材压缩性的数千倍；饱和细砂的压缩性为 C20 混凝土压缩性的数千倍，这足以说明土的压缩性极高。处于软塑或流塑状态黏性土的压缩性往往比饱和细砂还要高很多。

2）强度低

土的强度特指抗剪强度，而非抗压强度或抗拉强度。无黏性土的强度来源于土粒表面的滑动摩擦和颗粒间的咬合摩擦。除摩擦力外，黏性土的强度还受到黏聚力的影响。无论摩擦力还是黏聚力，均远远小于建筑材料本身的强度，因此，土的强度比其他建筑材料（如钢材、混凝土等）低得多。

3）透水性大

土的透水性是指水在土孔隙中渗透流动的性能。由于土体中固体矿物颗粒之间有许多透水的孔隙，因此透水性比木材、混凝土都大，尤其是粗颗粒的卵石或砂土，其透水性更大。

土的这三个工程特性（压缩性高、强度低、透水性大）与建筑工程设计和施工关系密切，须引起高度重视。

4.1.4　土的生成与工程特性的关系

由于各类土的生成条件不同,它们的工程特性往往相差悬殊。

1. 搬运、沉积条件

通常经流水搬运、沉积的土优于风力搬运、沉积的土。例如,陕北榆林、靖边县一带,地表普遍存在一层粉细沙,是由内蒙古毛乌素沙漠经风力搬运、沉积下来的风积层。这种粉细沙松散,工程性质差,形成的风积层很疏松,不可作为天然地基。当地西北大风搬运量惊人,整个榆林城曾被沙淹没,三次南迁。

2. 沉积年代

通常土的沉积年代越长,其工程性质越好。例如,第四纪晚更新世 Q_3 及其以前沉积的黏性土称为老黏性土,这种土密度大、强度高、压缩性低,是一种良好的天然地基。而沉积年代短的新近沉积黏性土,如在湖、塘、沟、谷、河漫滩及三角洲新近沉积的土以及 5 年以内的人工填土,其强度低、压缩性高,工程性质不佳。

3. 沉积的自然地理环境

同一时期、不同地区地层形成的沉积环境及水动力条件差别很大,沉积物来源也不尽相同,导致同一深度沉积土层的物理力学性质完全不同,进而其工程性质也存在较大的差异。

4.2　土的三相组成

4.1 节介绍了土的组成和结构,这是从本质上了解土的工程性质的依据。但是,为了对土的基本物理性质有所了解,还须对土的三相——土粒(固相)、土中水(液相)和土中气(气相)的组成情况进行数量上的研究。

土的三相组成是指土由固体矿物、水和气体三部分组成,如图 4-4 所示。随着环境的变化,土的三相比例组成也将随之发生变化。例如,天气的阴晴、季节变化、温度高低以及地下水的升降等,都会引起土的三相比例发生变化。而土体三相比例的变化又会引起其状态及工程性质的差异,如固体＋气体(无液体)为干土,此时黏土呈坚硬状态;固体＋液

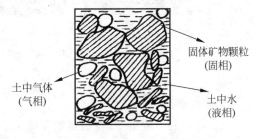

图 4-4　土的三相组成示意图

体＋气体为湿土,此时黏土多为可塑状态;固体＋液体(无气体)为饱和土,此时松散的粉细砂或粉土遇强烈地震,可能发生液化,而使工程结构受到破坏;黏土地基受建筑荷载作用发生沉降,有时需几十年才能达到稳定。

由此可见,研究土的各项工程性质,首先须研究土的三相组成,即土的固体颗粒、土中水和土中气体。

4.2.1　土的固体颗粒

土的固体颗粒是土的三相组成中的主体,是决定土的工程性质的主要成分。

1. 土粒的矿物成分

土粒中的矿物成分分为原生矿物、次生矿物和有机质。

1）原生矿物

原生矿物是岩石经物理风化破碎但成分没有发生变化的矿物碎屑。常见的原生矿物有石英、长石、云母、角闪石、辉石、橄榄石、石榴石等。

2）次生矿物

次生矿物是母岩岩屑经化学风化，可改变原来的化学成分，而成为一种很细小的新矿物，主要为黏土矿物。黏土矿物可分为蒙脱石、伊利石和高岭石。

蒙脱石：两结构单元之间没有氢键，相互间的联结弱，水分子可以进入两晶胞之间。因此，蒙脱石的亲水性最大，具有剧烈的吸水膨胀、失水收缩的特性。电镜下的照片如图 4-5(a) 所示。

伊利石：又称水云母，部分 Si-O 四面体中的 Si 为 Al、Fe 所取代，损失的原子价由阳离子钾补偿。因此，晶格层组之间具有结合力，亲水性低于蒙脱石。电镜下的照片如图 4-5(b) 所示。

高岭石：晶胞之间有氢键，相互间的联结力较强，晶胞之间的距离不易改变，水分子不能进入。因此，高岭石的亲水性最小。电镜下照片如图 4-5(c) 所示。

(a)　　　　　　　(b)　　　　　　　(c)

图 4-5　电镜下的黏土矿物
(a) 蒙脱石；(b) 伊利石；(c) 高岭石

3）有机质

在自然界的一般土中，特别是淤泥质土中，通常都含有一定数量的有机质，当其在黏性土中的含量达到或超过 5%（在砂土中的含量达到或超过 3%）时，就开始对土的工程性质具有显著的影响。

2. 土颗粒的大小及形状

自然界中土颗粒的大小相差悬殊，如巨粒土漂石的粒径大于 200mm，细粒土的粒径小于 0.005mm，两者粒径相差超过 4 万倍。颗粒大小不同的土，它们的工程性质也各异。为了便于研究，按性质相近的原则把土的粒径分为 6 个粒组，如表 4-2 所示。

至于颗粒的形状，有的土颗粒带棱角，表面粗糙，不易滑动，因而其抗剪强度比表面圆滑的土颗粒高。

表 4-2　土粒粒组的划分

粒组统称	粒组名称		粒径范围/mm	一般特征
巨粒土	漂石或块石		＞200	透水性很大；无黏性；无毛细作用
	卵石或碎石		200～20	
粗粒土	圆砾或角砾	粗	20～10	透水性大；无黏性；毛细水上升高度不超过粒径大小
		中	10～5	
		细	5～2	
	砂粒	粗	2～0.5	易透水；无黏性，无塑性，干燥时松散；毛细水上升高度不大（一般小于 1m）
		中	0.5～0.25	
		细	0.25～0.1	
		极细	0.1～0.075	
细粒土	粉粒	粗	0.075～0.01	透水性弱；湿时稍有黏性（毛细力连结），干燥时松散，饱和时易流动；无塑性，遇水膨胀性；毛细水上升高度大；湿土振动后水析现象（液化）
		细	0.01～0.005	
	黏粒		＜0.005	几乎不透水；湿时有黏性和可塑性，遇水膨胀大，干时收缩显著；毛细水上升高度大，但速度缓慢

注：(1) 漂石、卵石和圆砾颗粒均呈一定的磨圆形状（圆形或亚圆形）；块石、碎石和角砾颗粒都带有棱角。

(2) 粉粒也称为粉土粒，粉粒的粒径上限为 0.075mm，相当于 200 号标准筛的孔径。

(3) 黏粒也称为黏土粒，黏粒的粒径上限也以 0.002mm 为准。

3. 土的粒径级配

自然界中的土都是由大小不同的土粒组成。土粒的粒径由粗到细逐渐变化时，土的性质会相应地发生变化。土粒的大小称为粒度（granularity），通常以粒径表示。工程中通常以土中各个粒组的相对含量（指土样各粒组的质量占土粒总质量的百分数）来表示土的组成情况，称为土的粒度成分（granularity ingredient）或颗粒级配（grain grading）。

土的粒度成分或颗粒级配通过土的颗粒分析试验进行测定，常用的测定方法有筛分法（sieve analysis method）和沉降分析法（settlement analysis method）。

(1) 筛分法试验是将风干、分散的代表性土样通过一套自上而下孔径由大到小的标准筛（筛子孔径分别为 20cm、10cm、5cm、2cm、1cm、0.5cm、0.25cm 和 0.075mm），称出留在各个筛子上的干土重，即可求得各个粒组的相对含量。通过计算可得到小于某一筛孔直径土粒的累积重量及累计百分含量。此方法适用于粒径大于 0.075mm 的巨粒组和粗粒组。

(2) 沉降分析法的理论基础是土粒在水（或均匀悬液）中的沉降原理。当土样被分散于水中后，土粒下沉时的速度与土粒形状、粒径、（质量）密度以及水的黏滞度（viscosity）有关。此方法适用于粒径小于 0.075mm 的细粒组。

根据粒度成分分析试验结果，常采用粒径累计曲线（grain size accumulation curve）表示土的颗粒级配。该方法是一种比较全面和通用的图解法，其特点为可简单获得定量指标，特别适用于针对几种土级配好与差的相对比较。粒径累计曲线法的横坐标为粒径，由于土粒粒径的值域很宽，因此采用对数坐标表示；纵坐标为小于（或大于）某粒径的土重（累计百分)含量,如图 4-6 所示。由粒径累计曲线的坡度可以大致判断土粒的均匀程度或级配是否良好。如曲线较陡,表示粒径大小相差不多,土粒较均匀,级配不良;曲线平缓,则表示粒径大小相差悬殊,土粒不均匀,级配良好。

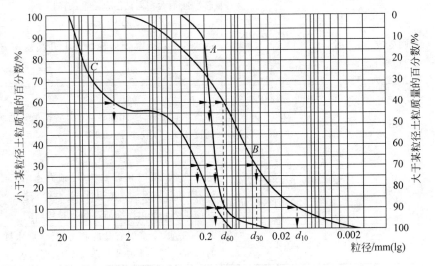

图 4-6 粒径累计曲线

例如,某工程的土样总质量为 1000g,经筛析后,知全部试样通过筛孔为 20mm 的筛,因此把横坐标为 10 处(其对应纵坐标为 100)作为一试验点。依照此法,即可得到该土样的粒径级配曲线。

在粒径级配曲线上,纵坐标为 10% 所对应的粒径 d_{10} 称为有效粒径,纵坐标为 30% 所对应的粒径 d_{30} 称为中值粒径,纵坐标为 60% 所对应的粒径 d_{60} 称为限制粒径。d_{60} 与 d_{10} 的比值称为不均匀系数 C_u(uniformity coefficient),即

$$C_u = \frac{d_{60}}{d_{10}} \tag{4-1}$$

不均匀系数 C_u 反映大小不同粒组的分布情况,即土粒大小或粒度的均匀程度。C_u 越大,表示粒度的分布范围越大,土粒越不均匀,其级配越良好。一般情况下,工程中把 $C_u < 5$ 的土看作均粒土,属于级配不良,如图 4-7(b)所示;$C_u > 10$ 的土,属于级配良好,如图 4-7(a)所示。对于级配连续的土,采用单一指标 C_u 即可达到比较满意的判别结果。但缺乏中间粒径(d_{60} 与 d_{10} 之间的某粒组)的土,即级配不连续,累计曲线上呈现台阶状,如图 4-7(c)所示。此时,仅采用单一指标 C_u 难以判定土级配的好与差。

曲率系数 C_c 作为第二指标与 C_u 共同判断土的级配,则更加合理。其值按式(4-2)计算:

$$C_c = \frac{d_{30}^2}{d_{10} d_{60}} \tag{4-2}$$

一般认为,砾类土或砂类土同时满足 $C_u \geqslant 5$ 和 $C_c = 1 \sim 3$ 两个条件时,级配良好;级配不同时满足上述要求,则级配不良。

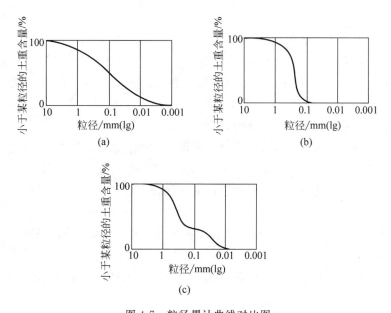

图 4-7 粒径累计曲线对比图

(a)良好级配土;(b)不良级配土;(c)不连续级配土(缺乏中间尺寸土粒)

4.2.2 土中水

水是日常生活中不可缺少的物质,通常把水分为自来水、井水、河水和海水等。

土的孔隙中有水,水分子(H_2O)为极性分子,由带正电荷的氢离子(H^+)和带负电荷的氧离子(O^{2-})组成。黏土粒表面带负电荷,在土粒周围形成电场,吸引水分子带正电荷的氢离子一端,使其定向排列,形成结合水膜,如图 4-8 所示(图中 Å 为长度单位,$1Å = 10^{-10}$ m)。土中水可分为结合水、自由水、气态水和固态水。

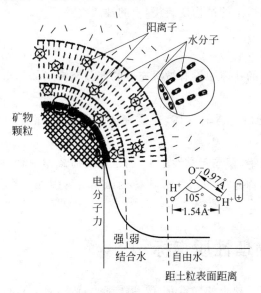

图 4-8 黏土矿物和水分子的相互作用

1) 结合水

结合水可分为强结合水和弱结合水。

强结合水又称为吸着水,是由黏土表面电分子力牢固吸引的水分子,紧靠土粒表面,厚度只有水分子厚度的几倍,小于 $0.003\mu m$。这种强结合水的性质与普通水不同:它的性质接近固体,不传递静水压力,100℃不蒸发,密度为 $1.2\sim2.4g/cm^3$,并具有很大的黏滞性、弹性和抗剪强度。当黏土只含强结合水时,呈坚硬状态。

弱结合水,又称为薄膜水,是在强结合水外侧,也是由黏土表面的电分子引力吸引的水分子,其厚度小于 $0.5\mu m(1\mu m=0.001mm)$,密度为 $1.0\sim1.7g/cm^3$。弱结合水也不传递静水压力,呈黏滞体状态,此部分水对黏性土的影响最大。

2) 自由水

自由水离土粒较远,是指在土粒表面的电场作用以外自由散乱排列的水分子。自由水包括重力水和毛细水。

重力水:位于地下水位以下,具有浮力的作用,可从总水头较高处向总水头较低处流动。

毛细水:位于地下水位以上,受毛细作用而上升,粉土中孔隙小,毛细水上升高。

3) 气态水

气态水以水汽状态存在,从气压高的地方向气压低的地方移动。水汽可在土粒表面凝聚转化为其他类型的水。气态水的迁移和聚集使土中水和气体的分布状况发生变化,可使土的性质发生改变。

4) 固态水

当温度降至0℃以下时,土中的水主要是重力水冻结成固态水(冰)。固态水在土中起着暂时的胶结作用,可提高土的力学强度,降低透水性。但温度升高解冻后,固态水变为液态水,土的强度急剧降低,压缩性增大,土的工程性质显著恶化。特别是土冻结成冰时体积增大,再解冻融化为水时,土的结构变疏松,土的性质更差。

4.2.3 土中气体

土的固体颗粒之间的孔隙中没有被水充填的部分充满气体。土中气体分为自由气体和封闭气泡。

自由气体为与大气相连通的气体,通常在土层受力压缩时即逸出,故对建筑工程无影响。

封闭气泡与大气隔绝,存在于黏性土中,当土层受荷载作用时,封闭气泡缩小,卸荷时又膨胀,使土体具有弹性,称为"橡皮土",使土体的压实变得困难。若土中有很多封闭气泡,土的渗透性会降低。

4.3 土的物理性质指标

土的物理性质指标反映土的轻重、干湿和疏密等特征,具有很重要的实用价值。它与地基承载力数值的大小与地基基础的设计和施工紧密相关。例如:地基粉土的孔隙比为0.8,

含水率为 10%,则地基承载力特征值可达 200kPa,通常多层房屋可用天然地基;若孔隙比为 1.6,含水率为 70%,则地基承载力特征值小于 50kPa,为软弱地基,多层房屋无法采用天然地基,要考虑人工加固地基或采用桩基础。由此可见,孔隙比 e 和含水率 w 的数值大小,会影响建筑地基基础方案的制定,进而影响施工方法、工期和造价。

前面已经定性地说明:土中三相之间的比例不同,土的工程性质也不同。故须定量研究三相之间的比例关系,即土的物理性质指标的物理意义和数值大小。

为了便于阐述和标记,把自然界中的土三相混合分布的情况分别集中起来:固相集中于下,液相居中,气相集中于上部,并按适当的比例绘制草图,左边标出各相的质量,右边标明各相的体积,如图 4-9 所示。

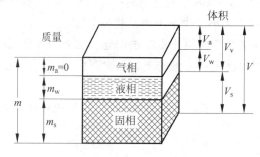

图 4-9　土的三相草图

图 4-9 中符号的意义如下:

m_a——土中气体的质量,可忽略不计;

m_w——土中水的质量;

m_s——土粒的质量;

m——土的总质量,$m = m_s + m_w$;

V_s、V_w、V_a——土粒、土中水及土中气的体积;

V_v——土中孔隙体积,$V_v = V_w + V_a$;

V——土的总体积,$V = V_s + V_w + V_a$。

下面分类阐述土的各相物理指标的名称、符号、物理意义、表达式、量纲、常见值及确定的方法。

4.3.1　土的三项基本物理性质指标

土的密度和重度、土粒相对密度及土的含水量(率)为土的基本物理性质指标,均可在实验室直接测定。

1. 土的密度 ρ 和土的重度 γ

物理意义:ρ 为单位体积土的质量,g/cm³;γ 为单位体积土所受的重力,即 $\gamma = \rho g = 9.8\rho \approx 10\rho$,kN/m³。

表达式:

$$\rho = \frac{\text{土的总质量}}{\text{土的总体积}} = \frac{m}{V} \tag{4-3}$$

常见值:$\rho = 1.6 \sim 2.2$ g/cm³,$\gamma = 16 \sim 22$ kN/m³。

土的重度一般用"环刀法"测定,用一个圆环刀(刀刃向下)放在削平的原状土样面上,徐徐削去环刀外围的土,边削边压,使保持天然状态的土样压满环岛容积,称得环刀内土样重量,它与环刀容积之比即为天然重度。

2. 土粒相对密度 d_s(G_s)

物理意义:土中固体矿物的质量与同体积4℃纯水质量的比值。

表达式:

$$d_s = \frac{\text{固体颗粒的密度}}{4℃ \text{纯水的密度}} = \frac{\dfrac{m_s}{V_s}}{\rho_w(4℃)} \tag{4-4}$$

常见值:砂土:$d_s = 2.65 \sim 2.69$;粉土:$d_s = 2.70 \sim 2.71$;黏性土:$d_s = 2.72 \sim 2.75$。

土粒相对密度 d_s 的数值大小取决于土的矿物成分。

土粒的相对密度可在实验室内用比重瓶法测定。因各种土的相对密度值相差不大,仅小数后第2位不同。若当地已进行大量的土粒相对密度试验,有时也可按经验数值选用。

3. 土的含水量(率)ω

物理意义:土的含水量(率)表示土中含水的数量,为土体中水的质量与固体矿物质量的比值,用百分数表示。

表达式:

$$\omega = \frac{\text{水的质量}}{\text{固体颗粒质量}} = \frac{m_w}{m_s} \times 100\% \tag{4-5}$$

常见值:砂土:$\omega = 0 \sim 40\%$;黏性土:$\omega = 20\% \sim 60\%$。

当 $\omega = 0$ 时,黏性土呈坚硬状态。

土的含水量一般用"烘干法"测定,即先称小块原状土样的湿土质量,然后置于烘干箱内维持105℃烘至恒重,再称干土质量。湿土、干土质量之差与干土质量的比值就是土的含水量。

4.3.2 反映土的松密程度的指标

1. 土的孔隙比 e

物理意义:土的孔隙比是指土中孔隙体积与固体颗粒的体积之比。

表达式:

$$e = \frac{\text{孔隙体积}}{\text{固体颗粒体积}} = \frac{V_v}{V_s} \tag{4-6}$$

常见值:砂土:$e = 0.5 \sim 1.0$;黏性土:$e = 0.5 \sim 1.2$。

土的孔隙比可根据 ρ、d_s 与 ω 实测值计算而得,在建筑工程中的应用很广。

2. 土的孔隙度(率)n

物理意义:土的孔隙度(率)是土中孔隙所占体积与总体积之比,以百分数表示。

表达式:

$$n = \frac{\text{孔隙体积}}{\text{土体总体积}} = \frac{V_v}{V} \times 100\% \tag{4-7}$$

常见值:$n = 30\% \sim 50\%$。

土的孔隙度 n 可根据 ρ、d_s 与 ω 实测值计算而得。

4.3.3 反映土中含水程度的指标

1. 含水率 ω

含水率 ω 是表示土中含水程度的一个重要指标,其物理意义、表达式、常见值及测定方法见 4.3.1 节。

2. 土的饱和度 S_r

土的饱和度 S_r 表示水在孔隙中充满的程度,即土中水的体积与土中孔隙体积之比,以百分数计。

表达式:

$$S_r = \frac{水的体积}{孔隙体积} = \frac{V_w}{V_v} \times 100\% \tag{4-8}$$

常见值:$S_r = 0 \sim 100\%$。

土的饱和度 S_r 可根据 ρ、G_s 与 ω 实测值计算而得。

砂土与粉土以饱和度作为划分湿度的标准,分为三种状态:稍湿($S_r \leqslant 50\%$)、很湿($50\% < S_r \leqslant 80\%$)和饱和($S_r > 80\%$)。

4.3.4 特殊条件下土的密度(重度)

1. 土的干密度 ρ_d 和土的干重度 γ_d

土的干密度为单位土体体积干土的质量,单位为 g/cm^3。土的干重度为单位土体体积干土所受的重力,即 $\gamma_d = \rho_d g = 9.8\rho_d \approx 10\rho_d$,单位为 kN/m^3。

表达式:

$$\rho_d = \frac{固体颗粒质量}{土的总体积} = \frac{m_s}{V} \tag{4-9}$$

常见值:$\rho_d = 1.3 \sim 2g/cm^3$;$\gamma_d = 13 \sim 20kN/m^3$。

土的干密度通常用作填方工程,包括土坝、路基和人工压实地基,是土体压实质量控制的标准。土的干密度 ρ_d(或干重度 γ_d)越大,表明土体压得越密实,即工程质量越好。根据工程的重要程度和当地土的性质,可设计、规定一个合理的 ρ_d(或 γ_d)数值。例如,灰土地基压实的质量标准要求灰土的最小干密度如下:粉土灰土 $\rho_d = 1.55g/cm^3$,粉质黏土灰土 $\rho_d = 1.50g/cm^3$,黏土灰土 $\rho_d = 1.45g/cm^3$。

土的干密度 ρ_d 和干重度 γ_d 可用环刀法进行测定,具体方法如前所述。

2. 土的饱和密度 ρ_{sat} 和土的饱和重度 γ_{sat}

土的饱和密度为孔隙中充满水时单位土体体积的质量。土的饱和重度为孔隙中全部充满水时单位土体体积所受的重力,即 $\gamma_{sat} = \rho_{sat} g = 9.8\rho_{sat} \approx 10\rho_{sat}$,单位为 kN/m^3。

表达式:

$$\rho_{sat} = \frac{孔隙全部充满水时的总质量}{土体总体积} = \frac{m_s + m_w + V_a\rho_w}{V} \tag{4-10}$$

常见值:$\rho_{sat} = 1.8 \sim 2.3g/cm^3$;$\gamma_{sat} = 18 \sim 23kN/m^3$。

3. 土的有效重度(浮重度)γ'

土的有效重度或浮重度,为地下水位以下,单位土体积中土粒的重量扣除浮力后,即为单位土体积中土粒的有效重量。

表达式：

$$\gamma' = \gamma_{sat} - \gamma_w \qquad (4\text{-}11)$$

式中　γ_{sat}——水的重度，可取 $10kN/m^3$。

常见值：$\gamma' = 8 \sim 13kN/m^3$。

综上所述，土的物理性质指标——密度 ρ、相对密度 d_s、含水量 ω、孔隙比 e、孔隙率 n、饱和度 S_r、干密度 ρ_d、土的饱和密度 ρ_{sat} 和浮密度 ρ' 之间是相互联系的。其中，ρ、d_s 和 ω 由实验室测定后，其余物理性指标可以通过三相草图换算求得。

可采用三相比例指标换算图（见图 4-10）进行各指标间相互关系的推导，设 $\rho_{w1} = \rho_w$，并令 $V_s = 1$，则 $V_v = e$，$V = 1 + e$，$m_s = V_s d_s \rho_w = d_s \rho_w$，$m_w = \omega m_s = \omega d_s \rho_w$，$m = d_s(1 + \omega)\rho_w$。推导如下：

$$\rho = \frac{m}{V} = \frac{d_s(1 + \omega)\rho_w}{1 + e}$$

$$\rho_d = \frac{m_s}{V} = \frac{d_s \rho_w}{1 + e} = \frac{\rho}{1 + \omega}$$

由上式得

$$e = \frac{d_s \rho_w}{\rho_d} - 1 = \frac{d_s(1 + \omega)\rho_w}{\rho} - 1$$

$$\rho_{sat} = \frac{m_s + V_v \rho_w}{V} = \frac{(d_s + e)\rho_w}{1 + e}$$

$$n = \frac{V_v}{V} = \frac{e}{1 + e}$$

$$S_r = \frac{V_w}{V_v} = \frac{m_w}{V_v \rho_w}$$

$$e = \frac{V_v}{V_s} = \frac{V_v}{V - V_v} = \frac{1}{\frac{V}{V_v} - 1} = \frac{1}{\frac{1}{n} - 1} = \frac{n}{1 - n}$$

$$\rho' = \frac{m_s - V_s \rho_w}{V} = \frac{d_s \rho_w - \rho_w}{1 + e} = \frac{(d_s - 1)\rho_w}{1 + e}$$

$$\rho' = \frac{m_s - V_s \rho_w}{V} = \frac{m_s - (V - V_v)\rho_w}{V} = \frac{m_s + V_v \rho_w - V \rho_w}{V} = \rho_{sat} - \rho_w$$

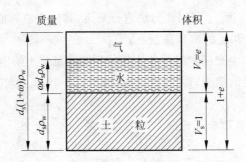

图 4-10　土的三相比例指标换算图

常见土的三相比例指标换算公式列于表 4-3。

表 4-3 土的物理性质指标常用换算公式及常见值

名　称	符　号	三相比例表达式	常用换算公式	常见的数值范围
土粒相对密度	d_s	$d_s = \dfrac{m_s}{V_s \rho_w}$	$d_s = \dfrac{S_r e}{\omega}$	黏性土：$2.72 \sim 2.75$ 粉土：$2.70 \sim 2.71$ 砂土 $2.65 \sim 2.69$
含水量	ω	$\omega = \dfrac{m_w}{m_s} \times 100\%$	$\omega = \dfrac{S_r e}{d_s}, \omega = \left(\dfrac{\rho}{\rho_d} - 1 \right)$	$20\% \sim 60\%$
密度	ρ	$\rho = \dfrac{m}{V}$	$\rho = \rho_d (1 + \omega), \rho = \dfrac{d_s(1+\omega)}{1+e} \rho_w$	$1.6 \sim 2.0 \text{g/cm}^3$
干密度	ρ_d	$\rho_d = \dfrac{m_s}{V}$	$\rho_d = \dfrac{\rho}{1+\omega}, \rho_d = \dfrac{d_s}{1+e} \rho_w$	$1.3 \sim 1.8 \text{g/cm}^3$
饱和密度	ρ_{sat}	$\rho_{sat} = \dfrac{m_s + V_v \rho_w}{V}$	$\rho_{sat} = \dfrac{d_s + e}{1+e} \rho_w$	$1.8 \sim 2.3 \text{g/cm}^3$
浮密度	ρ'	$\rho' = \dfrac{m_s - V_v \rho_w}{V}$	$\rho' = \rho_{sat} - \rho_w, \rho' = \dfrac{d_s - 1}{1+e} \rho_w$	$0.8 \sim 1.3 \text{g/cm}^3$
孔隙比	e	$e = \dfrac{V_v}{V_s}$	$e = \dfrac{d_s \rho_w}{\rho_w} - 1, e = \dfrac{\omega d_s}{S_r},$ $e = \dfrac{d_s(1+\omega)\rho_w}{\rho} - 1$	黏性土、粉土：$0.40 \sim 1.20$ 砂土：$0.30 \sim 0.90$
孔隙率	n	$n = \dfrac{V_v}{V} \times 100\%$	$n = \dfrac{e}{1+e}, n = 1 - \dfrac{\rho_d}{d_s \rho_w}$	黏性土、粉土：$30\% \sim 60\%$ 砂土：$25\% \sim 45\%$
饱和度	S_r	$S_r = \dfrac{V_w}{V_v} \times 100\%$	$S_r = \dfrac{\omega d_s}{e}, S_r = \dfrac{\omega \rho_d}{n \rho_w}$	$0 \leqslant S_r \leqslant 50\%$ 稍湿 $50\% < S_r \leqslant 80\%$ 很湿 $80\% < S_r \leqslant 100\%$ 饱和

【例 4-1】 在某住宅地基勘察中,已知一个钻孔原状土试样结果如下:土的密度 $\rho = 1.80 \text{g/cm}^3$,土粒相对密度 $d_s = 2.70$,土的含水率 $\omega = 18.0\%$。求土的其余 6 个指标。

【解】 (1)绘制三相计算草图,如图 4-11 所示。

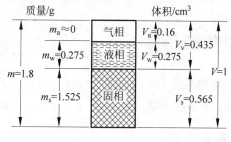

图 4-11 三相计算草图

令 $V = 1 \text{cm}^3$

已知 $\rho = \dfrac{m}{V} = 1.80 \text{g/cm}^3$,故 $m = 1.80 \text{g}$

已知 $\omega=\dfrac{m_w}{m_s}=0.18$，故 $m_w=0.18m_s$

又知 $m_w+m_s=1.80\text{g}$，得 $m_s=\dfrac{1.80}{1.18}=1.525(\text{g})$

故 $m_w=m-m_s=1.80-1.525=0.275(\text{g})$

因此 $V_w=0.275\text{cm}^3$

已知 $d_s=\dfrac{m_s}{V_s\rho_w}=2.70$，得

$$V_s=\frac{m_s}{2.70}=\frac{1.525}{2.70}=0.565(\text{cm}^3)$$

孔隙体积 $V_v=V-V_s=1-0.565=0.435(\text{cm}^3)$

气相体积 $V_a=V_v-V_w=0.435-0.275=0.16(\text{cm}^3)$

至此，已计算出三相草图中 8 个未知量的数值。

（2）根据所求物理性质指标的表达式计算其余指标。

孔隙比 $e=\dfrac{V_v}{V_s}=\dfrac{0.435}{0.565}=0.77$

孔隙率 $n=\dfrac{V_v}{V}\times100\%=0.435\times100\%=43.5\%$

饱和度 $S_r=\dfrac{V_w}{W_v}\times100\%=\dfrac{0.275}{0.435}\times100\%=63.2$

干密度 $\rho_d=\dfrac{m_s}{V}=1.525\text{g/cm}^3$，干重度 $\gamma_d=15.25\text{kN/m}^3$

饱和密度 $\rho_{sat}=\dfrac{m_w+m_s+V_a\rho_w}{V}=1.80+0.16=1.96(\text{g/cm}^3)$

饱和重度 $\gamma_{sat}=19.6\text{kN/m}^3$

有效重度 $\gamma'=\gamma_{sat}-\gamma_w=19.6-10=9.6(\text{kN/m}^3)$

上述三相计算中，若设 $V_s=1\text{cm}^3$，可得与用 $V=1\text{cm}^3$ 计算相同的结果。

根据各物理性指标的定义，利用三相草图，可以很方便地计算所需的物理性指标。应当指出，三相计算是工程技术中的基础知识，工程技术人员应熟练地掌握。

4.4　土的物理状态指标

4.3 节介绍了土的 9 个物理性质指标。土的物理状态指标与其物理性质指标不同，为进一步研究土的松密和软硬，下面按无黏性土和黏性土分别进行阐述。

4.4.1　无黏性土的密实度

无黏性土一般指碎石土和砂土，粉土属于砂土和黏性土的过渡类型，但是其物质组成、结构及物理力学性质主要接近砂土（特别是粉质砂土），故列入无黏性土的工程特征问题一并讨论。

无黏性土的紧密状态是判定其工程性质的重要指标，它综合地反映了无黏性土颗粒的

岩石和矿物组成、粒度组成(级配)、颗粒形状和排列等对其工程性质的影响。工程中把下面的指标作为划分密实度的标准。

1. 按天然孔隙比 e 划分砂土密实度

1974 年颁布的《工业与民用建筑地基基础设计规范》(TJ 7—1974)中曾规定以孔隙比 e 作为砂土密实度的划分标准,如表 4-4 所示。

表 4-4 按天然孔隙比 e 划分砂土的密实度

土类 \ 密实度	密 实	中 密	稍 密	松 散
砾砂、粗砂、中砂	$e<0.6$	$0.6 \leqslant e \leqslant 0.75$	$0.75 < e \leqslant 0.85$	$e>0.85$
细砂、粉砂	$e<0.7$	$0.7 \leqslant e \leqslant 0.85$	$0.85 < e \leqslant 0.95$	$e>0.95$

《岩土工程勘察规范》(GB 50021—2001)和《公路桥涵地基基础设计规范》(JTG D63—2007)规定粉土的密实度根据孔隙比 e 进行划分,见表 4-5。

表 4-5 粉土密实度分类

密实度	密 实	中 密	稍 密
孔隙比 e	$e<0.75$	$0.75 \leqslant e \leqslant 0.90$	$e>0.9$

用一个指标 e 判别砂土的密实度较为方便。对于同一种土,如密砂的孔隙比为 e_1,松砂的孔隙比为 e_2,则必然有 $e_1 < e_2$。

但是仅用一个指标 e 无法反映土的粒径级配的因素。例如,两种级配不同的砂,一种为颗粒均匀的密砂,其孔隙比为 e_1';另一种级配良好的松砂,孔隙比为 e_2',结果 $e_1' > e_2'$,即密砂的孔隙比反而大于松砂的孔隙比。

2. 按相对密实度 D_r 划分砂土密实度

为了克服上述用一个指标 e 难以准确判别不同级配的砂土的缺陷,用天然孔隙比 e 与同一种砂的最松状态孔隙比 e_{max} 和最密实状态孔隙比 e_{min} 进行对比,看 e 靠近 e_{max} 还是靠近 e_{min},以此来判别它的密实度,相对密实度的表达式如下:

$$D_r = \frac{e_{max} - e}{e_{max} - e_{min}} \tag{4-12}$$

当 $D_r = 0$ 时,砂土处于最松散状态;当 $D_r = 1$ 时,砂土处于最密实状态。砂类土密实度按相对密实度 D_r 的划分标准,参见表 4-6。

表 4-6 按相对密实度 D_r 划分砂土密实度

密 实 度	密 实	中 密	松 散
D_r	$D_r > 0.67$	$0.67 \geqslant D_r > 0.33$	$D_r \leqslant 0.33$

根据三相比例指标间的换算,e、e_{max} 和 e_{min} 分别对应有 ρ_d、ρ_{dmin} 和 ρ_{dmax},由此得

$$D_r = \frac{\rho_{dmax}(\rho_d - \rho_{dmin})}{\rho_d(\rho_{dmax} - \rho_{dmin})} \tag{4-13}$$

从理论上讲,相对密实度的理论比较完整,也是国际通用的划分砂类土密实度的方法。但测定 e_{max}(或 ρ_{dmin})和 e_{min}(或 ρ_{dmax})的试验方法存在原状砂土试样的采取问题,测定最大、最小孔隙比时人为因素很大,对同一种砂土的试验结果往往离散型很大。

3. 按标准贯入击数 N 划分砂土密实度

为了避免采取原状砂样的困难,在现行国家标准《建筑地基基础设计规范》(GB 50007—2011)和《公路桥涵地基与基础设计规范》(JTG D63—2007)中,均采用按原位标准贯入试验锤击数 N 划分砂土密实度,分别见表 4-7 和表 4-8。

表 4-7　按标贯击数 N 划分砂土密实度

密 实 度	密 实	中 密	稍 密	松 散
标贯击数 N	$N>30$	$15<N\leqslant30$	$10<N\leqslant15$	$N\leqslant10$

注:标贯击数 N 系实测平均值。

表 4-8　按实测平均 N 划分砂土密实度

密 实 度	密 实	中 密	稍 密	松 散
标贯击数 N	30～50	19～29	5～9	<5

注:标贯击数 N 系实测平均值。

4. 按重型动力触探击数划分碎石土密实度

碎石土的密实度可按重型(圆锥)动力触探试验锤击数 $N_{63.5}$ 划分,如表 4-9 所示。

表 4-9　按重型动力触探击数 N 划分碎石土密实度

密 实 度	密 实	中 密	稍 密	松 散
$N_{63.5}$	$N_{63.5}>20$	$10<N_{63.5}\leqslant20$	$5<N_{63.5}\leqslant10$	$N_{63.5}\leqslant5$

注:本表适用于平均粒径不大于 100mm 且最大粒径不超过 100mm 的卵石、碎石、圆砾、角砾,对于平均粒径大于 50mm 或最大粒径大于 100mm 的碎石土,可按表 4-10 确定。

5. 碎石土密实度的野外鉴别

对于含大颗粒较多的碎石土,其密实度很难做室内试验或原位触探试验,可按表 4-10 的野外鉴别方法来划分。

表 4-10　碎石土密实度野外鉴别方法

密实度	骨架颗粒含量和排列	可 挖 性	可 钻 性
密实	骨架颗粒含量大于总重的 70%,呈交错排列,连续接触	锹、镐挖掘困难,用撬棍方能松动,井壁一般较稳定	钻进极困难,冲击钻探时,钻杆、吊锤跳动剧烈,孔壁较稳定
中密	骨架颗粒含量等于总重的 60%～70%,呈交错排列,大部分接触	锹、镐可挖掘,井壁有掉块现象,从井壁取出大颗粒处,能保持颗粒凹面形状	钻进较困难,冲击钻探时,钻杆、吊锤跳动不剧烈,孔壁有坍塌现象
稍密	骨架颗粒含量等于总重的 55%～60%,排列混乱,大部分不接触	锹可挖掘,井壁易坍塌,从井壁取出大颗粒后,填充物砂土立即坍落	钻进较容易,冲击钻探时,钻杆稍有跳动,孔壁易坍塌

续表

密实度	骨架颗粒含量和排列	可 挖 性	可 钻 性
松散	骨架颗粒含量小于总重的55%，排列十分混乱，绝大部分不接触	锹易挖掘，井壁极易坍塌	钻进较容易，冲击钻探时，钻杆无跳动，孔壁极易坍塌

注：(1) 骨架颗粒系指与《建筑地基基础设计规范》(GB 50007—2011)中碎石土分类名称相对应粒径的颗粒；
  (2) 碎石土密实度的划分，应按表列各项要求综合确定。

4.4.2 黏性土的物理状态指标

黏性土的物理状态指标是否与砂土相似？是否也可把孔隙比 e、相对密实度 D_r 和标准贯入试验锤击数 N 作为标准测定其密实度？

想回答这两个问题，须从黏性土和砂土的颗粒大小、土粒与土中水的相互作用进行分析。砂土颗粒粗中砂粒粒径为 $0.075 \sim 2\text{mm}$，为单粒结构，土粒与土中水的相互作用不明显。因此，砂土可用 e、D_r 和 N 反映其密实度，以确定砂土的工程性质。

黏性土的颗粒很细，黏粒粒径小于 0.005mm，细土粒周围形成电场，电分子力吸引水分子定向排列，形成黏结水膜。土粒与土中水相互作用很显著，关系极密切。例如，对于同一种黏性土，当它的含水率较小时，土呈半固体坚硬状态；当含水率适当增加时，土粒间距离加大，土呈现可塑状态；如含水率再增加，土中出现较多的自由水时，黏性土变成流动状态，如图 4-12 所示。

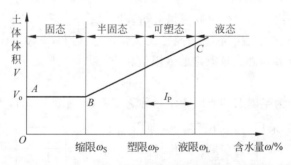

图 4-12 黏性土的物理状态与含水量的关系

随着含水率的不断增加，黏性土的状态变化过程为固态—半固态—可塑状态—液体状态，相应的承载力也逐渐降低。由此可见，黏性土最主要的物理特征并非 e、D_r，而是土的软硬程度或土对外力引起变形或破坏的抵抗能力，即稠度。

黏性土的稠度反映土粒之间的联结强度随着含水率高低而变化的性质，其中，各不同状态之间的分界含水率具有重要的意义。

1. 液限 ω_L(%)

土由可塑状态转到流动状态的界限含水量称为液限(liquid limit)，或称塑性上限或流限，用符号 ω_L 表示。

如图 4-12(a)所示，国内采用锥式液限仪来测定黏性土的液限 ω_L。将调成均匀的浓糊状试样装满盛土杯内(盛土杯置于底座上)，刮平杯口表面，将 76g 的圆锥体轻放在试样表面，使其在自重作用下沉入试样，若圆锥体经 5s 恰好沉入 10mm 深，这时杯内土样的含水量

就是其液限 ω_L 值。为了避免放锥时人为晃动的影响，可采用电磁放锥的方法来提高测试精度，实践证明其效果较好。

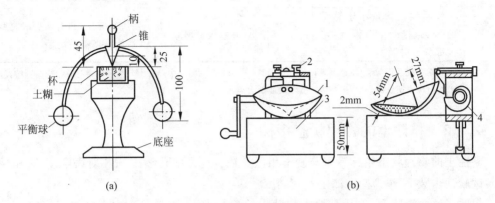

图 4-13　锥式液限仪、碟式液限仪
（a）锥式液限仪；（b）碟式液限仪
1—铜碟；2—支架；3—底架；4—锅形轴

美国、日本等国家使用碟式液限仪来测定黏性土的液限。它是将调成浓糊状的试样装在碟内，刮平表面，做成约 8mm 深的土饼，用开槽器在土中成槽，槽底宽度为 2mm，如图 4-13(b) 所示，然后将碟子抬高 10mm，使碟自由下落，连续下落 25 次后，如土槽合拢长度为 13mm，此时试样的含水量就是液限。

20 世纪 50 年代以来，国内一直以 76g 圆锥仪下沉深度 10mm 作为液限标准，这与碟式仪测得的液限值不一致。国内外研究成果分析表明，取 76g 圆锥仪下沉深度 17mm 时的含水量与碟式仪测得的液限值相当。《公路土工试验规程》(JTG E40—2007)规定：采用 100g 圆锥仪下沉深度 20mm 与碟式仪测定的液限值相当。

2. 塑限 ω_P(%)

土由可塑状态转为半固态的界限含水量称为塑限(plastic limit)，用符号 ω_P 表示。

黏性土的塑限 ω_P 采用"搓条法"测定，即用双手将天然湿度的土样搓成小圆球（球径小于 10mm），放在毛玻璃板上，再用手掌慢慢搓滚成小土条，若土条搓到直径为 3mm 时恰好开始断裂，这时断裂土条的含水量就是其塑限 ω_P 值。搓条法受人为因素的影响较大，因而成果不稳定。实践证明，可利用锥式液限仪取代搓条法联合测定土的液限和塑限。

联合测定法可以减少反复测试液限和塑限的时间。制备 3 份不同稠度的试样，试样的含水率分别为接近液限、塑限和两者的中间状态。用 76g 的圆锥式液限仪分别测定 3 个试样的圆锥下沉深度和相应的含水率，然后以含水率为横坐标、圆锥下沉深度为纵坐标，绘于双对数坐标纸上，将测得的三点连成直线，如图 4-14 所示。

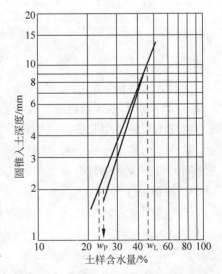

图 4-14　圆锥体土深度与含水量关系

由图 4-14 可查出下沉 10mm 对应的含水率即为 ω_L；下沉深度为 2mm 所对应的含水率即为 ω_P；取值至整数即可。

3. 缩限 ω_s（%）

土由半固态不断蒸发水分，则其体积继续缩小。直到体积不再收缩时，对应土的界限含水量称为缩限（shrinkage limit），用符号 ω_s 表示。

黏性土的缩限 ω_s 一般采用"收缩皿法"测定，即用收缩皿（或环刀）盛满含水量为液限的试样，烘干后测定收缩体积和干土重，从而求得干缩含水量，并与试验前试样的含水量相减即得缩限 ω_s 值。

4. 塑性指数 I_P

液限与塑限的差值，去掉百分数符号，称为塑性指数（plasticity index），用符号 I_P 表示。

$$I_P = (\omega_L - \omega_P) \times 100 \tag{4-14}$$

应当指出，ω_L 与 ω_P 都是分界含水率，以百分数表示。而 I_P 只取其数值，去掉百分数符号。例如，某一土样 $\omega_L = 32.6\%$，$\omega_P = 15.4\%$，则 $I_P = 17.2$，而非 17.2%。为防止发生错误，本书在式（4-14）等号右边乘以 100，即将百分号消去。

塑性指数指处于可塑状态下细颗粒土体含水量的变化范围。一种土的 ω_L 与 ω_P 之间的范围大，即 I_P 大，表明该土体能吸附结合水多，但仍处于可塑状态，亦即该土黏粒含量高或矿物成分吸水能力强。

塑性指数在一定程度上综合反映了影响黏性土特征的各种重要因素。因此，当土的生成条件相似时，塑性指数相近的黏性土一般会表现出相似的物理力学性质。所以，常把塑性指数作为对黏性土进行分类的标准。

5. 液性指数 I_L

土的塑性指数（liquidity index）是指黏性土的天然含水量和塑限的差值与塑性指数之比，用符号 I_L 表示。

$$I_L = \frac{\omega - \omega_P}{\omega_L - \omega_P} = \frac{\omega - \omega_P}{I_P} \tag{4-15}$$

液性指数又称为相对稠度，是将土的天然含水率 ω 与 ω_L 及 ω_P 相比较，以表明 ω 是靠近 ω_L 还是 ω_P，反映土的软硬状态不同。

必须指出，黏性土界限含水量指标 ω_L 与 ω_P 都是采用重塑土测定的，它们仅反映黏土颗粒与水的相互作用，并不能完全反映具有结构性的黏性土体与水的关系，以及作用后表现出的物理状态。因此，保持天然结构的原状土，在其含水量达到液限以后，并不处于流动状态，而称为流塑状态。

现行国家标准《建筑地基基础设计规范》（GB 50007—2011）和《公路桥涵地基与基础设计规范》（JTG D63—2007）规定，可根据液性指数值划分黏性土的软硬状态，其划分标准见表 4-11 和表 4-12。

表 4-11　按液性指数划分黏性土的状态（GB 50007—2011）

状　态	坚　硬	硬　塑	可　塑	软　塑	流　塑
液性指数	$I_L \leqslant 0$	$0 < I_L \leqslant 0.25$	$0.25 < I_L \leqslant 0.75$	$0.75 < I_L \leqslant 1.0$	$I_L > 1.0$

表 4-12　按液性指数划分黏性土的状态(JTG D63—2007)

分　级	坚硬、半坚硬状态	可塑状态		流塑状态
		硬塑	软塑	
液性指数	$I_L < 0$	$0 \leqslant I_L < 0.5$	$0.5 \leqslant I_L < 1.0$	$I_L \geqslant 1.0$

6. 活动度 A

黏性土的塑性指数与土中黏粒(粒径小于 0.002mm 的颗粒)含量百分数的比值称为活动度,用符号 A 表示。

$$A = \frac{I_P}{m} \tag{4-16}$$

式中　m——粒径小于 0.002mm 的颗粒含量百分数。

活动度反映了黏性土中所含矿物的活动性。根据活动度的大小,黏性土可分为三类:不活动黏性土($A < 0.75$)、正常黏性土($0.75 < A < 1.25$)、活动黏性土($A > 1.25$)。

7. 灵敏度 S_t

灵敏度 S_t 为黏性土的原状土无侧限抗压强度与原土结构完全破坏的重塑土(保持含水率和密度不变)的无侧限抗压强度的比值,即

$$S_t = \frac{q_u}{q'_u} \tag{4-17}$$

式中　q_u——原状试样的无侧限抗压强度,kPa;

　　　q'_u——重塑试样的无侧限抗压强度,kPa。

灵敏度反映了黏性土结构性的强弱。根据灵敏度的数值大小,可将黏性土分为三类:高灵敏土($S_t > 4$)、中灵敏土($2 < S_t \leqslant 4$)、低灵敏土($1 < S_t \leqslant 2$)。

土的灵敏度越高,其结构性越强,受扰动后土的强度降低就越多。所以,在基础施工中,应注意保护基坑或基槽,尽量减少对坑底土的结构扰动。

8. 触变性

饱和黏性土的结构受到扰动后,会导致其强度降低;但当扰动停止后,土的强度又随时间的增长而逐渐部分恢复。黏性土的抗剪强度随时间恢复的胶体化学性质称为土的触变性(thixotropy)。

在黏性土中打桩时,往往利用振扰的方法破坏桩侧土和桩尖土的结构,以降低打桩的阻力;但在打桩完成后,土的强度可随时间部分恢复,使桩的承载力逐渐增加,这就是利用了土的触变性机理。

4.5　土的工程分类

4.5.1　土的工程分类原则和体系

颗粒大小不同的土,如砂土和黏性土,其工程性质也不同。自然界的土往往是不同大小的颗粒组成的混合物。在建筑工程的勘察、设计和施工中,须对组成地基土的混合物进行分析、计算与评价。因此,对地基土进行科学的分类和定名是十分必要的。对土进行工程分类

的目的在于以下几点。

(1) 根据土类,可以大致判断土的基本工程特性,并可结合其他因素判断地基土的承载力、抗渗流和抗冲刷稳定性,在振动作用下的可液化性以及作为建筑材料的适宜性等;

(2) 根据土类,可以合理确定针对不同土的研究内容和研究方法;

(3) 当土的性质不能满足工程要求时,也须根据土类(结合工程特点)确定相应的改良和处理方法。

因此,对土进行综合性的工程分类,应遵循以下原则。

(1) 工程特性差异性的原则:即分类应综合考虑土的各种主要工程特性(强度与变形特性等),把影响土的工程特性的主要因素作为分类的依据,从而使所划分的不同土类之间,在其各主要的工程特性方面有一定的质的或显著的量的差别,这是对土进行工程分类的前提条件。

(2) 以成因、地质年代为基础的原则:因为土是自然历史的产物,土的工程性质受土的成因(包括形成环境)和形成年代的控制。在一定的形成条件下,经过某些变化过程的土,必然有与之相适应的物质成分和结构以及一定的空间分布规律与土层组合,因而决定了土的工程特性;土的形成年代不同,则其固结状态和结构强度有显著的差异。

(3) 分类指标便于测定的原则:所采用的分类指标,须既能综合反映土的基本工程特性,又要便于进行测定。

目前国内外主要有以下两种关于土的工程分类体系。

(1) 建筑工程系统的分类体系——侧重于把土作为建筑地基和环境,以原状土为基本对象。因此,对土的分类除考虑土的组成外,很注重土的天然结构性,即土的粒间联结性质和强度,如现行国家标准《建筑地基基础设计规范》(GB 50007—2011)和《岩土工程勘察规范》(GB 50021—2001)中的分类。

(2) 材料系统的分类体系——侧重于把土作为建筑材料,用于路堤、土坝和填土地基等工程,以扰动土为基本对象,对土的分类以土的组成为主,不考虑土的天然结构性,如现行国家标准《土的工程分类标准》(GB/T 50145—2007)。

4.5.2 土的工程分类

目前国内作为国家标准和应用较广的土的工程分类主要是《建筑地基基础设计规范》(GB 50007—2011)和《岩土工程勘察规范》(GB 50021—2001)中的分类。

该分类体系源于苏联的天然地基设计规范,结合国内土质条件和 50 多年的实践经验,经改进补充而成。其主要特点是在考虑划分标准时,注重土的天然结构联结的性质和强度,始终与土的主要工程特性——变形和强度特征紧密联系。因此,首先考虑按堆积年代和地质成因进行划分,同时将在某些特殊形成条件下形成或具有特殊工程性质的区域性特殊土与普通土区别开来。在此基础上,总体再按颗粒级配或塑性指数分为碎石土、砂土、粉土和黏性土,并结合堆积年代、成因和某种特殊性质综合定名。

这种分类方法简单明确,科学性和实用性强,多年来已被国内各工程界所熟悉和广泛应用,其划分原则与标准分述如下。

(1) 按堆积年代土可划分为以下三类。

老堆积土：第四纪晚更新世 Q_3 及其以前堆积的土层，一般呈超固结状态，具有较高的结构强度；

一般堆积土：第四纪全新世（文化期以前 Q_4）堆积的土层；

新近堆积土：文化期以来新近堆积的土层 Q_4，一般呈欠压密状态，结构强度较低。

(2) 根据地质成因土可分为残积土、坡积土、洪积土、冲积土、湖积土、海积土、冰碛土及冰水沉积土和风积土。各成因类型沉积土的特征见 4.6 节。

(3) 根据有机质含量，按表 4-13 将土分为无机土、有机质土、泥炭质土和泥炭。

(4) 在一定分布区域或工程意义上具有特殊成分、状态和结构特征的土称为特殊性土，相关规范中将其分为湿陷性土、红黏土、软土（包括淤泥和淤泥质土）、混合土、填土、多年冻土、膨胀土、盐渍土和污染土。其中，在国内分布较广的特殊性土的工程特性见 4.7 节。

表 4-13 按有机质含量分类

分类名称	有机质含量 W_u	现场鉴别特征	说　明
无机土	$W_u < 5\%$		如现场能鉴别有机质或有地区经验时，可不做有机质含量测定；
有机质土	$5\% \leqslant W_u \leqslant 10\%$	灰、黑色，有光泽，味臭，除腐殖质外尚含少量未完全分解的动植物体，浸水后水面出现气泡，干燥后体积收缩	当 $\omega > \omega_L$，$1.0 \leqslant e < 1.5$ 时，称为淤泥质土；当 $\omega > \omega_L$，$e \geqslant 1.5$ 时，称为淤泥
泥炭质土	$10\% < W_u \leqslant 60\%$	深灰或黑色，有腥臭味，能看到未完全分解的植物结构，浸水体胀，易崩解，有植物残渣浮于水中，干缩现象明显	根据地区特点和需要，可按 W_u 细分为弱泥炭质土（$10\% < W_u \leqslant 25\%$）、中泥炭质土（$25\% < W_u \leqslant 40\%$）和强泥炭质土（$40\% < W_u \leqslant 60\%$）
泥炭	$W_u > 60\%$	除有泥炭质土特征外，结构松散，土质很轻，暗无光泽，干缩现象极为明显	—

注：有机质含量 W_u 按灼失量试验确定。

(5) 按颗粒级配和塑性指数土可分为碎石土、砂土、粉土和黏性土。

碎石土：粒径大于 2mm 的颗粒含量超过全部质量 50% 的土。根据颗粒级配和颗粒形状，按表 4-14 分为漂石、块石、卵石、碎石、圆砾和角砾。

表 4-14 碎石土分类

土 的 名 称	颗 粒 形 状	颗 粒 级 配
漂石	圆形及亚圆形为主	粒径大于 200mm 的颗粒超过全部质量的 50%
块石	棱角形为主	
卵石	圆形及亚圆形为主	粒径大于 20mm 的颗粒超过全部质量的 50%
碎石	棱角形为主	
圆砾	圆形及亚圆形为主	粒径大于 2mm 的颗粒超过全部质量的 50%
角砾	棱角形为主	

注：定名时，应根据颗粒级配由大到小以最先符合者确定。

砂土：粒径大于 2mm 的颗粒含量不超过全部质量 50%，且粒径大于 0.075mm 的颗粒含量超过全部质量 50% 的土，根据颗粒级配，按表 4-15 分为砾砂、粗砂、中砂、细砂和粉砂。

表 4-15 砂土分类

土的名称	颗 粒 级 配
砾砂	粒径大于 2mm 的颗粒含量占全部质量 25%～50%
粗砂	粒径大于 0.5mm 的颗粒含量超过全部质量的 50%
中砂	粒径大于 0.25mm 的颗粒含量超过全部质量的 50%
细砂	粒径大于 0.075mm 的颗粒含量超过全部质量的 85%
粉砂	粒径大于 0.075mm 的颗粒含量超过全部质量的 50%

注：(1) 定名时应根据颗粒级配由大到小以最先符合者确定；
(2) 当砂土中，粒径小于 0.075mm 的土的塑性指数大于 10 时，应冠以"含黏性土"定名，如含黏性土粗砂等。

粉土：粒径大于 0.075mm 的颗粒不超过全部质量的 50%，且塑性指数小于或等于 10 的土。根据颗粒级配(黏粒含量)，按表 4-16 分为砂质粉土和黏质粉土。

表 4-16 粉土分类

土的名称	颗 粒 级 配
砂质粉土	粒径小于 0.005mm 的颗粒含量不超过全部质量的 10%
黏质粉土	粒径小于 0.005mm 的颗粒含量超过全部质量的 10%

黏性土：塑性指数大于 10 的土。根据塑性指数 I_P，按表 4-17 分为粉质黏土和黏土。

表 4-17 黏性土分类

土的名称	塑性指数
粉质黏土	$10 < I_P \leqslant 17$
黏土	$I_P > 17$

注：塑性指数由相应 76g 圆锥体沉入土样中深度为 10mm 时测定的液限计算而得。

4.6 土的成因类型特征

如前所述，根据土的地质成因，土可分为残积土、坡积土、洪积土、冲积土、湖积土、海积土、冰积土及冰水沉积土和风积土。一定成因类型的土具有一定的沉积环境、土层空间分布规律、土类组合、物质组成及结构特征，但在沉积形成后，可能遭到不同的自然地质条件和人为因素的影响，而具有不同的工程特性。

4.6.1 残积土(Q^{el})

1. 成因

岩石风化的产物，部分被流动的水和空气剥蚀而带走，搬运到他处。未被搬运的残留在原地，成为残积土。其土层剖面图如图 4-15 所示。

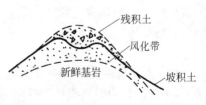

图 4-15 残积土层剖面

2. 特点

残积土发育于基岩风化带上,与基岩之间没有明显的界限,通常经过一个基岩风化层(带)而过渡到新鲜基岩,土的成分和结构呈过渡变化。

3. 工程地质特征

山区的残积土因原始地形变化大,且岩层风化程度不一,所以其土层厚度、组成成分、结构以及物理力学性质在很小范围内变化极大,均匀性很差,加之其孔隙度很大,作为建筑物地基容易引起不均匀沉降;在山坡的残积土分布地段,常有因修筑建筑物而产生沿下部基岩表面或某软弱面滑动等不稳定问题。

4.6.2　坡积土（Q^{dl}）

1. 成因

片流对山坡松散层产生的破坏作用称为片流的剥蚀作用。片流是一种在斜坡上的面状流水,流速慢,水层薄,所以它的剥蚀作用弱且具有面状发展的特点,故又称为洗刷作用。

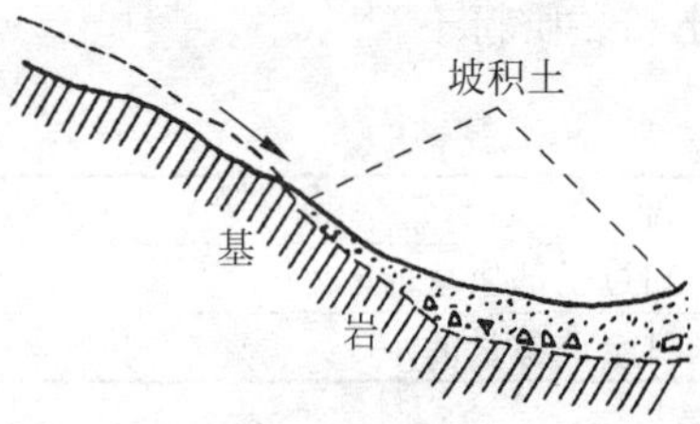

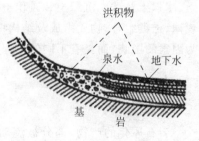

图 4-16　坡积土层剖面

片流的流量和流速均较小,只能搬运少量、细小的碎屑颗粒。片流在坡坳、坡麓地带形成的碎屑堆积物称为坡积土,如图 4-16 所示。

2. 特点

坡积物随斜坡自上而下逐渐变缓,呈现由粗而细的分选作用。但由于每次雨水、雪水搬运能力不大,故无明显区别,大小颗粒混杂,层理不明显。坡积物的矿物成分与下卧基岩没有直接过渡关系,这是它与残积物的主要区别。

3. 工程地质特征

坡积物常常很疏松,承载力低、压缩性高(尤其是新近堆积的坡积物);坡积物厚度变化很大,作为建筑地基会存在不均匀沉降的问题;新近沉积的疏松坡积物的边坡常处于临界稳定状态,不合理削坡将导致发生滑坡。

4.6.3　洪积土（Q^{pl}）

1. 成因

洪流的沉积作用很普遍,特别是在干旱和半干旱地区,洪流是主要的地质营力。当洪流携带大量碎屑物质抵达冲沟口时,水流突然分散,碎屑物质便沉积下来,由洪流形成的沉积物称为洪积物。洪积物在冲沟口形成的扇状堆积体称为洪积扇,如图 4-17 所示。

图 4-17　洪积土层剖面

2. 特点

(1) 洪积物的分布有明显的地域性,其物质成分较单一,不同冲沟中的洪积物岩性差别较大;

(2) 洪积物的分选性差,往往砾石、砂、黏土混积在一起;

(3) 洪积物的磨圆度较低,一般介于次圆状和次棱角状之间;

（4）洪积物的层理不发育，类型单一；

（5）在剖面上，砾石、砂、黏土的透镜体相互交叠，呈现出多元结构。

3. 洪积物的成分、结构和构造

洪积物以碎屑为主，但洪积扇不同部位的组成会有以下差异。

（1）洪流出沟谷口后，由于流速骤减，被搬运的粗碎屑物质（如卵石、砾石、粗砂等）大量堆积下来；离山渐远，沉积的颗粒随之变细，其分布范围也逐渐扩大；

（2）随着离沟口由近到远，沉积物颗粒大小具有分选现象；

（3）搬运距离短，颗粒的磨圆度仍不佳；

（4）由于山洪的周期性和差异性，洪积物常呈现不规则的交替层理构造，并具有夹层、尖灭或透镜体等产状。

4. 洪积物的工程地质性质

（1）靠近山地的洪积物颗粒较粗，地下水位埋藏较深，土的承载力一般较高，为良好的天然地基；

（2）离山较远地段为较细的洪积物，其成分均匀、厚度较大，土质较为密实，通常也是良好的地基；

（3）在上述两部分的过渡地带，常常由于地下水溢出地表而造成宽广的沼泽地带，因此土质软弱而承载力较低。

5. 洪积物与坡积物的区别

坡积物与洪积物经常共存，在野外工作时，应注意二者的区别。

（1）由于坡积物来自附近山坡，所以坡积物一般比洪积物成分更单纯，另外坡积物中砾石含量少，洪积物含砾石较为丰富；

（2）片流动力弱而不稳定，故坡积物的分选性比洪积物差；

（3）坡积物比洪积物的磨圆度低，砾石的棱角较明显；

（4）坡积物略显层状，不具有洪积物的分带现象；

（5）坡积物多分布于坡麓，构成坡积裾地形，洪积物分布于沟口而形成洪积扇地貌。

4.6.4　冲积土（Q^{al}）

1. 成因

冲积土是由河流的流水作用将碎屑物质搬运到河谷中坡降平缓的地段堆积而成的，它发育于河谷内及山区外的冲击平原中，如图 4-18 所示。

2. 分类及特征

根据河流冲积物的形成条件，冲积土可分为河床相冲积土、河漫滩相冲积土、牛轭湖相冲积土及河口三角洲相冲积土。

（1）河床相冲积土主要分布在河床地带，其次是阶地上。河床相冲积土在山区河流或河流上游大多是粗大的石块、砾石和粗砂；中下游或平原地区的沉积物逐渐变细。由于经过流水的长途搬运、相互磨蚀、积物颗粒磨圆度较好，没有巨大的漂砾，这与洪积土的砾石层有明显差别。山区河床冲积土

图 4-18　冲积物

厚度不大,一般不超过 10m,但也有近百米的;而平原地区河床冲积土的厚度很大,一般超过几十米至数百米,甚至可达千米。

（2）河漫滩相冲积土是河水在洪水期漫溢河床两侧,携带碎屑物质堆积而成的。其土粒较细,可以是粉土、粉质黏土或黏土,并常夹有淤泥或泥炭等软弱土层,覆盖于河床相冲积土之上,形成常见的上细下粗的冲积土"二元结构"。

（3）牛轭湖相冲积土是在废河道形成的牛轭湖中沉积成的松软土,颗粒很细,常含大量有机质,有时形成泥炭。

（4）在河流入海或入湖口,所搬运的大量细小颗粒沉积下来,形成面积宽广而厚度极大的三角洲沉积物,这类沉积物通常含有淤泥质土或淤泥层。

3. 工程地质特征

随着形成条件的不同,河流冲积土具有不同的工程地质特性。古河床相冲积土的压缩性低,强度较高,是工业与民用建筑的良好地基,而现代河床堆积物的密实度较差,透水性强,若作为水工建筑物的地基,则将引起坝下渗透,饱水的砂土还可能由于振动而引起液化。河漫滩相冲积物覆盖于河床相冲积土之上,形成具有双层结构的冲积土体,常用作建筑物的地基,但应注意其中的软弱土层夹层。牛轭湖相冲积土是压缩性很高、承载力很低的软弱土,不宜用作建筑物的天然地基。三角洲沉积物常常是饱和的软黏土,承载力低,压缩性高,若作为建筑物地基,则应慎重对待。但在三角洲冲积物的最上层,由于经过长期的压实和干燥,形成所谓的硬壳层,承载力较下面的土层高,一般可用作低层或多层建筑物的地基。

4.6.5　湖泊沉积物(Q^l)

1. 成因及分类

湖泊沉积物可分为湖边沉积物和湖心沉积物。湖边沉积物是由湖浪冲蚀湖岸形成的碎屑物质在湖边沉积而形成的,湖心沉积物是由河流和湖流挟带的细小悬浮颗粒到达湖心后沉积形成的,如图 4-19 所示。

2. 工程地质特征

在近岸带沉积的湖边沉积物多是粗颗粒的卵石、圆砾和砂土,在远岸带沉积的则是细颗粒的砂土和黏性土。湖边沉积物具有明显的斜层理构造,近岸带土的承载力高,远岸带则较差。湖心沉积物主要是黏土和淤泥,常夹有细砂和粉砂薄层,土的压缩性高,强度很低。

若湖泊逐渐淤塞,则可演变为沼泽,沼泽沉积土称为沼泽土,主要由半腐烂的植物残体和泥炭组成。泥炭的含水量极高,承载力极低,一般不宜用作天然地基。

4.6.6　海洋沉积物(Q^m)

按海水深度及海底地形,海洋可分为滨海带、浅海区、陆坡区和深海区,相应的四种海相沉积物性质也各不相同。滨海沉积物主要由卵石、圆砾和砂等组成,具有基本水平或缓倾的层理构造,其承载力较高,但透水性较大。浅海沉积物主要由细粒砂土、黏性土、淤泥和生物化学沉积物（硅质和石灰质）组成,有层理构造,较滨海沉积物疏松、含水量高、压缩量大而强度低。陆坡和深海沉积物主要由有机质软泥组成,成分不一。海洋沉积物在海底表层沉积的砂砾层很不稳定,随着海浪不断移动、变化,选择海洋平台作为构筑物地基时,应慎重对待,如图 4-20 所示。

图 4-19　湖泊沉积物　　　　　　　　　　　图 4-20　海洋沉积物

4.6.7　冰积土和冰水沉积土（Q^{gl}）

冰积土和冰水沉积土分别由冰川和冰川融化的冰下水进行搬运、堆积而成，如图 4-21 所示。其颗粒以巨大块石、碎石、砂、粉土及黏性土混合组成。一般来说，冰积土和冰水沉积土的分叠性差，无层理，但冰水沉积土常具有斜层理；颗粒呈棱角状，巨大块石上常有冰川擦痕。

4.6.8　风积土（Q^{eol}）

风积土是指在干旱气候条件下，岩石的风化碎屑物被风吹扬、搬运一段距离后，在有利的条件下堆积起来的一类土，如图 4-22 所示。其颗粒主要由粉粒或砂粒组成，土质均匀，质纯，孔隙大，结构松散。最常见的是风成砂及风成黄土，风成黄土具有强湿陷性。

图 4-21　冰积土与冰水沉积土　　　　　　　图 4-22　风积土

4.7 特殊土的主要工程性质

中国幅员辽阔,地质条件复杂,土类繁多,工程性质各异。有些土类由于地理环境、气候条件、地质成因、物质成分及次生变化等原因而具有与一般土类显著不同的特殊工程性质,当其作为建筑场地、地基及建筑环境时,如果不注意这些特性并采取相应的治理措施,就会造成工程事故。这些在特定地理环境或人为条件下形成的具有特殊工程性质的土称为特殊土。各种天然或人为形成的特殊土有一定的分布规律,表现一定的区域性。

中国主要有以下分布区域和特殊工程意义的特殊土:

(1) 沿海及内陆地区各种成因的软土;

(2) 主要分布于西北、华北等干旱、半干旱气候区的黄土;

(3) 西南亚热带湿热气候区的红黏土;

(4) 主要分布于南方和中南地区的膨胀土;

(5) 高纬度、高海拔地区的多年冻土及盐渍土、人工填土和污染土等。

本节主要阐述中国软土、黄土、红黏土、膨胀土及人工填土的分布、特征及其工程性质问题。

4.7.1 软土

1. 软土及其特征

软土一般是指天然含水量大、压缩性高、承载力和抗剪强度很低的呈软塑或流塑状态的黏性土。软土是一类土的总称,还可以细分为软黏性土、淤泥质土、淤泥、泥炭质土和泥炭等,性质大体与上述概念相近的土都可以归为软土。

软土主要是在静水或缓慢流水环境中沉积,并经生物化学作用形成的以细颗粒为主的第四纪饱和软黏性沉积物。它富含有机质,天然含水量 ω 大于液限 ω_L,天然孔隙比 e 大于或等于 1。其中,当 $e \geq 1.5$ 时,称为淤泥;当 $1.0 \leq e < 1.5$ 时,称为淤泥质土,它是淤泥与一般黏性土的过渡类型;当土中有机质含量在 5% 和 10% 之间时,称为有机质土;当有机质含量在 10% 和 60% 之间或大于 60% 时,分别称为泥炭质土和泥炭。泥炭是由未充分分解的植物遗体堆积而成的一种高有机质土,呈深褐色或黑色。其含水量极高,压缩性很大且不均匀,往往以夹层或透镜体构造存在于一般黏性土或淤泥质土层中,对工程极为不利。全国各地区的软土一般具有下列特征:

(1) 软土的颜色多为灰绿、灰黑色,手摸有滑腻感,能染指,有机质含量高,有腥味。

(2) 软土的粒度成分主要为黏粒及粉粒,黏粒含量高达 60%~70%。

(3) 软土的矿物成分,除粉粒中的石英、长石、云母外,黏粒中的黏土矿物主要是伊利石,高岭石次之。

(4) 软土具有典型的海绵状或蜂窝状结构,这是造成软土孔隙比大、含水量高、透水性小、压缩性大、强度低的主要原因之一。

(5) 软土常具有层理构造,软土与薄层的粉砂、泥炭层等相互交替沉积或呈透镜体相间而形成性质复杂的土体。

2. 软土的成因及分布

中国沿海地区、平原地带、内陆湖盆和洼地、河流两岸地区及山前谷地广泛分布有各种软土。沿海地区和平原地带的软土多位于大河下游的入海三角洲或冲积平原处，如长江、珠江三角洲地带、塘沽、温州、闽江口平原等地带；内陆湖盆、洼地则以洞庭湖、洪泽湖、太湖、滇池等地为有代表性的软土发育地区；山间盆地及河流中下游两岸漫滩、阶地、废弃河道等处也常分布有软土，沼泽地带则分布着富含有机质的软土和泥炭。按成因软土可分为以下几类。

(1) 沿海沉积型：软土分布广，厚度大，土质疏松软弱，按沉积部位大致可分为四种，如表4-18所示。

表4-18　沿海沉积型软土

名　称	特　征	主要分布区域
潟湖相沉积	颗粒微细，孔隙比大，强度低，分布范围广，常形成海滨平原	浙江温州、宁波等地
溺谷相沉积	结构疏松，孔隙比大，强度很低，分布呈窄带状	福州市闽江口地区
滨海相沉积	有机质较少，结构疏松，透水性强	塘沽新港及连云港等地
三角洲相沉积	分选程度较差，多为交错斜层理或不规则透镜体夹层	长江三角洲、珠江三角洲等地区

(2) 内陆湖盆沉积型：软土分布零星，厚度较小，性质变化大，主要分为三类，如表4-19所示。

表4-19　内陆湖盆沉积型软土

名　称	特　征	主要分布区域
湖相沉积	颗粒微细均匀，富含有机质，层较厚（一般10～20m，个别超过20m），不夹或很少夹砂层，常有厚度不等的泥炭夹层或透镜体	洞庭湖、洪泽湖、太湖、滇池等地区
河流漫滩相沉积	淤泥类土常夹于上层亚砂土、亚黏土之中，呈袋状或透镜体，产状厚度变化大，一般厚度小于10m，下层常为砂层	长江、松花江中下游河谷附近
牛轭湖相沉积	分布较窄，且常有泥炭夹层，一般呈透镜体埋藏于一般冲积层之下	

(3) 河滩沉积型：一般呈带状分布于河流中、下游漫滩及阶地上，这些地带常常漫滩宽阔、河岔较多、河曲发育，有牛轭湖存在。该类软土的特点是岩层沉积交错复杂，透镜体较多，软土厚度不大，一般小于10m，多分布于一些大中河流中、下游。

(4) 沼泽沉积型：沼泽软土颜色深，多为黄褐色、褐色至黑色，主要成分为泥炭，并含有一定数量的机械沉积物和化学沉积物。

(5) 山前谷地沉积型：有一类"山地型"软土，其分布、厚度及性质等变化均很大。它主要是由水流将当地泥灰岩、页岩、泥岩风化产物和地表有机物质搬运、沉积于原始地形低洼处，经长期水泡软化及微生物作用而成。其成因类型以坡洪积、湖积和冲积为主，主要分布于冲沟、谷地、河流阶地和各种洼地中，分布面积不大，厚度相差悬殊。通常冲积相土层很薄，土质较好；湖积相土层中常有较厚的泥炭层，土质常比平原沉积相土层差；坡洪积最常见,物理力学性质介于前述二者之间。

3. 软土的物理力学性质

由于生成环境及上述粒度、矿物组成和结构特征,软土的结构性显著且处于形成初期,故具有以下的工程特性,如表 4-20 所示。

表 4-20　软土的工程特性及对工程性质的影响

软土的特点	对工程性质的影响
高含水量	软土的天然含水量一般为 50%～70%,山区软土有时高达 200%,其饱和度一般大于 95%;软土的高含水量特征是决定其压缩性和抗剪强度较低的重要因素
高孔隙性	天然孔隙比为 1～2,最大达 3～4;软土的高孔隙性特征是决定其压缩性和抗剪强度较低的重要因素
渗透性低	软土的渗透系数一般为 $i\times10^{-4}\sim i\times10^{-8}$ cm/s($i=1,2,\cdots,9$),通常水平向的渗透系数较垂直方向要大得多;由于该类土渗透系数小,含水量大且呈饱和状态,使得土体的固结过程非常缓慢,其强度增长的过程也非常缓慢
压缩性高	软土的压缩系数 d_{1-2} 一般为 0.7～1.5MPa^{-1},最大达 4.5MPa^{-1},因此软土均属于高压缩性土;随着土的液限和天然含水量的增大,其压缩系数也进一步增高;由于该类土具有高含水量、低渗透性及高压缩性等特性,因此具有变形大而不均匀、变形稳定历时长的特点
抗剪强度低	软土的抗剪强度低,且与加荷速度及排水固结条件密切相关,如不排水三轴快剪得出其内摩擦角为零,其内聚力一般均小于 20kPa;直剪快剪内摩擦角一般为 2°～5°,内聚力为 10～15kPa;而固结快剪的内摩擦角可达 8°～12°,内聚力约为 20kPa。因此,要提高软土地基的强度,必须控制施工和使用时的加荷速度
触变性	由于软土具有较为显著的结构性,故触变性是其比较突出的性质,中国东南沿海地区的三角洲相及滨海和潟湖相软土的灵敏度一般为 4～10,个别达 13～15
蠕变性	软土的蠕变性比较明显,表现为在长期恒定应力作用下,软土将产生缓慢的剪切变形,并导致抗剪强度的衰减;在固结沉降完成之后,软土还可能继续产生可观的次固结沉降

4.7.2　黄土

1. 黄土的特征及分布

黄土是在第四纪干旱和半干旱气候条件下形成的一种特殊土,是一种陆相疏松堆积物。表 4-21 列出了黄土和黄土状土的各项特征。

表 4-21　黄土和黄土状土的特征

特征		黄　　土	黄　土　状　土
外部特征	颜色	以淡黄色为主,还有灰黄、褐黄色	呈黄色、浅棕黄色或暗灰褐黄色
	结构构造	无层理,有肉眼可见的大孔隙及生物根茎遗迹形成的管状孔隙,常被钙质和泥填充,质地均一	有层理构造,粗粒(砂粒或细砾)形成夹层或透镜体,黏土组成微薄层理,可见大孔较少,质地不均一
	产状	垂直节理发育,常呈现大于 70°的边坡	有垂直节理,但延伸较小,垂直陡壁不稳定,常成缓坡

续表

特征		黄　土	黄 土 状 土
物质成分	粒度成分	以粉土粒为主(0.075～0.005mm)，含量一般大于60%，几乎没有大于0.25mm的颗粒。粉粒中0.075～0.01mm的粗粉粒占50%以上，颗粒较粗	粉土粒含量一般大于60%，但其中粗粉粒含量小于50%；含有少量粒径大于0.25mm或小于0.005mm的颗粒，有时可达20%以上；颗粒较细
	矿物成分	粗粒矿物以石英、长石、云母为主，含量大于60%；黏土矿物有蒙脱石、伊利石、高岭石等；矿物成分复杂	粗粒矿物以石英、长石、云母为主，含量小于50%；黏土矿物含量较高，仍以蒙脱石、伊利石、高岭石为主
	化学成分	以 SiO_2 为主，其次为 Al_2O_3、Fe_2O_3，富含 $CaCO_3$，含有少量 $MgCO_3$ 和易溶盐类如 NaCl 等，常见钙质结核	以 SiO_2 为主，其次为 Al_2O_3、Fe_2O_3，富含 $CaCO_3$、$MgCO_3$，含有少量易溶盐类如 NaCl 等，时代老的含碳酸盐多，时代新的含碳酸盐少
物理性质	孔隙度	较高，一般大于50%	较低，一般小于40%
	干密度	较低，一般为 $1.4g/cm^3$ 或更低	较高，一般为 $1.4g/cm^3$ 以上，可达 $1.4g/cm^3$
	渗透系数	一般为 0.6～0.8m/d，有时可达 1m/d	透水性小，有时可视为不透水层
	塑性指数	10～12	一般大于12
	湿陷性	显著	不显著，或无湿陷性
成岩作用程度		一般固结较差，时代老的黄土较坚固，称为石质黄土	松散沉积物，或有局部固结
成因		多为风成，少量水成	多为水成

黄土在世界上分布很广，欧洲、北美、中亚均有分布，而在中国表现出特别发育、地层全、厚度大、分布广的特点，主要分布于黑龙江、吉林、辽宁、内蒙古、山东、河北、河南、山西、陕西、甘肃、青海和新疆，江苏和四川等地也有分布，面积总计63万多平方千米，约占中国陆地面积的6.6%。

分布在中国范围内的黄土，可根据其中所含的脊椎动物化石进行确定，从早更新世开始堆积，经历了整个第四纪，目前还未结束。形成于下(早)更新世的午城黄土和中更新世的离石黄土称为老黄土。上(晚)更新世的马兰黄土及全新世下部的次生黄土称为新黄土。而近几百年至近几十年来形成的最近堆积物称为新近堆积黄土。

2. 黄土的成因

按生成过程及特征黄土可划分为风积黄土、坡积黄土、残积黄土、洪积黄土、冲积黄土等成因类型，如表 4-22 所示。

表 4-22　黄土的成因与分布

成因	分　布
风积黄土	分布在黄土高原平坦的顶部和山坡上，厚度大，质地均匀，无层理
坡积黄土	多分布在山坡坡脚和斜坡上，厚度不均，基岩出露区常夹有基岩碎屑
残积黄土	多分布在基岩山地上部，由表层黄土及基岩风化而成
洪积黄土	主要分布在山前沟口地带，一般有不规则的层理，厚度不大
冲积黄土	主要分布在大河的阶地上，如黄河及其支流的阶地。阶地越高，黄土厚度越大，有明显层理，常夹有粉砂、黏土、砂卵石等，大河阶地下部常有厚数米至数十米的砂卵层

3. 黄土的一般物理学性质

(1) 黄土的密度一般为 $2.54\sim2.84g/cm^3$，平均密度为 $2.67g/cm^3$；干密度为 $1.12\sim$ $1.79g/cm^3$。在天然含水量相同的情况下，黄土天然密度越大，强度越高。干密度是评价黄土湿陷性的指标之一，干密度小于 $1.45g/cm^3$ 的黄土一般称为湿陷性黄土，干密度大于 $1.5g/cm^3$ 的黄土称为非湿陷性黄土。

(2) 黄土的孔隙性和孔隙率大是其主要特征之一。孔隙在黄土中的大小及分布不均匀，其形状可分为孔隙及裂隙两种。大孔隙的数量是决定黄土湿陷性的重要依据。

(3) 黄土的天然含水量较低，一般为 $1\%\sim38\%$，某些干旱地区的天然含水量为 $1\%\sim$ 12%。天然含水量较低的黄土，经常表现出湿陷性较强。黄土的透水性一般比黏性土大，属于中等透水性土，这主要是因为其垂直节理及大孔隙较发育，故垂直方向的透水性大于水平方向，有时可达十余倍。

(4) 黄土的塑性较弱，塑限一般为 $16\%\sim20\%$，液限常为 $26\%\sim34\%$，塑性指数为 $8\sim$ 14。黄土一般无膨胀性，崩解性很强，其易于崩解是黄土边坡浸水后造成大规模崩塌的主要原因。一块黄土试样在水中崩解的速度受各种因素的影响，可以在十几秒到数天内崩解。黄土易受流水冲刷则是黄土地区容易形成冲沟的重要原因。

(5) 黄土干燥状态下的压缩性表现为中等，一般 $a_{1-2}=0.02\sim0.06cm^2/kg$，但湿度增高（尤其饱和）的黄土，其压缩性急剧增大。新近堆积的黄土往往土质松软，强度低，可压缩性高，老黄土的可压缩性较低。

(6) 黄土的抗剪强度较高，一般内摩擦角为 $15°\sim25°$，内聚力为 $0.3\sim0.6kg/cm^2$。当黄土的含水量低于塑限时，水分的变化对强度的影响最大，随着含水量的增加，土的内摩擦角和内聚力都降低较多；但当含水量大于塑限时，含水量对抗剪强度的影响减小；而当其含水量超过饱和含水量时，抗剪强度的变化就不大。另外，在浸水过程中，黄土湿陷处于发展中，此时土的抗剪强度降低最多。当黄土的失陷压密过程已基本结束时，土的含水量虽然很高，但此时的抗剪强度却高于失陷过程。因此，湿陷性黄土处于地下水位变动带时，其抗剪强度最低，而处于地下水位以下的黄土，其抗剪强度反而高些。

4. 黄土的工程地质问题

在黄土地区修筑铁路或构造其他工程建筑时，经常遇到的工程地质问题有黄土失陷、黄土潜蚀和弦穴、黄土冲沟发展及黄土泥流、黄土路堑边坡的冲刷防护、边坡稳定性及边坡设计等。通过多年的实践和研究，已积累了不少解决这些问题的经验和较为有效的措施。下面仅对黄土湿陷问题进行讨论。

天然黄土在一定压力作用下，受水浸湿后，其结构遭到破坏而发生突然下沉的现象，称为黄土湿陷。黄土湿陷又分为在自重压力下发生的自重湿陷和在外荷载作用下产生的非自重湿陷。非自重湿陷比较普遍，对工程建筑的影响较大。

并非所有黄土都具有湿陷性，一般老黄土（午城黄土及大部分离石黄土）无湿陷性，而新黄土（马兰黄土及新近堆积黄土）及离石黄土上部有湿陷性。因此，湿陷性黄土多位于地表以下数米至十余米，很少超过 20m 厚。黄土的湿陷性强弱与许多因素有关，如其微观结构特征、颗粒组成、化学成分等；在同一地区，黄土的湿陷性又与其天然孔隙比和天然含水量有关，还取决于浸水程度和压力大小。

(1) 根据对黄土微观结构的研究，黄土中骨架颗粒的大小、含量和胶结物的聚集形式，对于黄土湿陷性的强弱有着重要的影响。骨架颗粒越多,彼此接触,则粒间孔隙大,胶结物含量较少,呈薄膜状包围颗粒,粒间联结脆弱,因而湿陷性越强;相反,骨架颗粒较细,胶结物丰富,颗粒被完全胶结,则粒间联结牢固,结构致密,导致湿陷性弱或无湿陷性。

（2）黄土中黏土粒的含量越多,并均匀分布在骨架颗粒之间,则具有较大的胶结作用,土的湿陷性越弱。

（3）黄土中的盐类,如以较难溶解的碳酸钙为主而具有胶结作用时,其湿陷性较弱;如石膏及易溶盐含量越大,土的湿陷性越强。

（4）影响黄土湿陷性的主要物理性质指标为天然孔隙比和天然含水量。当其他条件相同时,黄土的天然孔隙比越大,其湿陷性越强。黄土的湿陷性随着其天然含水量的增加而减弱。

（5）在一定的天然孔隙比和天然含水量情况下,黄土的失陷变形量将随浸湿程度和压力的增加而增大,但当压力增加到某一个定值以后,其湿陷量却又随着压力的增加而减少。

（6）从根本上看,黄土的湿陷性与其堆积年代和成因有密切关系。

把湿陷性黄土作为路堤填料或建筑物地基,将严重影响工程建筑物的正常使用和安全,能使建筑物开裂甚至破坏。因此,必须查清建筑地区的黄土是否具有湿陷性及其湿陷性的强弱,以便有针对性地采取相应措施。

除用上述地质特征和工程性质指标定性地评价黄土湿陷性外,通常采用浸水压缩试验方法定量地评价黄土湿陷性。把黄土原状土样放入固结仪内,进行压缩试验。按相关规范规定:对桥涵、路基加压到 0.3MPa;对站场、房屋加压到 0.2MPa;对坡积、崩积、人工填筑等压缩性较高的黄土,5m 以内土层加压到 0.15MPa,然后测出天然湿度下变形稳定后的试样高度 h_1 及浸水条件下变形稳定后的试样高度 h_2,即可按下式求出相对湿陷系数 δ_s。

$$\delta_s = \frac{h_1 - h_2}{h_1} \tag{4-18}$$

当 $\delta_s < 0.02$ 时,为非湿陷性黄土;当 $0.02 \leqslant \delta_s \leqslant 0.03$ 时,为轻微湿陷性黄土;当 $0.03 < \delta_s \leqslant 0.07$ 时,为中等湿陷性黄土;当 $\delta_s > 0.07$ 时,为强烈湿陷性黄土。

在不同的压力作用下,黄土的湿陷系数不同。当压力较小时,湿陷量较小,随着压力的增大,湿陷量逐渐增加;当压力超过某值时,湿陷量急剧增大,结构迅速、明显地破坏。导致开始出现明显湿陷的压力称为湿陷起始压力。这是一个很有实用价值的指标,如能在工程设计中控制黄土所受的各种荷载不超过其起始压力,则可避免发生湿陷。

关于黄土发生湿陷的原因,国内外资料说法不一。有人认为是黄土内易溶盐被溶解造成的结果;有人认为黄土中所含黏土矿物成分不同是主要原因,含有胶岭石表现为非湿陷性,含有高岭石则表现为湿陷性;还有人认为黄土中 Fe_2O_3 的含量大于 10% 时黄土结构是稳定的。更多的人认为黄土湿陷性与其孔隙比有密切关系,试验证明相对湿陷系数与孔隙比之间存在着直线正比关系,相对湿陷系数是压力与湿度的连续函数,压力越大,湿度越大,湿陷量越大;而且认为湿陷原因是黄土颗粒与水相互作用形成水-胶联结,即黄土浸水后,胶体颗粒间的水膜厚度增加,使颗粒间的联结力减弱,加强了黄土压缩性的结果。

在天然条件下,黄土被浸湿有两种情况:一是地表水下渗,另一是地下水位升高。一般前者引起的湿陷性要强些。

防治黄土湿陷的措施可分两个方面:一方面可采用机械或物理化学的方法提高其强度,降低孔隙度,加强内部联结;另一方面则应注意排除地表水及地下水的影响。

4.7.3 膨胀土

1. 膨胀土的特征及分布

膨胀土一般指黏粒成分主要由亲水性黏土矿物（以蒙脱石和伊利石为主）所组成的黏性土，在环境和湿度变化时，可产生强烈的胀缩变形，具有吸水膨胀、失水收缩的特性，如图 4-23 所示。过去对这种土的性质认识不清，有许多不同的叫法，如裂隙黏土、合肥黏土等。经过多年的工程实践和研究，目前趋向于统一称其为膨胀土。它具有以下特征。

图 4-23 膨胀土

（1）颜色有灰白色、棕色、红色、黄色、褐色及黑色。

（2）其粒度成分以黏土颗粒为主，一般在 50％以上，最少也超过 30％，其次是粉粒，含砂粒最少。

（3）在矿物成分中，黏土矿物占优，多以伊利石为主，少量以蒙脱石为主，高岭石的含量普遍较低。

（4）以片状或扁平状黏土颗粒相互聚集形成的结构基本单元体，决定着膨胀土的胀缩性及强度，微孔隙、微裂隙普遍发育，为水分的进出、迁移创造了条件。

（5）胀缩强烈，膨胀时产生膨胀压力，收缩时形成收缩裂缝，长期反复胀缩使土体强度产生衰减。

（6）各种大、小成因的裂隙非常发育。

（7）早期（第四纪以前或第四纪早期）生成的膨胀土具有超固结性。

膨胀土分布广泛，遍及六大洲约 40 个国家和地区。中国是世界上膨胀土分布最广、面积最大的国家之一，目前已在 20 多个省、市、自治区发现膨胀土及其对工程建筑的危害，以云南、广西、贵州和湖北等省份分布较多，且有代表性。膨胀土一般位于盆地内垅岗、山前丘陵地带和二、三级阶地上，多数是晚更新世及其以前的残坡积、冲积、洪积物，也有晚第三纪至第四纪的湖相沉积及其风化层，个别埋藏在全新世的冲积层中。

中国范围内的膨胀土，按其成因及特征基本分为三类，具体分类如表 4-23 所示。

表 4-23 膨胀土分类表

类别	地貌	典型地层	岩性	矿物成分	含水量/%	孔隙比	液限/%	塑性指数
一类	分布于盆地边缘与丘陵地带	晚第三纪至第四纪的湖相沉积及其风化层	以灰白、灰绿等杂色黏土为主（包括半成岩的岩石），裂隙特别发育，常有光滑面和擦痕	以蒙脱石为主	20～37	0.6～1.7	45～90	21～48

续表

类别	地貌	典型地层	岩性	矿物成分	含水量/%	孔隙比	液限/%	塑性指数
二类	分布于河流阶地	第四纪冲积层、冲洪积层、坡洪积层（包括少量冰水沉积）	以灰褐、褐黄色、红色、黄色黏土为主，裂隙很发育，有光滑面和擦痕	以伊利石为主	18～23	0.5～0.8	36～54	18～30
三类	分布于岩溶地区准平原、谷地	碳酸盐类岩石的残坡积层及洪积层	以红棕色、棕黄色高塑性黏土为主，裂隙发育，有光滑面和擦痕	—	27～38	0.9～1.4	50～110	20～45

2. 膨胀土的胀缩性指标

一般来讲，黏性土都有一定的膨胀性，只是膨胀量小，没有达到危害程度。为了正确评价膨胀土的工程性质，必须测定其膨胀收缩指标，表示膨胀土的胀缩性指标有下列几种。

(1) 自由膨胀率(δ_{ef})：指人工制备的烘干土在水中吸水后体积增量($V-V_0$)与原体积(V_0)之比，即

$$\delta_{ef} = \frac{V-V_0}{V_0} \times 100\% \tag{4-19}$$

《膨胀土地区建筑技术规范》(GB 50112—2013)规定，自由膨胀率 $\delta_{ef} \geqslant 40\%$ 的土为膨胀土。

(2) 膨胀率(δ_{ep})：在一定的压力下，人工制备的烘干土样侧向受限浸水膨胀稳定后，试样增加的高度($h-h_0$)与原高度(h_0)之比，即

$$\delta_{ep} = \frac{h-h_0}{h_0} \times 100\% \tag{4-20}$$

(3) 线缩率(δ_{si})：为试样收缩后高度减小量(h_0-h)与原高度(h_0)之比，即

$$\delta_{si} = \frac{h_0-h}{h_0} \times 100\% \tag{4-21}$$

3. 膨胀土的工程性质

1) 强亲水性

膨胀土的粒度成分以黏粒含量为主，黏粒粒径很小，比表面积大，颗粒表面由具有游离价的原子或离子组成，即具有表面能，在水溶液中吸引极性水分子和水中离子，表现出强亲水性。

2) 多裂隙性

膨胀土中的裂隙十分发育，是其区别于其他土的明显标志。膨胀土的裂隙按成因有原生和次生之别。原生裂隙多闭合，裂面光滑，常有蜡状光泽，暴露在地表后受风化影响裂面

张开；次生裂隙多以风化裂隙为主，在水的淋滤作用下，裂面附近蒙脱石的含量显著增高，呈白色，构成膨胀土的软弱面，这种灰白色是引起膨胀土边坡失稳、滑动的主要原因。

3）强度衰减性

在天然状态下，膨胀土结构紧密、孔隙比小，干密度为 1.6～1.8g/cm³，塑性指数为 18～23，天然含水量与塑限比较接近，一般为 18%～26%，这时膨胀土的剪切强度、弹性模量都比较高，土体处于坚硬或硬塑状态，常被误认为是良好的天然地基。当膨胀土遇水浸湿后，强度很快衰减，凝聚力小于 100kPa，内摩擦角小于 10°，有的甚至接近饱和淤泥的强度。

4）超固结性

膨胀土的超固结性是指膨胀土曾受到比现在土的上覆自重压力更大的压力，因而其孔隙比小，压缩性低。但是一旦开挖，遇水膨胀后，则其强度降低，造成破坏。

5）弱抗风化性

膨胀土极易产生风化破坏作用，土体开挖后，在风化应力的作用下，很快会产生破裂、剥落和泥化等现象，土体结构破坏，强度降低。

4.7.4　红黏土

1. 红黏土的特征及分布

碳酸盐岩系出露区的岩石，经红土化作用形成的棕红、褐黄等颜色的高塑性黏土称为红黏土，如图 4-24 所示。其液限一般大于 50，上硬下软，具有明显的收缩性，裂隙发育，经再搬运后仍保留红黏土的基本特征，液限为 45～50 的红黏土称为次生红黏土。

红黏土的形成，一般应具备气候和岩性两个条件。其气候特点是，气候变化大，年降水量大于蒸发量，潮湿的气候有利于岩石的机械风化和化学风化；就岩性而言，红黏土主要由碳酸盐类岩石形成，当岩层褶皱发育、岩石破碎时，更易形成红黏土。

图 4-24　红黏土

红黏土及次生红黏土广泛分布于中国的云贵高原、四川东部、广西、粤北及鄂西、湘西等地区的低山、丘陵地带顶部和山间盆地、洼地、缓坡及坡脚地段。黔、贵、滇等地古溶蚀地面上堆积的红黏土层，由于基岩起伏变化及风化深度的不同，导致其厚度变化极不均匀，常见厚度为 5～8m，最薄为 0.5m，最厚为 20m。常见水平方向仅咫尺之隔，而厚度相差达 10m。土层中常有石芽、溶洞或土洞分布其间，给地基勘察和设计工作造成困难。

2. 红黏土的一般物理力学特征

（1）天然含水量高，一般为 40%～60%，最高可达 90%。

（2）密度小，天然孔隙比一般为 1.4～1.7，最高为 2.0，具有大孔性。

（3）红黏土具有高塑性，液限一般为 60%～80%，最高可达 110%；塑限一般为 40%～60%，最高可达 90%；塑性指数一般为 20～50。

（4）由于塑限很高，所以尽管红黏土中天然含水量很高，一般仍处于坚硬或硬可塑状态，液性指数 I_L 一般小于 0.25。但是其饱和度一般在 90%以上，因此，甚至坚硬黏土也处于饱水状态。

(5) 一般呈现较高的强度和较低的压缩性,固结快剪内摩擦角为 $8° \sim 18°$,内聚力为 $40 \sim 90kPa$;压缩系数为 $0.1 \sim 0.4MPa^{-1}$,变形模量为 $10 \sim 30MPa$,最高可达 $50MPa$;载荷试验比例界限为 $200 \sim 300kPa$。

(6) 红黏土不具有湿陷性,原状土浸水后膨胀量很小(小于 2%),但失水后剧烈收缩,原状土体积收缩率为 25%,而扰动土的体积收缩率可达 40% $\sim$ 50%。

3. 确定红黏土地基承载力的几个原则问题

(1) 在确定红黏土地基承载力时,应按地区的不同,随埋深变化的湿度和上部结构情况,分别进行确定。因为各地区的地质地理条件有一定的差异,使得即或同一省内各地(如水城与贵阳、贵阳与遵义等)同一成因和埋藏条件下的红黏土,其地基承载力也有所不同。

(2) 为了有效地利用红黏土为天然地基,针对其强度具有随深度递减的特征,在无冻胀影响地区、无特殊地质地貌条件和无特殊使用要求的情况下,宜尽量浅埋基础,把上层坚硬或硬可塑状态的土层作为地基的持力层,即可充分利用表层红黏土的承载能力,又可节约基础材料,便于施工。

同时,根据红黏土大气影响带的野外实测结果,雨季同旱季相比,土的含水量变化深度最大为 60cm。在 40cm 以下,含水量的变化不超过 3%。而实际基础下大气影响带深度要比野外暴露地区小。因此,浅埋基础就不至于由于地基土受大气变化影响而产生附加变形和强度问题。

(3) 红黏土一般强度高,压缩性低,对于一般建筑物,地基承载力往往由地基强度控制,而不考虑地基变形。但从贵州的情况来看,由于地形和基岩面起伏,往往造成在同一建筑地基上各部分红黏土厚度和性质很不均匀,从而形成过大的差异沉降,这往往是天然地基上建筑物产生裂缝的主要原因。在此种情况下,按变形计算地基对合理利用地基强度、正确反映上部结构及使用要求具有特别重要的意义,特别对于五层以上建筑物及重要建筑物,应按变形计算地基。同时,还须根据地基、基础与上部结构共同作用的原理,适当配合以加强上部结构刚度的措施,提高建筑物对不均匀沉降的适应能力。

(4) 不论按强度还是按变形考虑地基承载力,必须考虑红黏土物理力学性质指标的垂直向变化,划分土质单元,分层统计、确定设计参数,按多层地基进行计算。

4.7.5 填土

填土是由人为堆填、倾倒以及自然力的搬运而形成的处于地表面的土层,如图 4-25 所示。由于人类活动方式的差异以及自然界的变迁和发展历史的差异,填土层的组成成分及其工程性质等均表现出一定的复杂性和多样性。

图 4-25 填土

1. 填土的工程分类

《建筑地基基础设计规范》(GB 50007—2011)根据填土的组成物质和堆填方式形成的工程性质的差异,将其划分为素填土、杂填土和冲填土三类。

1) 素填土

素填土的物质组成主要为碎石、砂土、粉土和黏性土,不含杂质,或杂质很少。按其组成成分的不同,分为碎石素填土、砂性素填土、粉性素填土和黏性素填土。素填土经分层压实后,称为压实填土。

2)杂填土

杂填土为含有大量杂物的填土。按其组成物质成分和特征分为建筑垃圾土、工业废料土和生活垃圾土。

建筑垃圾土主要由碎砖、瓦砾、朽木等建筑垃圾夹土石组成,有机质含量较少。

工业废料土由工业废渣、废料(如矿渣、煤渣、电石渣等)夹少量土石组成。

生活垃圾土由居民生活中抛弃的废物(如炉灰、菜皮、陶瓷片等杂物)夹土类组成。一般含有机质和未分解的腐殖质较多,组成物质混杂、松散。

3)冲填土(亦称吹填土)

冲填土是指利用专门设备(常用挖泥船和泥浆泵)将泥沙夹带大量水分,吹送至江河两岸或海岸边而形成的一种填土。长江、黄浦江、珠江两岸都分布有不同性质的冲填土。

2. 填土的工程地质问题

1)素填土的工程地质问题

(1)素填土的工程性质取决于它的密实度和均匀性。在堆填过程中,未经人工压实的素填土,一般密实度较差,但堆积时间较长,由于土的自重压密作用,也能达到一定的密实度。

(2)素填土地基的不均匀性反映在同一建筑场地内,填土的各指标(干重度、强度和压缩模量)一般均具有较大的分散性,因而防止建筑物不均匀沉降问题是利用填土地基的关键。

(3)对于压实土应保证压实质量,保证其密实度。有关质量检验标准与工作要求详见《建筑地基基础设计规范》(GB 50007—2011)。

2)杂填土的工程地质问题

(1)杂填土的不均匀性表现在颗粒成分、密实度、平面分布及厚度的不均匀性。由于杂填土颗粒成分复杂,排列无规律,而瓦砾、石块、炉渣间常有较大空隙,且充填程度不一,造成杂填土密实程度的特殊不均匀性。

(2)杂填土的工程性质随堆填时间而变化,堆填时间越久,则土越密实,其有机质含量相对减少。堆填时间较短的杂填土在自重作用下的沉降往往尚未稳定。杂填土在自重作用下的沉降稳定速度取决于其组成颗粒大小、级配、填土厚度、降雨及地下水情况。一般认为,填龄达5年左右其性质才逐渐趋于稳定,承载力则随填龄增大而提高。

(3)由于杂填土形成时间短,结构松散,干或稍湿的杂填土一般具有浸水湿陷性,这是杂填土地区雨后地基下沉和局部积水引起房屋裂缝的主要原因。

(4)以生活垃圾为主的填土,其中腐殖质的含量常较高。随着有机质的腐化,地基的沉降将增大。以工业残渣为主的填土,要注意其中可能含有水化物,因而遇水后容易发生膨胀和崩解,使填土的强度迅速降低,地基产生严重的不均匀变形。

3)冲填土的工程地质问题

(1)冲填土的颗粒组成和分布规律与所冲填泥沙的来源及冲填时的水力条件有着密切的关系。在大多数情况下,充填的物质是黏土和粉砂,在吹填的入口处,沉积的土粒较粗,顺出口处方向则逐渐变细。如果为多次冲填而成,由于泥沙的来源有所变化,则更加造成在纵、横方向上的不均匀性,土层多呈透镜体状或薄层状构造。

（2）冲填土的含水量大，透水性弱，排水固结差，一般呈软塑或流塑状态。

（3）冲填土一般比成分相同的自然沉积饱和土的强度低，压缩性高。

3. 填土压实的最优含水量

有时建筑物建造在填土上，为了提高填土的强度，减小压缩性和渗透性，增加土的密实度，经常要采用夯打、振动或碾压等方法使土得到压实，从而保证地基和土工建筑物的稳定。

实践经验表明，地基填土压实的效果与其含水量有着密切的关系。压实填土时，必须控制填土的含水量。当填土的含水量达到某一定值 ω_{op} 时，击实土的干密度达到最大值 ρ_{dmax}，此时的 ω_{op} 称为最优含水量；当土的含水量大于或小于 ω_{op} 时，均不能达到最大干密度 ρ_{dmax}，即不能达到最大的压实程度。试验表明，填土的最佳含水量（按轻型击实标准）大致相当于该种土液限 ω_L 的 0.6 倍，或与该种土的塑限 ω_P 接近，大致为 $\omega_{op}=\omega_P+2$。

4.7.6　冻土

当温度低于 0℃时，土中的液态水冻结成冰，形成一种具有特殊联结的土，称为冻土。温度升高，土中的冰融化，则称为融土，此时其含水率较冻前提高很多。

根据冻土的冻结时间，可将其分为季节冻土和多年冻土。季节冻土是指冬季冻结、夏季融化的土。在年平均气温低于零度的地区，冬季长，夏季很短，冬季冻结的土层在夏季结束前还未全部融化，又随气温降低开始冻结了，这样地面以下一定深度的土层常年处于冻结状态，就是多年冻土。通常认为，持续 3 年以上处于冻结不融化的土称为多年冻土。

1. 冻土的工程性质

冻结时，土体体积膨胀，地基隆起，但冻土的强度高，压缩性很低。融化时，土体体积缩小，强度急剧降低而压缩性提高。土的冻结和融化都常给建筑物带来极不利的影响。

2. 冻土地基工程地质问题及防治措施

冻土地基的工程地质问题主要包括道路边坡及基底稳定问题、建筑物地基问题及冰丘和冰锥。

冻土地区病害防治的基本措施如表 4-24 所示。

表 4-24　冻土病害的防治措施

防治方法	具 体 内 容
排水	水是影响土体冻胀融沉的重要因素，必须严格控制土中的水分，可在地面修建一系列排水沟、排水管，用以拦截地表周围流来的水，汇集、排出建筑物地区和建筑物内部的水，防止这些地表水渗入地下；在地下修建盲沟、渗沟等，可拦截周围流来的地下水，降低地下水位，防治地下水向地基土集聚
保温	应用各种保温隔热材料，防止地基土温度受人为因素和建筑物的影响，最大限度地防止土体冻胀融沉，如在基坑和路堑的底部和边坡上或在填土路堤底面上铺设一定厚度的草皮、泥炭、苔藓、炉渣或黏土，都有保温隔热作用，使多年冻土的上限保持稳定
换填土	用粗砂、砾石、卵石等不冻胀土替换天然地基的细颗粒冻胀土，是最常采用的防治冻害的措施。一般基底砂垫层厚度为 0.8～1.5m，基侧面为 0.2～0.5m。铁路路基下常采用这种砂垫层，但在垫层上要设置 0.2～0.3m 厚的隔水层，避免地表水渗入基底
物理化学法	在土中加某种化学物质，使土粒、水和化学物质相互作用，降低土中水的冰点，使水分转移受到影响，从而削弱和防止土的冻胀

本章小结

土是指第四纪以来岩石经风化、剥蚀、搬运、堆积作用形成的多相、分散、多孔的松散堆积物。土的生成条件对土的工程特性影响很大。

土由固体颗粒、水、气体三相组成,固体颗粒大小对工程性质影响很大;土中水包括强结合水和弱结合水,弱结合水使黏性土具有可塑性。

土的三相物理指标反映土的轻重、干湿和疏密等特征;通过试验确定的 3 个基本指标是:相对密度 d_s、密度 ρ 和含水量 ω,通过三相草图换算可求得其他 6 个导出指标:土的孔隙比 e、孔隙率 n、饱和度 S_r、干密度 ρ_d、饱和密度 ρ_{sat} 和浮密度 ρ'。

天然孔隙比 e、相对密实度 D_r 和标准贯入锤击数 N 是划分无黏性土的密实度指标。塑性指数 I_P 是反映黏性土塑性大小的指标,液性指数 I_L 是反映黏性土软硬状态的指标。

土根据塑性指数和颗粒级配可分为砂砾土、砂土、粉土、黏性土。土根据地质成因可分为:残积土、坡积土、洪积土、冲积土、湖积土、海积土、冰积土和风积土。

特殊土是特定地理环境或人为条件下形成的具有特殊工程性质的土,包括软土、黄土、膨胀土、红黏土、盐渍土、冻土和填土等。

思考题

1. 土按堆积年代、地质成因、颗粒级配、塑性指数以及有机质含量各分为哪几类?

2. 第四纪土层有哪些特征? 第四纪土层按成因分为哪几类? 各类土有哪些特点?

3. 土的矿物成分有哪些? 常见的原生矿物与次生矿物有哪些? 高岭石、蒙脱石和伊利石各有哪些特点?

4. 如何划分土的粒度成分? 如何表示土的粒度分析及其成果?

5. 如何对土中水进行分类? 什么是结合水? 什么是非结合水? 结合水与非结合水各分为哪几类? 各有什么特点? 什么是土粒表面双电层结构? 土中气包含哪几种?

6. 什么是土的结构? 如何划分土的结构类别? 单粒结构有哪些特征? 集合体结构有哪些特征? 什么是土的构造? 各类土有哪些常见的构造形式?

7. 土的三相比例关系的指标包括哪些? 各自的定义是什么? 各指标间如何进行换算? 常见土的物理力学参数有哪些?

8. 什么是无黏性土? 影响无黏性土紧密状态的因素有哪些? 无黏性土的紧密状态指标是什么? 有怎样的物理意义? 如何进行测定?

9. 什么是黏性土的塑性指数和液性指数? 如何确定黏性土的塑性指数和液性指数? 黏性土的活动性指数是什么? 如何表示? 黏性土的膨胀、收缩和崩解特性是什么? 对工程有什么影响?

10. 软土的成因类型及分布特点是什么? 软土有哪些地质特征? 软土的工程性质有哪些? 软土中有哪些工程地质问题? 如何进行防治?

11. 黄土的特征及分布特点如何? 黄土有哪些工程性质? 湿陷性黄土有哪些基本特征? 如何判定黄土的湿陷性? 如何计算湿陷性系数?

12. 什么是膨胀性土？如何按成因对膨胀土进行分类？膨胀土有哪些工程地质特性？影响其胀缩变形的主要因素有哪些？膨胀土的防治措施有哪些？

13. 什么是冻土？冻土有哪些工程性质？冻土有哪些工程地质问题？如何进行防治？

14. 什么是填土？如何对填土进行工程分类？填土有哪些工程地质问题？

15. 什么是红黏土？红黏土有哪些结构特征和矿物组成？红黏土有哪些特点和性质？

第5章

地 下 水

　　地下水是地壳中极其重要的天然资源,也是岩土三相组成部分中的重要组分。其中,重力水是一种很活跃的流动介质,对岩土工程力学性质的影响很大。地下水能够在岩土孔隙或裂缝中渗流,将岩土能够被水或其他液体透过的性质称为渗透性。这种渗透性会对岩土的强度和变形发生作用,使地质条件更为复杂,甚至引发地质灾害。岩土工程各个领域的许多课题都与土的渗透性有密切关系。地下水渗流会引起岩土体的渗透变形或渗透破坏,直接影响建筑物及其地基的稳定和安全;抽水使地下水位下降而导致地基土体固结,造成建筑物的不均匀沉降。有的地下水会对混凝土和其他建筑材料产生腐蚀作用。可见,地下水是工程地质中分析、评价和防治地质灾害的一个极其重要的因素。下面就地下水的基本知识、类型、物理性质和化学成分及其对建筑工程的影响等问题作简要介绍。

5.1　地下水概述

　　地下水,是储存于包气带以下地层空隙,包括岩石孔隙、裂隙和溶洞之中的水。地壳表层 10 余千米范围内或多或少存在空隙,在 1.2km 范围内,空隙较普遍。空隙的大小、多少及分布规律决定了地下水分布和渗透的特点。地下水能降低岩土强度和地基承载力;对砂性土、粉性土产生潜蚀作用,破坏土体结构;也会使粉细砂和粉土产生流沙现象,影响建筑物和地下设施的稳定性,甚至起破坏作用,同时会给地下工程施工带来影响。当深基坑下部有承压水时,若不降低承压水水头压力,可能会冲毁坑底土体而造成突涌危害。地下水会对其水位以下的岩土产生静水压力作用,有些地下水会腐蚀钢筋混凝土。所以,研究地下水及其特点和作用,可以排除危害,应用有利的方面为建筑工程服务。

5.1.1　岩石中的空隙

　　岩石中的空隙包括孔隙、裂隙及溶隙,它们是地下水储存和运动的通道。空隙的大小和多少决定着岩石的透水能力和含水量。空隙大、水能自由透过的岩层称为透水层;空隙小、能含水但难于透过的岩层称为隔水层;饱含地下水的透水层称为含水层。一般来说,颗粒分选好、排列疏松的岩石含水量较大。同时,地下水中含有多种元素的离子、分子和化合物。

　　坚硬的岩石或多或少含有空隙,松散土中则存在大量的孔隙,如表 5-1 所示。岩土空隙是地下水储存和运动的空间,研究地下水时必须首先研究岩土空隙。根据岩石空隙成因的不同,可把空隙分为孔隙、裂隙和溶隙,如图 5-1 所示。

表 5-1　土孔隙度的参考值(R. A. Freeze)

土的名称	砾土	砂	粉砂	黏土
孔隙度/%	25～40	25～50	35～50	40～70

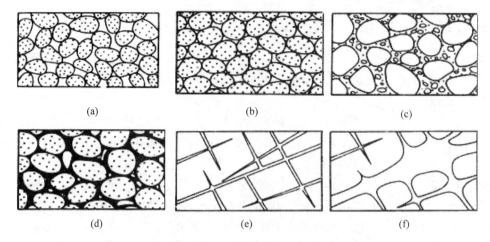

图 5-1　岩土中的空隙

(a) 分选良好排列疏松的砂;(b) 分选良好排列紧密的砂;(c) 分选不良含泥、砂的砾石;
(d) 部分胶结的砂岩;(e) 具有裂隙的岩石;(f) 具有溶隙的可溶岩

1. 孔隙

　　松散颗粒物中颗粒或颗粒集合体之间普遍存在着呈小孔状分布的空隙,称为孔隙。衡量孔隙发育程度的指标是孔隙度 n 或孔隙比 e。土的孔隙度的参考值见表 5-1。孔隙度的大小主要取决于岩石的密实程度和分选性。此外,颗粒形状和胶结程度也会对孔隙度产生影响。如图 5-1(a)所示,岩石越疏松,分选性越好,孔隙度越大。反之,土越紧密分选性越差,孔隙度越小,如图 5-1(b)、(c)所示。部分土孔隙被胶结物充填,孔隙度变小,如图 5-1(d)所示。

2. 裂隙

　　坚硬岩石受地壳运动及其他内、外地质营力作用的影响产生的空隙,称为裂隙,如图 5-1(e)所示。裂隙的发育程度除与岩石的受力条件有关外,还与其岩性有关。质坚性脆的岩石,如石英岩、块状致密石灰岩等,张性裂隙发育,透水性较好;质软、具有塑性的岩石,如泥岩、泥质页岩等,闭性裂隙发育,透水性很差,甚至不透水,构成隔水层。

　　衡量岩石裂隙发育程度的指标称为裂隙率(K_t),是裂隙体积与包括裂隙体积在内的岩石总体积的比值,用小数或百分数表示,其计算式如下:

$$K_t = \frac{V_t}{V} \quad 或 \quad K_t = \frac{V_t}{V} \times 100\% \tag{5-1}$$

3. 溶隙

可溶岩(石灰岩、白云岩等)中的 □□□□ 地下水流长期溶蚀而形成的空隙称为溶隙,如图 5-1(f)所示。衡量可溶性岩石岩□□程度的指标为溶隙率(K_k),其计算式如下:

$$K_k = \frac{V_k}{V} \qquad (5\text{-}2)$$

研究岩石的空隙时,不仅要研究空隙的□□,更重要□□□□□□隙本身的大小、空隙间的连通性和分布规律。□散土□□□□□□都比较□□□□□性好;□□□□隙的宽度、长度和连通性差异很□,分布□均匀;溶□□小相差悬殊,分布很不均匀,连通性更差。

5.1.2　岩石的水理性质

岩石的水理性质是指岩石与水接触时,控制水分储存和运移的性质。岩石孔隙大小和数量不同,其容纳、保持、释出和透水的能力都有所不同。

1. 容水度

容水度是指岩石饱水时所能容纳水的最大体积与岩石体积之比,用小数或百分数表示。岩石容水度与其孔隙多少有关,理论上等于孔隙度,但实际上比孔隙度小,因为有的孔隙不相连通,有的孔隙中存在被水封闭的气泡。

2. 持水度

持水度是指饱水岩石在重力释水后,保持岩石中水的体积与岩石体积的比值,用小数或百分数表示。这部分滞留在岩石中的水为结合水和毛细水。岩石的持水度主要取决于岩石颗粒的大小,颗粒越细,吸附的水膜就越厚,持水度就越大;反之,岩石颗粒越粗,持水度就越小,如表 5-2 所示。

表 5-2　持水度与岩石颗粒直径的关系

颗粒直径/mm	0.5～1	0.25～0.5	0.1～0.25	0.05～0.1	0.005～0.05	<0.005
持水度/%	1.57	1.60	2.73	4.75	10.18	44.85

3. 给水度

给水度是指潜水面下降 1 个单位深度,在重力作用下从单位含水层面积柱体所释出的水量。给水度(u)等于容水度减去持水度,用小数或百分数表示。一般颗粒越粗,给水度越大;反之,颗粒越细,给水度越小,如表 5-3 所示。

表 5-3　某些岩石的给水度

岩石名称	砾石	粗砂	中砂	细砂	极细砂
给水度	0.3～0.35	0.25～0.3	0.2～0.25	0.15～0.2	0.1～0.15

4. 透水性

岩石的透水性是指岩石允许水透过的能力。评价岩石透水性的指标是渗透系数(K)。表 5-4 为岩土的渗透系数数量级。

黏土透水性的大小主要取决于孔隙大小。颗粒较粗的黏土具有较大的粒间孔隙,水流受阻力较小,因此其透水性好;反之,颗粒较细的黏土透水性差。颗粒很细的黏土,虽然孔隙度很大,但粒间孔隙极易被结合水充满,不存在水流动的空间,因而不透水。

表 5-4　岩土的渗透系数

岩土名称		渗透系数
细粒土	粉土	$10^{-4} \sim 10^{-3}$
	粉质黏土	$10^{-6} \sim 10^{-5}$
	黏土	$10^{-8} \sim 10^{-7}$
粗粒土	粗粒	$> 10^{-4}$
	粗砂及细砂	$10^{-3} \sim 10^{-1}$
	细砂、粉砂	$10^{-5} \sim 10^{-3}$
裂隙岩体	岩溶化	$> 10^{-2}$
	裂隙化	$10^{-3} \sim 10^{-2}$
	细裂隙化	$10^{-5} \sim 10^{-3}$
	微裂隙化	$10^{-7} \sim 10^{-5}$
	黏土质	$< 10^{-6}$

5. 毛细性

岩石的毛细性是指岩石中的水在毛细张力(负压)作用下,沿毛细孔隙向各个方向运动的能力。在地下水面以上,水在毛细张力作用下,沿毛细孔隙上升到一定高度停止下来,此高度 h_c 称为毛细上升高度,其计算式如下:

$$h_c = \frac{0.03}{D} \tag{5-3}$$

式中　h_c——毛细上升高度,cm;

D——毛细孔隙平均直径,mm。

土的毛细上升高度如表 5-5 所示。

表 5-5　土的毛细上升高度(Mesch & Denny,1986)　　　　　cm

名称	细砾	极粗砾	粗砂	中砂	细砂	粉砂
粒度	$2 \sim 5$	$1 \sim 2$	$0.5 \sim 1$	$0.2 \sim 0.5$	$0.1 \sim 0.2$	$0.05 \sim 0.1$
毛细上升高度	2.5	6.5	13.5	24.6	42.8	105.5

5.2　地下水类型及其主要特征

地下水按埋藏条件可分为包气带水、潜水和承压水。根据含水层的空隙性质,可将地下水分为三个亚类:孔隙水、裂隙水和岩溶水。根据上述分类,将地下水的基本类型列于表 5-6。由表 5-6 可以看出,地下水的类型可以概括为九种水。下面简要介绍常见的几种地下水及其主要特征。

表 5-6　地下水分类表

地下水的基本类型	亚类			水头的性质	补给区与分布区的关系	动态特点	成因
	孔隙水	裂隙水	岩溶水				
包气带水	土壤水、沼泽水、不透水透镜体上的上层滞水，主要是季节性存在的地下水	基岩风化壳（黏土裂隙）中季节性存在的水	垂直渗入带中季节性及经常存在的水	无压水	补给区与分布区一致	一般水，暂时性水	基本是由渗入引起，局部因凝结引起
潜水	坡积、洪基、冲击、湖积、冰碛和冰水沉积物中的水；当经常出露或接近地表时，成为沼泽水、沙漠和海滨沙丘水	岩基上部裂隙中的水	裸露岩溶化岩层中的水	常为无压水	补给区与分布区一致	水位升降决定地表水的渗入和地下蒸发，并在某些地方取决于水压的传递	基本是由渗入引起，局部因凝结引起
承压水	松散沉积物构成的向斜盆地即自流盆地，其中的水；松散沉积物构成的单斜构造即自流斜地中的水	构造盆地或向斜中基岩的层状裂隙水、单斜岩层中层状裂隙水、构造断裂带及不规则裂隙中的深部水	构造盆地或向斜岩层溶化岩石中的水，单斜岩溶化岩层中的水	承压水	补给区与分布区不一致	水位的升降取决于水压的传递	因渗入或海洋引起

5.2.1　包气带水

包气带水处于地表以下、潜水位以上的包气带岩土层中，包括土壤水、沼泽水、上层滞水以及岩基风化壳（黏土裂隙）中季节性存在的水。包气带水的主要特征是受气候控制，季节性明显，变化大，雨季水量多，旱季水量少，甚至干涸。包气带水对农业有很大意义，对工程建筑有一定影响。

5.2.2　潜水

埋藏在地表以下第一层——较稳定的隔水层以上具有自由水面的重力水称为潜水。潜水的自由表面承受大气压力，受气候条件影响，季节性变化明显，春、夏季多雨而水位上升，冬季少雨而水位下降，水温随季节有规律地变化，水质易受污染。

潜水主要分布在地表各种岩石和土中，多数存在于第四纪松散沉积层中，坚硬的沉积岩、岩浆岩和变质岩的裂隙及洞穴中也分布有潜水（见图 5-2）。

潜水面随时间而变化，其形状则随地形的不同而异，可用类似于地形图的方法表示潜水

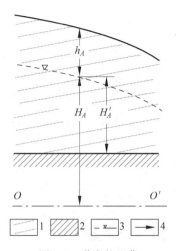

图 5-2 潜水的埋藏

1—含水层；2—隔水层；3—潜水面；4—潜水流向；h_A—A 点潜水埋藏深度；
H_A—A 点潜水位；H_A'—A 点潜水层厚度

面的形状，即潜水等水位线图。此外，潜水面的形状也与含水层的透水性及隔水层底板形状有关。在潜水流动的方向上，含水层的透水性增强；含水层厚度较大的地方，潜水面就变得平缓，隔水底板隆起处，潜水厚度减小。潜水面接近地表，可形成泉。当地表河流的河床与潜水含水层有水力联系时，河水可以补给潜水，潜水也可以补给河流。潜水的流量、水位、水温、化学成分等经常发生有规律的变化，这种变化称为潜水的动态。潜水的动态有日变化、月变化、年变化及多年变化。影响潜水动态变化的因素有自然因素及人为因素两方面，自然因素有气象、水文、地质和生物等，人为因素主要有兴修水利设施、大面积灌溉和疏干等。掌握潜水动态变化规律，就能合理利用地下水，防止地下水可能对建筑工程造成危害。

潜水具有自由表面，在重力作用下由水位较高处向水位较低处流动，其流速取决于含水层的渗透性能和潜水面的水力坡度。潜水面的形态与地形基本一致，但比地形的起伏平缓得多。

潜水的主要补给来源有大气降水、地表水、深层地下水及凝结水。大气降水是补给潜水的主要来源，降水补给潜水的数量多少，取决于降水的特点和程度、包气带上层的透水性及地表的覆盖情况等。一般来说，时间短的暴雨对补给地下水不利，而连绵细雨能大量地补给潜水。在干旱地区，大气降雨量很少，只能靠大气凝结水补给潜水。地表水也是地下水的重要补给来源，当地表水位高于潜水水位时，地表水就补给地下水。一般情况下，河流的中上游基本是地下水补给河流，下游是河流补给地下水。潜水的动态变化往往受地表水动态变化的影响。如果深层地下水位较潜水位高，深层地下水会通过构造破碎带或导水断层补给潜水，也可以越流补给潜水。总之，潜水的补给来源多种多样，某个地区的潜水可以有一种或几种补给来源。

潜水排泄时，可直接流入地表水体。一般在河谷的中上游，河流下切较深，潜水可直接流入河流。在干旱地区，潜水也可通过蒸发排泄。在地形有利的情况下，潜水则以泉的形式露出地表。

5.2.3　承压水

地表以下充满两个稳定隔水层之间的重力水称为承压水。承压水由于顶部有隔水层，它的补给区小于分布区，动态变化不大，不容易受到污染。承压水承受静水压力。在适宜的地形条件下，当钻孔打到含水层时，水便喷出地表，形成自喷水流，故又称为自流水。适宜承压水形成的地质构造大致有两种：一为向斜构造盆地，称为自流盆地（见图 5-3），另一个为单斜构造，亦称为自流斜地（见图 5-4）。

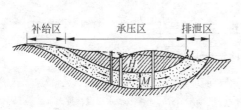

图 5-3　自流盆地构造图

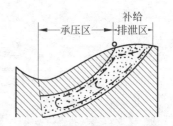

图 5-4　断块构造形成的自流斜地

承压水含水层直接露出水面，属于潜水，靠大气降水进行补给。若承压含水层的补给区露出在表面水附近时，补给来源是地面水体；如果承压含水层和潜水含水层有水力联系，潜水便成为补给源。承压水的径流主要取决于补给区与排泄区的高差和两者的距离以及含水层的透水性。一般来说，补给区和排泄区距离短，含水层的透水性良好，水位差大，承压水的径流条件就好；如果水位相差不大，距离较远，径流条件差，承压水循环交替就缓慢。承压水的排泄方式多种多样。当承压水含水层被河流切割，这时承压水以泉的形式排出；当断层切割承压含水层时，一种情况是沿着断层破碎带以泉的形式排泄；另一种情况是断层同时切割几个含水层，使各含水层有了水力联系，压力高的承压水补给其他含水层。

潜水和承压水的对比如表 5-7 所示。

表 5-7　潜水和承压水的对比

类型	潜　水	承　压　水
埋藏条件	埋藏在第一个隔水层之上的地下水	埋藏在上、下两个隔水层之间，承受一定压力的地下水
补给来源	大气降水和地表水渗入进行补给	大气降水和地表水通过潜水补给承压水
排泄方式	露出地表成泉，或直接补给地表水，或蒸发	补给潜水，或补给地表水，或露出地表成泉
主要特点	(1) 具有自由水面； (2) 受制于地形的坡度，在重力作用下顺着倾斜方向从高处流向低处； (3) 分布区与补给区基本一致； (4) 埋藏较浅，流量不稳定； (5) 受气候因素影响大，易受污染	(1) 受隔水层顶的限制，承受静水压力； (2) 水的运动取决于静水压力； (3) 分布区、补给区、排泄区基本不在同一地区； (4) 埋藏较深，直接受气候影响较小，流量稳定； (5) 不易受污染，水质比较好

5.2.4　孔隙水、裂隙水及岩溶水

1. 孔隙水

孔隙水广泛分布于第四纪松散沉积物中(见图5-5),地下水的分布规律主要受沉积物的成因类型控制。下面介绍几种重要类型沉积物中的地下水。

1) 洪积物中的地下水

洪积物由山区集中的洪流携带的碎屑物在山口处堆积而成,常分布于山体与平原交接部位或山间盆地的边缘,地形上构成以山口为顶点的扇形体或锥形体,故称为洪积扇或冲积锥。

从洪积扇顶部到边缘,地形逐渐由陡变缓,洪水的搬运能力逐渐降低,因此沉积物颗粒逐渐由粗变细。根据水文地质条件,可把洪积扇分成三个带:潜水深埋带、溢出带和潜水下沉带。

2) 冲积物中的地下水

河流上游山间盆地常形成砂砾石河漫滩,厚度不大,由河水补给,水量丰富且水质好,可作为供水水源。河流中游河谷变宽,形成宽阔的河流河漫滩和阶地。河漫滩常沉积有上细下粗的二元结构,有时上层构成隔水层,下层为承压含水层。河漫滩和低阶地的含水层常由河水补给,水量丰富且水质好,是很好的供水水源。中国许多沿江城市多处于阶地、河漫滩之上,地下水埋藏浅,不利于工程建设。

河流下游为下沉地区,常形成滨海平原,松散沉积物厚,常在100cm以上。滨海平原上为潜水,埋藏很浅;不利于工程建设。

2. 裂隙水

埋藏于基岩裂隙中的地下水称为裂隙水(见图5-6)。根据裂隙成因类型不同,可把裂隙水分为风化裂隙水、成岩裂隙水和构造裂隙水。

　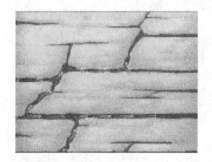

图 5-5　孔隙水示意图　　　　　　　　　图 5-6　裂隙水

1) 风化裂隙水

储存在风化裂隙中的水称为风化裂隙水。分化裂隙由岩石的风化作用形成,其特点是广泛分布于出露基岩的表面,延伸短,无一定方向,发育密集而均匀,构成彼此连通的裂隙体系,一般发育深度为几十米,少数可深达百米以上。绝大部分风化裂隙水为潜水,具有统一的水面,多分布于出露基岩的表层,其下新鲜的基岩为含水层的下限。风化裂隙水水平方向透水性均匀,垂直方向随深度而减弱。风化裂隙水的补给来源主要为大气降水,补给量的大

小受气候及地形因素的影响很大。气候潮湿多雨和地形平缓地区,风化裂隙水较发育,常以泉的形式排泄于河流中。

2) 成岩裂隙水

储存于成岩裂隙中的水称为成岩裂隙水。成岩裂隙是岩石在成岩过程中由于冷藏、固结、脱水等作用而产生的原生裂隙。成岩裂隙发育均匀,呈层状分布,多形成潜水。当成岩裂隙岩层上覆不透水层时,可形成承压水。例如,玄武岩成岩裂隙常以柱状节理形式发育,裂隙宽,连通性好,是储存地下水的良好空间,水量丰富,水质好,是很好的供水水源。

3) 构造裂隙水

储存于构造裂隙中的水称为成岩裂隙水。构造裂隙是岩石在构造应力作用下发育于脆性岩层中的张性断层,中心部分多为疏松的构造角砾岩,两侧张裂隙发育,具有良好的导水能力。当这样的断层沟通含水层或地表水体时,断层带兼具储水空间、集水廊道和导水通道的功能,对地下工程建设具有较大的危害,必须给予高度重视。

3. 岩溶水

储存并运移岩溶化岩层(石灰岩、白云岩)中的水称为岩溶水(见图 5-7)。岩溶常沿可溶岩层的构造裂隙带发育,通过水的差异溶蚀,常形成管道化岩溶系统,并把大范围的地下水汇集成一个完整的地下河系。因此,岩溶水在某种程度上带有地表水系的特征,空间分布极不均匀,动态变化强烈,流动变化强烈,流动迅速,排泄集中。

图 5-7　岩溶水

岩溶水水量丰富,水质好,可作为大型供水水源。岩溶水分布地区易发生地面塌陷,给交通和工程建设带来很大危害。

5.2.5　泉

泉是地下水天然露头,主要由地下水或含水层通道露出地表形成(见图 5-8)。因此,泉是地下水的主要排泄方式之一。

泉的实际用途很大,可作为供水水源。当水量丰富,动态稳定,含有碘、硫等物质时,还可用在医疗中。同时,研究泉对了解地质构造及地下水有很大意义。

按补给源泉可分为以下三类。

(1) 包气带泉:主要由上层滞水补给,水量小,季节变化大,动态不稳定。

(2) 潜水泉:又称为下降泉,主要靠潜水补给,动态较稳定,有季节性变化规律,按出露条件可分为侵蚀泉、接触泉和溢出泉等。当河谷、冲沟向下切割含水层时,地下水涌出地表便成泉。

(3) 自流水泉:又称为上升泉,主要靠承压水补给,动态稳定,年变化不大,主要分布在自流盆地及自流斜地的排泄区和构造断裂带上。当承压含水层被断层切割,而且断层张开时,地下水便沿着断层上升,在地形低洼处出露成泉,故称为断层泉。沿着断层上升的泉常常成群分布,故又称为泉带。

泉多出露在山麓、河谷、冲沟等地形低洼的地方,在平原地区出露较少。有些泉出露后,

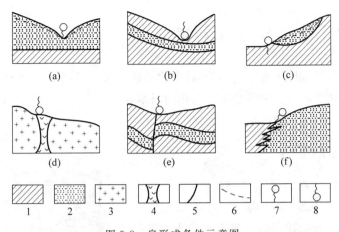

图 5-8　泉形成条件示意图

1—隔水层；2—透水层；3—坚硬；4—岩脉；

5—导水断层；6—地下水位；7—下降泉；8—上升泉

直接流入河水或湖水中，但水流清澈，这就是泉出露的标志。在干旱季节，周围草木枯黄，但泉水附近可保持绿草如茵。

5.3　地下水的性质

5.3.1　地下水的物理性质

地下水的物理性质包括地下水的温度、颜色、透明度、气味、导电性及放射性等。

地下水温度的变化范围很大，这种差异主要受各地区的地温条件所控制，通常随埋藏深度不同而变化，埋藏越深，水温越高。

纯净的地下水应是无色、透明的，当含有某些化学成分和悬浮物时，其物理性质会改变，如含有高铁的水为黄褐色，含腐殖质的水为淡黄色。

纯净的地下水应是无嗅、无味的，但当水中含有 H_2S 气体时，水就会有臭鸡蛋味，含 $NaCl$ 的水味道发咸，含 $MgCl_2$ 或者 MgS 的水味道发苦。

地下水的导电性取决于所含电解质的数量和性质（即各种离子的含量与离子价）。离子含量越多，离子价越高，则水的导电性越强。

5.3.2　地下水的化学成分

地下水在沿着岩石的孔隙、裂隙或溶隙渗流的过程中，能溶解岩石中的可溶物质，而具有复杂的化学成分。

地下水中常见的气体有 O_2、N_2、CO_2 和 H_2S。一般情况下，每升地下水中只含有几毫克到几十毫克气体。

地下水中的阳离子主要有 Na^+、K^+、Ca^{2+} 和 Mg^{2+}，阴离子主要有 Cl^-、SO_4^{2-} 和 HCO_3^-。

地下水中以未离解的化合物构成的胶体主要有 Fe_2O_3、Al_2O_3 和 H_2SiO_3。

5.4 地下水对建筑工程的影响

地下水是地质环境的重要组成部分,且最为活跃。在许多情况下,地质环境的变化常常是由地下水的变化引起的。引起地下水变化的因素有很多种,这些变化往往在局部发生,带有偶然性,难以预测,对工程的危害很大。

5.4.1 地基沉降

在松散沉积层中进行深基础施工时,往往须人工降低水位。若降水不当,会使周围地基土层产生固结沉降(见图 5-9),轻者造成邻近建筑物或地下管线的不均匀沉降,重者会使建筑物基础下的土体颗粒流失,甚至掏空,导致建筑物开裂,危及安全作业。例如,上海康乐路十二层大楼,采用箱形基础,开挖深度为 5.5m,采用钢板桩外加井点降水,抽水 6d 后,各沉降观测点的沉降量如表 5-8 所示。

图 5-9 地基沉降

表 5-8 降水与地面沉降

降水井点距离/m	3	5	10	20	31	41
地面沉降量/mm	10	4.5	2.5	2	1	0

附近抽水井滤网和砂滤层的设计不合理或施工质量差,则抽水时会将软土层中的黏粒、粉粒甚至细砂等细小颗粒随同地下水一起带出地面,使周围地面土层很快不均匀沉降,造成地面建筑物和地下管线不同程度的损坏。另一方面,井管开始抽水时,井内水位下降,井外含水层中的地下水不断流向滤管,经过一段时间后,井周围形成漏斗状的弯曲水面——降水漏斗。在降水漏斗范围内的软土层会发生渗透固结而造成地基土沉降。而且,由于土层的不均匀性和边界条件的复杂性,降水漏斗往往是不对称的,因而会使周围建筑物或地下管线产生不均匀沉降,甚至开裂。

5.4.2 流沙

流沙是指地下水自下而上渗流时土产生流动的现象,它与地下水的动水压力有密切的关系。当地下水的动水压力大于土粒的浮容重,或地下水的水力坡度大于临界水力坡度时,就会发生流沙。流沙常由在地下水位以下开挖基坑、埋设地下水管、打井等工程活动引起,所以流沙是一种工程地质现象(见图 5-10),易在细砂、粉砂、粉质黏土等土中发生。在工程施工中,流沙能造成大量的土体流动,致使地表塌陷或建筑物的地基破坏,能给施工带来很大困难,或直接影响建筑工程及附近建筑物的稳定。因此,必须对流沙进行防治。在可能产生流沙的地区,若其上面有一定厚度的土层,应尽量利用上面的土层作为天然地基,也可用桩基穿过流沙,尽可能避免开挖。如果必须开挖,则可用以下方法处理流沙。

图 5-10　管沟开挖引起的流沙现象

（1）人工降低水位：使地下水位降至可能产生流沙的地层以下，再进行开挖。

（2）打板桩：在土中打入板桩，一方面可以加固坑壁，同时增长了地下水位的渗流路程以减小水力坡度。

（3）冻结法：用冻结的方法使地下水结冰，然后开挖。

（4）水下挖掘：用机械在基坑（或沉井）中进行水下挖掘，避免因排水而造成产生流沙的水头差；为提高沙的稳定性，也可向基坑中注水，同时进行挖掘。

此外，处理流沙的方法还有化学加固法、爆炸法及加重法等。在开挖基槽的过程中，局部地段出现流沙时，应立即抛入大块石头，以克服流沙的活动。

5.4.3　潜蚀

潜蚀作用可分为机械潜蚀和化学潜蚀两种。机械潜蚀是指地下水的动水压力作用使土粒受到冲刷，将细粒冲走，使土的结构破坏，形成洞穴的作用；化学潜蚀是指地下水溶解土中的易溶盐分，使土粒间的结合力和土的结构破坏，带走土粒，形成洞穴的作用。这两种作用一般是同时进行的。如地基土层内具有地下水的潜蚀作用，将会破坏地基土的强度，形成空洞，产生地表塌陷，影响建筑工程的稳定。中国的黄土层及岩溶地区的土层中常发现有潜蚀现象，修建建筑物时应予注意。

对于潜蚀的处理，可以采用堵截地表水流入土层、阻止地下水在土层中流动、设置反滤层、改造土的性质以及减小地下水流速和水力坡度等措施。这些措施应根据当地地质条件分别或综合采用。

5.4.4　地下水的浮托作用

当建筑物基础底面位于地下水位以下时，地下水对基础底面产生静水压力，即产生浮托力。如果基础位于粉性土、砂性土、碎石土和节理裂隙发育的岩石地基上，则按地下水位的100％计算浮托力；如果基础位于节理裂隙不发育的岩石地基上，则按地下水位的50％计算浮托力；如果基础位于黏性土地基上，其浮托力较难确定，应结合地区的实际经验进行考虑。

地下水不仅会对建筑物基础产生浮托力，还会对其水位以下的岩石和土体产生浮托力。所以《建筑地基基础设计规范》（GB 50007—2011）规定：确定地基承载力设计值时，无论是基础底面以下土的天然重度或是基础底面以上土的加权平均重度，地下水位以下一律取有效重度即浮重度 r'。

5.4.5 基坑突涌

当基坑下伏有承压含水层时，开挖基坑会减小底部隔水层的厚度。当隔水层较薄而经受不住承压水水头压力的作用时，承压水的水头压力会冲破基坑底板，这种工程地质现象称为基坑突涌。

为避免基坑突涌的发生，必须验算基坑底层的安全厚度 M。基坑底层厚度与承压水头压力的平衡关系式如下：

$$\gamma M = \gamma_{\mathrm{w}} H \tag{5-4}$$

式中　γ、γ_{w}——黏性土的重度和地下水的重度；

　　　H——相对于含水层顶板的承压水头值，m；

　　　M——基坑开挖后黏土层的厚度，m。

所以，基坑底部黏土层的厚度必须满足式(5-5)，如图 5-11 所示。

$$M > \frac{\gamma_{\mathrm{w}}}{\gamma} H K \tag{5-5}$$

式中　K——安全系数，一般取 $1.5\sim2.0$，主要视基坑底部黏性土层的裂隙发育程度及坑底面积大小而定。

如果 $M < \frac{\gamma_{\mathrm{w}}}{\gamma} H K$，为防止基坑突涌，则必须对承压含水层进行预先排水，使其承压水头降至基坑底部能够承受的水头压力，如图 5-12 所示，而且，相对于含水层顶板的承压水头 H 必须满足式(5-6)：

$$H < \frac{\gamma}{K \gamma_{\mathrm{w}}} M \tag{5-6}$$

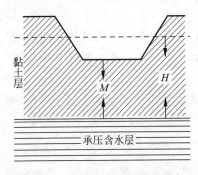
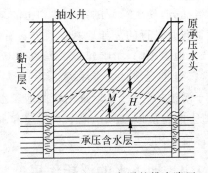

图 5-11　基坑底黏土层最小厚度　　　　图 5-12　防止基坑突涌的排水降压

5.5　河流地质作用

5.5.1　河谷要素和流水的动能

1. 河谷要素

河流在地面上是沿着狭长的谷地流动的，这样的谷地称为河谷。河谷在平面上呈线状分布,在横剖面上一般为近 V 字形,主要由谷坡、谷底和河床组成,这三者常称为河谷要素,如图 5-13 所示。

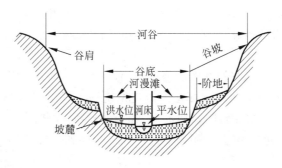

图 5-13　河谷要素

河床是在平水期间被河水所占据的部分,或称河槽。

谷底是河谷地貌中最低的部分,地势一般比较平坦,其宽度为两侧谷坡坡麓之间的距离。谷底上方分布有河床及河漫滩,河漫滩是在洪水期间被河水淹没的河床以外的平坦地,其中每年都能为洪水淹没的部分称为低河漫滩,仅被周期性多年一遇的最高洪水所淹没的部分称为高河漫滩。

谷坡是河谷两侧高出谷底的坡地。谷坡上部的转折处称为谷缘或谷肩,下部的转折处称为坡麓或坡脚。

阶地是沿着谷坡走向呈条带状或断断续续分布的阶梯状平台。阶地可能有多级。

2. 流水的动能

河水沿河床流动时,具有一定的动能(E)。该动能的大小取决于河水的质量 m 和河水的流速 v,可用下式表示:

$$E = \frac{1}{2}mv^2 \tag{5-7}$$

河水在流动过程中,其动能主要消耗于两方面:一是克服阻碍流动的各种摩擦力,如河水与河床之间的摩擦力、河水水流本身的黏滞力等;二是搬运水流中所携带的泥沙。设消耗的这两部分动能为 E^1。当 $E > E^1$ 时,多余的能量将会对河床产生侵蚀作用。若 $E = E^1$,则河水仅起着维持本身运动和搬运水流中泥沙的作用。然而这种平衡状态是暂时的,河水的流速由于种种原因经常发生改变,因而河水搬运能力的大小也在不断改变。当 $E < E^1$ 时,河水中所携带的一部分泥沙将沉积下来,即产生沉积作用。因此,河流的地质作用可归纳为侵蚀、搬运和沉积三个方面。

河水通过侵蚀、搬运和沉积作用形成河床,并使河床的形态不断发生变化,河床形态的变化又影响着河水的流速场,从而促使河床发生新的变化,两者互相作用,互相影响。河流的侵蚀、搬运和沉积作用,可以认为是河水与河床动平衡不断发展的结果。

5.5.2　河流的侵蚀、搬运与沉积作用

1. 侵蚀作用

河水在流动的过程中不断加深和拓宽河床的作用称为河流的侵蚀作用。按其作用的方式,河流的侵蚀作用可分为化学溶蚀和机械侵蚀两种。化学溶蚀是指河水对组成河床的可

溶性岩石不断地进行化学溶解,使之逐渐随水流失。河流的溶蚀作用在石灰岩、白云岩等可溶性岩类分布地区比较显著。此外,如河水对其他岩石中的可溶性矿物发生溶解,使岩石的结构松散破坏,则有利于机械侵蚀作用的进行。机械侵蚀作用包括流动的河水对河床组成物质的直接冲蚀和夹带的砂砾、卵石等固体物质对河床的磨蚀。机械侵蚀是山区河流的一种主要侵蚀方式。

按照河床不断加深和拓宽的发展过程,河流的侵蚀作用可分为下蚀作用(或底蚀作用)和侧蚀作用(见图 5-14)。下蚀和侧蚀是河流侵蚀统一过程中互相制约和互相影响的两个方面。不过,在河流的不同发育阶段,或同一条河流的不同部分,由于河水动力条件的差异,不仅下蚀和侧蚀所显示的优势会有明显的区别,而且河流的侵蚀和沉积优势也会有显著的差别。

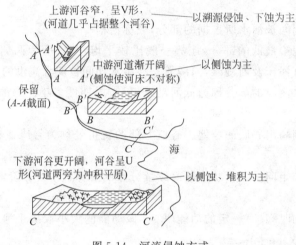

图 5-14 河流侵蚀方式

1) 下蚀作用

河水在流动过程中使河床逐渐下切加深的作用,称为河流的下蚀作用。河水夹带固体物质对河床的机械破坏是使河流下蚀的主要因素。其作用强度取决于河水的流速和流量,也与河床的岩性和地质构造有密切的关系。很明显,河水的流速和流量大时,则下蚀作用的能量大;如果组成河床的岩石坚硬且无构造破坏现象,则会抑制河水对河床下切的速度。反之,如岩性松软或受到构造作用的破坏,则下蚀易于进行,河床下切过程加快。

下蚀作用使河床不断加深,切割成槽形凹地,形成河谷。山区河流下蚀作用强烈,可形成深而窄的峡谷,如金沙江虎跳峡谷深达 3000m,滇西北的金沙江河谷平均每千年下蚀60cm,长江三峡谷深达 1500m,北美科罗拉多河谷平均每千年下蚀 40cm。

河流的侵蚀过程总是从河的下游逐渐向河源方向发展的,这种溯源推进的侵蚀过程称为溯源侵蚀,又称为向源侵蚀。向源侵蚀在急流和瀑布河段作用显著。河床坡降大、岩性坚硬不平的河段河流湍急,称为急流;而在河床上具有陡坎的地方形成明显的跌水,称为瀑布。

河流的下蚀作用并不会无止境地继续下去,而是有其基准面。因为随着下蚀作用的发展,河床不断加深,河流的纵坡逐渐变缓,流速降低,侵蚀能量削弱,达到一定的基准面后,河流的侵蚀作用将趋于消失。河流下蚀作用消失的平面,称为侵蚀基准面。

　　流入主流的支流,基本上以主流的水面为其侵蚀基准面;流入湖泊海洋的河流,则以湖面或海平面为其侵蚀基准面。大陆上的河流绝大部分都流入海洋,而且,海洋的水面也较稳定,所以又把海平面称为基本侵蚀基准面。

　　2) 侧蚀作用

　　河水在流动过程中不断刷深河床,也不断地冲刷河床两岸。这种使河床不断加宽的作用,称为河流的侧蚀作用。河水在运动过程中横向环流的作用,是促使河流产生侧蚀的经常性因素。此外,如河水受到支流或支沟排泄的洪积物以及其他重力堆积物的障碍顶托,致使主流流向发生改变,引起对河床两岸产生局部冲刷,这也是一种在特殊条件下产生的河流侧蚀现象。天然河道上能形成横向环流的地方很多,但在河湾部分最为显著,如图 5-15(a) 所示。当运动的河水进入河湾后,由于受离心力的作用,表层流速以很大的流速冲向凹岸,产生强烈冲刷,使凹岸岸壁不断坍塌后退,并将冲刷下来的碎屑物质由底层流速带向凸岸堆积下来,如图 5-15(b) 所示。由于横向环流的作用,使凹岸不断受到强烈冲刷,凸岸不断发生堆积,结果使河湾的曲率增大,并受纵向流的影响,使河湾逐渐向下游移动,因而导致河床发生平面摆动。随着时间的增加,整个河床就被河水的侧蚀作用逐渐地拓宽。

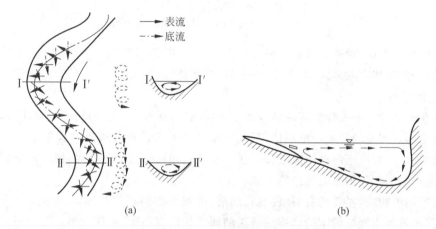

图 5-15　横向环流示意图

(a) 河流横向环流;(b) 河曲处横向环流断面图

　　平原地区的曲流对河流凹岸的破坏更大。河流侧蚀的不断发展,致使河流中一个河湾接着一个河湾,并使河湾的曲率越来越大,河流的长度越来越长,使河床的比降(河流比降为单位水平距离内铅直方向的落差,即高差和相应水平距离的比值)逐渐减小,流速不断降低,侵蚀能量逐渐削弱,直至常水位时已无能量继续发生侧蚀为止。这时河流所特有的平面形态,称为蛇曲。有些处于蛇曲形态的河湾,彼此之间十分靠近。一旦流量增大,会截弯取直,流入新开拓的局部河道,而残留的原河湾的两端因逐渐淤塞而与原河道隔离,形成状似牛轭的静水湖泊,称为牛轭湖,如图 5-16 所示。由于主要承受淤积作用,牛轭湖会逐渐成为沼泽,以至消失。

　　下切侵蚀、侧向侵蚀和向源侵蚀常常共同存在,只是这三种侵蚀作用在不同时期不同河段的强度不同。河流上游一般以下切侵蚀和向源侵蚀为主,侧向侵蚀相对缓慢,河床横剖面常为深而窄的 V 字形;而在河流中、下游,则以侧向侵蚀为主,河谷多浅而宽。

　　由于河湾部分横向环流作用明显加强,易发生坍岸,并产生局部剧烈冲刷和堆积作用,

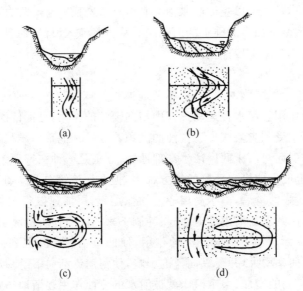

图 5-16　河漫滩的形成

(a) 小边滩；(b) 大边滩；(c) 河漫滩；(d) 牛轭湖

河床易发生平面摆动,对桥梁建筑不利。在山区河谷中,河道弯曲产生"横向环流",对于沿凹岸布设的公路,其边坡常因"水毁"而发生"局部断路"的现象。

2. 搬运作用

河流在流动过程中夹带沿途冲刷侵蚀下来的物质(泥沙、石块等)离开原地的移动作用,称为搬运作用。河流的侵蚀和堆积作用,在一定意义上都是通过搬运过程来进行的。河水搬运能量的大小,取决于河水的流量和流速。在流量相同时,流速是影响搬运能量的主要因素,河流搬运物的粒径与水流流速的平方成正比。

河流搬运的物质,主要来自谷坡洗刷、崩落、滑塌下来的产物和冲沟内由洪流冲刷出来的产物,其次是河流侵蚀河床的产物。河流的搬运作用有浮运、推移和溶运三种形式。

浮运是指一些颗粒细和相对密度小的物质悬浮于水中随水搬运的现象,黄河中的大量黄土物质主要是通过悬浮的方式进行搬运的。推移主要指比较粗大的砂粒、砾石等受河水冲动,沿河底推移前进。溶运是在河水中大量处于溶液状态的被溶解物质随水流走的现象。

3. 沉积作用

河流搬运物从河水中沉积下来的过程称为沉积作用。河流在运动过程中,其能量由于受到损失而逐渐减小。当河水夹带的泥沙、砾石等搬运物超过河水的搬运能力时,被搬运的物质便在重力作用下逐渐沉积下来形成松散的沉积层,称为河流冲积层。河流沉积物几乎全部是泥沙、砾石等机械碎屑物,而化学溶解的物质多在进入湖盆或海洋等特定的环境后才开始发生沉积。

在一定的流量条件下,河流的沉积特征主要受河水的流速和搬运物质量的影响,所以一般都具有明显的分选性。粗大的碎屑先沉积,细小的碎屑在搬运比较远的距离后沉积。

由于河水的流量、流速及搬运物质补给的动态变化,冲积层中一般存在具有明显结构特征的层理。整体来看,河流上游的沉积物比较粗大,而河流下游沉积物的粒径逐渐变小,流速较大的河床部分沉积物的粒径比较粗大,河床外围沉积物的粒径逐渐变小。

河流的侵蚀、搬运和堆积作用在洪水期特别强烈,其原因是河流的流量、流速显著增大,河水动能显著增强。河流的长期作用形成了河床、河漫滩、河流阶地和河谷等各种河流地貌。

5.5.3　河谷的类型与阶地

1. 河谷的类型

1) 按河谷的发展阶段分类

按河谷的发展状态,可将其分为未成形河谷、河漫滩河谷和成形河谷三种类型。

2) 根据河谷形态特征分类

按河谷的形态特征,可将其分为峡谷和宽谷两类。

(1) 峡谷:多见于坡降较大、下蚀强烈的山区,河谷深而窄,呈 V 字形,如世界上最深的雅鲁藏布江大峡谷,最深处达 5382m。

(2) 宽谷:亦称河漫滩河谷、U 形谷,此河谷呈浅槽形,河漫滩分布较广,阶地发育。

3) 按河谷走向与地质构造的关系分类

按河谷走向与地质构造的关系,可将其分为纵谷、横谷和斜谷。

(1) 纵谷:伸展方向与岩层走向或构造线方向一致的河谷。

(2) 横谷:河谷的走向与构造线垂直。

(3) 斜谷:河谷的走向与构造线斜交。

就岩层的产状条件来说,横谷和斜谷对谷坡的稳定性是有利的,但谷坡一般比较陡峻,坚硬岩石分布地段多呈峭壁悬崖地形。

2. 河流阶地

过去不同时期的河床及河漫滩,地壳上升运动和河流下切使河床拓宽,使其抬升高出现今洪水位之上,呈阶梯状分布于河谷谷坡之上的地貌形态,称为河流阶地。

1) 阶地的成因

原来的河谷河床或河漫滩,因地壳运动或气候变化等原因导致河流下切而高出一般洪水位,沿谷坡呈阶梯状分布,成为阶地。每一级阶地包括阶地面、阶地斜坡、阶地前缘、阶地后缘和阶地坡麓等形态要素,如图 5-17 所示。一般河谷中都发育有多级阶地,把高于河漫滩的最低一级阶地称为一级阶地,向上依次为二级阶地、三级阶地等。一般来说,阶地越高,时代越老,保存的阶地形态越差。

图 5-17　河流阶地的要素

1—阶地面;2—底岩;3—阶地斜坡;4—阶地前缘;5—阶地坡麓;6—阶地后缘

河流阶地是一种分布较普遍的地貌类型。阶地上保留着大量的第四纪冲积物,主要由泥沙、砾石等碎屑物组成,颗粒较粗,磨圆度好,并具有良好的分选性,是房屋、道路等建筑的良好地基。

2）阶地的类型

由于构造运动和河流地质过程的复杂性，河流阶地的类型是多种多样的。一般根据阶地的成因、结构和形态特征，可将阶地分为侵蚀阶地、基座阶地、堆积阶地、嵌入阶地和埋藏阶地五种类型，如图 5-18 所示。

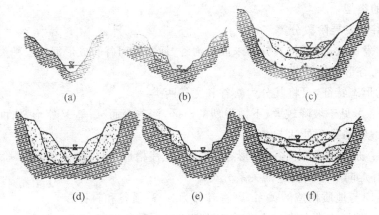

图 5-18　阶地的类型
(a) 侵蚀阶地；(b) 基座阶地；(c) 堆积阶地（上叠阶地）；
(d) 堆积阶地（内叠阶地）；(e) 嵌入阶地；(f) 埋藏阶地

（1）侵蚀阶地发育在地壳上升的山区河谷中，河流的侵蚀作用使河床底部基岩裸露，并拓宽河谷，致使地壳上升、河流下切而形成阶地，如图 5-18(a) 所示。阶地面上没有或很少有冲积物覆盖，即使保留有薄层冲积物，在阶地形成后也被地表流水冲刷殆尽。

（2）基座阶地是在河流的沉积作用和下切作用交替进行下，侵蚀阶地上覆盖的一层冲积物经地壳上升、河水下切而形成的，如图 5-18(b) 所示。基岩上部冲积物覆盖厚度一般比较小，整个阶地主要由基岩组成，所以称为基座阶地。

（3）堆积阶地是由河流的冲积物组成的，所以又称为冲积阶地。这种阶地多见于河流的中、下游地段。当河流侧向侵蚀时河谷拓宽，同时，谷底发生大量堆积，形成宽阔的河漫滩，然后由于地壳上升、河水下切而形成了堆积阶地。堆积阶地根据其形成方式的不同可以分为上叠阶地和内叠阶地两种，分别如图 5-18(c)、图 5-18(d) 所示。上叠阶地的特点是新阶地的冲积物完全叠置在老阶地上，说明河流后期下蚀深度及堆积规模都在逐次减小。内叠阶地的特点是新一级阶地套在老的阶地之内，各次河流下蚀深度都达到基岩，而后期堆积作用逐渐减弱。

第四纪以来形成的堆积阶地，除下更新统的冲积物具有较低的胶结岩作用外，一般的冲积物均呈松散状态，易遭受河水冲刷，因而影响阶地的稳定。

（4）从外表看，嵌入阶地全部由冲积物组成，而从横剖面上可看到新老阶地呈嵌入关系，新的谷底低于老的谷底，新冲积层顶面高于老冲积层的基座，如图 5-18(e) 所示。

（5）埋藏阶地早期形成的阶地被近期冲积层掩埋，如图 5-18(f) 所示。老的阶地称为埋藏阶地，如南京古长江两岸在晚更新世末期时形成的二级和三级阶地。

5.5.4 河流侵蚀、淤积作用的防治

1. 河流侵蚀作用的防治

对河流侵蚀作用的防治措施可分为以下两种。

一为加固河岸,如抛石、草皮护坡、护岸墙等,都适用于松软土岸坡。其中,抛石和草皮护坡适用于冲刷不太强烈的地段;对于受强烈冲刷的地段,可用大片石护坡、浆砌石护坡等。坡脚部分可用钢筋混凝土沉排、平铺铁丝笼沉排、浆砌护坡等方法加固和削减水流的冲刷力。护岸墙则适用于保护陡岸。护岸有抛石护岸和砌石护岸两种,主要在岸坡砌筑石块(或抛石),消减水流能量,保护岸坡不受直接冲刷。石块的大小应以不致被河水冲走为准。冲刷地段可按下式决定:

$$d \geqslant \frac{v^2}{25} \tag{5-8}$$

式中 d——石块平均直径,cm;

v——抛石体附近平均流速,m/s。

抛石体的水下边坡一般不宜超过 1∶1;当流速较大时,可放缓至 1∶3。石块应选择未风化、耐磨、遇水不崩解的岩石。抛石层下应有垫层,如图 5-19 所示。

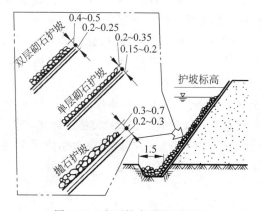

图 5-19 砌石护岸和抛石护岸

另一种防治措施为约束水流,改变冲刷地段的水流方向和速度,可修建导流堤、丁坝等导流建筑物,如图 5-20 及图 5-21 所示。有时也采取爆破清除岩嘴的方法,以扩大河床断面,减小流速;或采用导流筏斜向浮于冲刷岸之前,随着河流水位涨落,促使水流改变方向。

图 5-20 导流堤   图 5-21 丁坝

导流堤又称为顺坝,丁坝又称为半堤横坝。常将顺坝和丁坝布置在凹岸以约束水流,使主流线偏离受冲刷的凹岸。丁坝常斜向下游,夹角为 60°～70°(较垂直水流设置好)。它可使水流冲刷强度降低 10%～15%。

2. 河流淤积作用的防治

对河流淤积的防治可分为人工挖掘以及改变水流速度和方向两种措施。中国古代历史记载中关于治理黄河下游河段淤积的主张有顺着水性、因势疏导、约束水流、增大流速、加强冲刷、借水改沙等措施。如2000多年前建于四川灌县岷江上的都江堰，是一项非常巧妙地利用河流的横向环流来整治河流的典型实例。如图5-22所示，该工程的首部为一加固的江心洲洲头(鱼嘴)，它将岷江分为内、外两江，造成"弯曲分流"，使携带泥沙的底流随主流排向外江，澄清的表流进入内江，进入内江的水流又受玉垒山突向内江部分的凹型节点挑流而增强了环流作用，底流将泥沙推向飞沙堰进而排向外江，表流进入宝瓶口。宝瓶口是两岸顺直的节点，它造成内江轻微壅水，有利于澄清水流，并使出口水流流向趋于稳定，防止下游两岸遭受急流的直接冲刷。

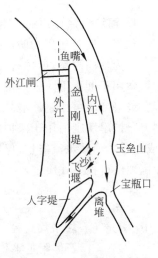

图 5-22　都江堰平面图

1) 利用大面积的展宽段屯沙造田

如黄河中游龙门至遗关长约120km的展宽段，现代河流地质作用以侧蚀展宽为主，河床宽5～15km，可堆筑透水的顺河石堤以留出足够的过水水道，并通过龙门控制工程把洪水引到石堤内广阔的低地，让泥沙沉积下来，恢复被侧蚀的漫滩和阶地，估计淤满的时间超过100年，这就为黄河中、上游开展水土保持工作争取了充裕的时间，并可造田100万亩。

2) 利用水库制造人工洪峰、排沙刷床

对于黄河下游的地上悬河，可通过其上游的水库(如三门峡水库)调节天然适流，集中下泄，形成人造洪峰，用以普遍增大水流流速，使它大大超过敏感水流。这样既能排出水库中的淤沙，又可冲深下游河床，是一项很有效的措施。但人造洪峰的流量、历时和时机必须通过专门性的研究来加以确定。

本章小结

地下水是储存于地表以下岩土空隙中的水，主要来源于大气降水，经土壤渗入地下形成。地下水与大气水、地表水是统一的，共同组成地球水圈，在岩土空隙中不断运动，参与全球性陆地、海洋之间的水循环，只是其循环速度比大气水和地表水慢得多。

地下水是宝贵的自然资源，可作为生活饮用水和工农业生产用水；一些含特殊组分的地下水称为矿泉水，具有医疗保健作用；含盐量多的地下水如卤水，可作为化工原料；地下热水可用于取暖和发电。

河流是地表最活跃的外营力，它的侵蚀和淤积作用不仅使地表形态发生改变(形成河漫滩、阶地等)，而且对工程建设造成各种危害。河流侵蚀、淤积规律是由水流与河床两方面的特征所决定的，凡是能改变水流或河床两方面特征的自然和人为因素，都可能影响河流侵蚀、淤积的进展状况和河床的演变规律。因此，不良河流侵蚀、淤积作用的防治必须建立在充分认识河流作用规律的基础之上。

地下水是地质环境的组成部分之一，能影响环境的稳定性，这对土木工程尤为重要。地基土中的水能降低土的承载力；基坑涌水不利于工程施工；地下水常常是发生滑坡、地面沉降和地面塌陷的主要原因；一些地下水还腐蚀建筑材料。因此，必须重视地下水，掌握地下水的知识，以便使其更好地为工程建设服务。

思考题

1. 地下水按埋藏条件可分为哪三类？包气带水、潜水和承压水各有哪些特点？

2. 地下水按含水层空隙性质可分为哪三类？孔隙水、裂隙水和岩溶水各有哪些特点？如何对泉水进行分类？

3. 岩土有哪些水理特性？岩土的含水性、给水性和透水性分别指什么？

4. 地下水有哪些物理性质？地下水中主要有哪些化学成分？

5. 什么是流沙？流沙有哪些破坏作用？流沙形成的条件是什么？防止流沙的措施有哪些？

6. 什么是潜蚀？潜蚀作用可分为哪两类？潜蚀形成的条件是什么？防止潜蚀的措施有哪些？

7. 什么是基坑突涌？基坑突涌产生的条件是什么？人工降低地下水位的方法有哪些？各类降水方法的适用条件和布置原则是什么？如何进行井点降水设计？

8. 河流地质作用表现在哪些方面？河流侧蚀作用与工程建设有哪些关系？

9. 什么是河流阶地？它是如何形成的？按物质组成可划分为哪些类型？

第6章

不良地质作用

地壳上部的岩土层遭受各种外力作用,如大气营力作用、地壳运动、地震、流水作用以及人类工程地质活动等因素的作用后,形成了许多不利于工程的不良地质条件,并在此条件下形成了许多不良地质现象。不良地质现象通常也称为地质灾害,是指自然地质作用和人类活动造成的恶化地质环境,降低环境质量,直接或间接危害人类安全,并给社会和经济建设造成损失的地质事件。中国是地质灾害较多的国家,每年因地质灾害造成的经济损失为200亿~500亿元,给人类生命和财产造成极大危害。上述地质灾害主要是由崩塌、滑坡、泥石流、岩溶、地震等造成的损失。随着国民经济的发展,特别是西部大开发战略的实施,各类工程的数量、速度及规模越来越大。因此,研究不良地质条件下的工程地质问题更具重要意义。

6.1 风化作用

6.1.1 风化作用类型

风化作用(weathering)是岩石在地表常温常压下,遭受大气、水、水溶液及生物的破坏作用,使坚硬的岩石变成疏松堆积物的过程(见图 6-1)。根据风化作用的性质及影响因素,风化作用可以分为三大类:物理风化作用、化学风化作用和生物风化作用。

1. 物理风化作用

物理风化作用是岩石在风化营力的影响下,产生的一种单纯的机械破坏作用。其特点是破坏后岩石的化学成分不改变,只是岩石发生崩解、破碎而形成岩屑,岩石由坚硬变得疏松。引起岩石物理风化的因素主要是温差作用(热力风化)、卸载剥离、冰劈作用(冻融作用)及结晶潮解作用。

1) 温差作用

由温度变化而产生的风化作用称为温差风化作用(见图 6-2)。白天岩石在阳光照射下,表层首先升温,由于岩石是热的不良导体,热传递很慢,遂使岩石内、外之间出现温差,各部分膨胀不同,岩石表面膨胀大于内部膨胀,形成与表面平行的风化裂隙。到了夜晚,白天吸收的太阳辐射能继续以缓慢速度向岩石内部传递,内部仍在缓慢地升温膨胀,而岩石表面迅速散热降温、表面收缩,于是形成与表面垂直的径向裂隙,这些风化裂隙日益扩大、增多,导致岩石层层剥落,崩解破坏。温度变化的速度、幅度对物理风化速度和强度有重要的影响,在昼夜变化剧烈的干旱沙漠地区,昼夜温差可达 50～60℃,物理风化作用最为强烈。

图 6-1　风化作用

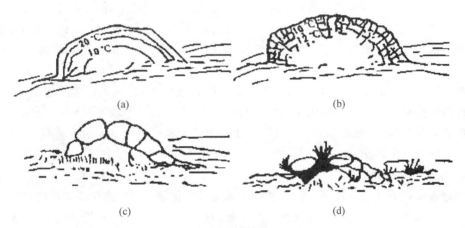

图 6-2　岩石温差风化示意图

(a)热胀平行裂缝;(b)冷缩垂直裂缝;(c)剥蚀;(d)崩解破碎

2) 卸载剥离

岩石从地下深处出露到地表时,由于上覆静压力减小而产生张应力,形成一系列与地表平行的宏观和微观的内部破裂面,这种作用称为剥离作用。无论原岩是岩浆岩、沉积岩还是变质岩,在其形成以后,都会因为上覆巨厚的岩层而承受巨大的静压力,一旦上覆岩层遭受剥蚀而卸荷,即岩石释重时,随之将产生向上或向外的膨胀力,形成一系列与地表平行的节理。处于地下深处承受巨大静压力的岩石,其潜在的膨胀力十分惊人。在一些矿山,当岩石初次露在掌子面时,其膨胀非常迅速,以致碎片炸裂飞出。岩石释重所形成的节理,又为水和空气提供了活动空间,加剧了岩石的风化作用。

3) 冰劈作用

当岩石温度在 0℃ 以下时,存在于岩石裂隙中的水(雨水或融雪水),就变为固态的冰,体积膨胀约 9%,这将对裂隙产生很大的膨胀力,使原有裂隙进一步扩大,同时产生更多的新裂隙。当温度升高至冰点以上时,冰又融化成水,体积减小,扩大的空隙中又有水渗入。年复一年,就会使岩体逐渐崩解成碎块。这种物理风化作用称为冰劈作用或冰冻风化作用,如图6-3所示。

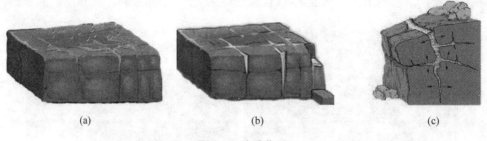

图6-3　冰劈作用
(a)裂隙中的水;(b)水结冰;(c)冰劈

4)结晶潮解作用

干旱及半干旱气候区广泛地分布着各种可溶盐类。有些盐类具有很大的吸湿性,能从空气中吸收大量的水分而潮解,最后成为溶液。温度升高,水分蒸发,盐分又结晶析出,体积显著增大。可溶盐溶液在岩石的孔隙和裂隙中结晶时的撑裂作用,使裂隙逐渐扩大,导致岩石松散破坏。可溶盐的结晶撑裂作用在干旱的内陆盆地十分引人注目。盐类结晶对岩石所起的物理破坏作用主要取决于可溶盐的性质,同时与岩石孔隙度的大小和构造特征有很大的关系。

物理风化作用的结果,首先是岩石的整体性遭到破坏,随着风化程度的增加,逐渐成为岩石碎屑和松散的矿物颗粒。由于碎屑逐渐变细,热力方面的矛盾逐渐缓和,因而物理风化作用随之相对削弱,但随着碎屑与大气、水、生物等营力接触的自由表面不断增大,风化作用的性质相应地发生转化,在一定的条件下,化学作用将在风化过程中起主要作用。

2. 化学风化作用

在地表或接近地表条件下,岩石、矿物在原地发生化学变化并产生新矿物的过程叫化学风化作用。水和氧是引起化学风化作用的主要因素。自然界的水,不论是雨水、地表水或地下水,都溶解有多种气体(如O_2、CO_2等)和化合物(如酸、碱、盐等),因此自然界的水都是水溶液。溶液可通过溶解、水化、水解、碳酸化、氧化等方式促使岩石进行化学风化。

1)溶解作用

水直接溶解岩石中矿物的作用称为溶解作用。溶解作用使岩石中的易溶物质逐渐溶解而随水流失,难溶的物质则残留于原地。岩石由于可溶物质的溶解而导致孔隙增加,削弱了颗粒间的结合力从而降低了岩石的坚实程度,更易遭受物理风化作用而破碎。最容易溶解的矿物是卤化盐类(岩盐,钾盐),其次是硫酸盐类(石膏,硬石膏),再次是碳酸盐类(石灰岩,白云岩)。

$$CaCO_3 + H_2O + CO_2 === Ca(HCO_3)_2$$
$\quad$(碳酸钙)$\qquad\qquad\qquad$(重碳酸钙)

碳酸钙生成重碳酸钙后被水溶解带走,石灰岩便形成溶洞。

2)水化作用

有些矿物与水接触后发生化学反应,吸收一定量的水到矿物中形成含水矿物,这种作用称为水化作用,如硬石膏经过水化作用变为石膏。

$$CaSO_4 + 2H_2O = CaSO_4 \cdot 2H_2O$$
　　　（硬石膏）　　　　　　　　（石膏）

水化作用产生了含水矿物。含水矿物的硬度一般低于无水矿物,同时由于物质在水化过程中结合了一定数量的水分子,改变了原有矿物的成分,引起体积膨胀,对岩石具有一定的破坏作用。在隧道施工中,若岩层中含有硬石膏层,硬石膏发生水化作用而体积膨胀,会对围岩产生很大的压力,这种压力促使岩层破碎,甚至能引起支撑倾斜,衬砌开裂,应当引起足够的注意。

3）水解作用

某些矿物溶于水后,出现离解现象,其离解产物可与水中的 H^+ 和 OH^- 发生化学反应,形成新的矿物,这种作用称为水解作用。例如,正长石经水解作用后,开始形成的 K^+ 与水中的 OH^- 结合,形成 KOH 随水流失,析出部分 SiO_2 可呈胶体溶液随水流失,或形成蛋白石($SiO_2 \cdot H_2O$)残留于原地,其余部分可形成难溶于水的高岭石而残留于原地。

$$4K(AlSi_3O_8) + 6H_2O = 4KOH + 8SiO_2 + Al_4(Si_4O_{10})(OH)_8$$
　　　（正长石）　　　　　　　　　　　　　　（高岭石）

4）碳酸化作用

当水中溶有 CO_2 时,水溶液中除 H^+ 和 OH^- 外,还有 CO_3^{2-} 和 HCO_3^-,碱金属及碱土金属与之相遇会形成碳酸盐,这种作用称为碳酸化作用。硅酸盐矿物经碳酸化作用,其中碱金属变成碳酸盐随水流失,如花岗岩中的正长石受到长期碳酸化作用时,则发生如下反应：

$$4K(AlSi_3O_8) + 4H_2O + 2CO_2 = 2K_2CO_3 + 8SiO_2 + Al_4(Si_4O_{10})(OH)_8$$
　　　（正长石）　　　　　　　　　　　（高岭石）

5）氧化作用

矿物中的低价元素被大气中的游离氧氧化后变为高价元素的作用,称为氧化作用。氧化作用是地表极为普遍的一种自然现象。在湿润的情况下,氧化作用更为强烈。自然界中的有机化合物、低价氧化物和硫化物最容易遭受氧化作用。尤其是低价铁常被氧化成高价铁。例如,常见的黄铁矿(FeS_2)在含有游离氧的水中,经氧化作用形成褐铁矿($Fe_2O_3 \cdot nH_2O$);同工程地质时产生对岩石腐蚀性极强的硫酸,可使岩石中的某些矿物分解形成洞穴和斑点,致使岩石破坏。

$$FeS_2 + 7O_2 + H_2O \rightarrow Fe_2O_3 \cdot nH_2O + H_2SO_4$$
　　（黄铁矿）　　　　　　　　（褐铁矿）（硫酸）

化学风化使岩石中的裂隙加大,孔隙增多,破坏了原来岩石的结构和成分,使岩层变成松散的土层。

3. 生物风化作用

岩石在动、植物及微生物影响下发生的破坏作用称为生物风化作用。生物风化作用包含物理和化学两种形式。

生物物理风化作用是指生物的活动对岩石产生机械破坏的作用。例如,生长在岩石裂隙中的植物,其根部像楔子一样撑裂岩石,不断地扩大、加深岩石裂隙,使岩石破碎。穴居动物蚂蚁、蚯蚓等钻洞挖土,可不停地对岩石产生机械破坏,也会使岩石破碎,土粒变细。

生物化学风化作用是指生物的新陈代谢及死亡后遗体腐烂分解而产生的物质与岩石发

生化学反应,促使岩石破坏的作用。例如,植物和细菌在新陈代谢过程中,通过分泌有机酸、碳酸、硝酸和氢氧化铵等溶液腐蚀岩石;动、植物遗体腐烂可分解出有机酸和气体(CO_2、H_2S)等,溶于水后可腐蚀、破坏岩石;遗体在还原过程中,可形成含钾盐、含磷盐、氮的化合物和各种碳水化合物的腐殖质。腐殖质可促进岩石物质的分解,对岩石起强烈的破坏作用。

岩石、矿物经过物理、化学风化作用以后,再经过生物化学风化作用,就不再是单纯的无机组成的松散物质,因为它还具有植物生长必不可少的腐殖质。这种具有腐殖质、矿物质、水和空气的松散物质称为土壤。不同地区的土壤具有不同的结构及物理、化学性质,据此可以划分出许多土壤类型,而每一种土壤类型都是在其特有的气候条件下形成的。例如,在热带气候下,强烈的化学风化和生物风化作用,使易溶性物质淋失殆尽,形成富含铁、铝的红土壤。

6.1.2 影响岩石风化的因素

1. 地质因素

如果岩石生成的环境和条件与目前地表的环境、条件接近,则岩石抵抗风化能力强;反之,则容易风化。因此,喷出岩比浅成岩抗风化能力强,浅成岩又比深成岩抗风化能力强。一般情况下沉积岩比岩浆岩和变质岩抗风化能力强。

组成岩石矿物成分的化学稳定性和矿物种类的多少,是决定岩石抵抗风化能力的重要因素。按照矿物化学稳定性排序,石英化学稳定性最好,抗风化能力最强;其次是正长石、酸性斜长石、角闪石和辉石;而基性斜长石、黑云母和黄铁矿等矿物很容易被风化。一般来说,深色矿物风化快,浅色矿物风化慢。各种碎屑岩和黏土岩的抗风化能力强。

一般来说,均匀、细粒结构岩石比粗粒结构岩石抗风化能力强,等粒构造比斑状结构岩石耐风化,而隐晶质岩石最不易风化。从构造上看,具有各向异性的层理、片理状岩石较致密、块状岩石容易风化,而厚层、巨厚层岩石比薄层状岩石更耐风化。

岩石的节理、裂隙和破碎带等为各种风化因素侵入岩石内部提供了途径,扩大了岩石与空气、水的接触面积,大大促进了岩石风化。因此,褶曲轴部、断层破碎带及其附近裂隙密集部位岩石的风化程度比完整的岩石严重。

2. 气候因素

气候因素主要体现为气温变化、降水和生物的繁殖情况。在地表条件下,温度每增加10℃,化学反应速度增加1倍,水分充足有利于物质间的化学反应。故气候可控制风化作用的类型和风化速度,不同气候区风化作用的类型及其特点有明显的不同。例如,在寒冷的极地和高山区,以物理风化作用(冰冻风化)为主,岩石风化后形成具有棱角状的粗碎屑残积物。在湿润气候区,各种类型的风化作用都有,但化学风化作用和生物风化作用更为显著,岩石遭受风化后分解较彻底,形成的残积层厚,且往往发育有较厚的土壤层。干旱的沙漠区以物理风化作用(温差风化)为主,岩石风化后形成薄层、棱角状的碎屑残积物。

3. 地形

地形可影响风化作用的速度、深度、风化产物的堆积厚度及分布情况。地形起伏较大、陡峭、切割较深的地区,以物理风化作用为主,岩石表面风化后,岩屑可不断崩落,使新鲜岩石直接露出表面而遭受风化,且风化产物较薄。地形起伏较小、流水缓慢流经的地区,以化学风化作用为主,岩石风化彻底,风化产物较厚。在低洼、有沉积物覆盖的地区,岩石由于有覆盖物的保护而不易风化。

6.1.3　岩石风化程度和风化带

1. 岩石风化程度

岩石风化使原来的母岩性质发生改变,形成不同风化程度的风化岩。按岩石风化的深浅和特性,可将岩石风化分为六级,如表 6-1 所示。

表 6-1　岩石风化等级表

风化程度	野　外　特　性	风化程度参数指标		
		压缩波速度 V_p	波速比 K_v	风化系数 K_f
未风化	岩质新鲜,偶见风化痕迹	>4000	0.9~1.0	0.9~1.0
微风化	结构基本不变,仅节理面有渲染或略有变色,少量风化痕迹	3000~4000	0.8~0.9	0.8~0.9
中等风化	部分结构破坏,沿节理面有次生矿物、风化裂隙发育,岩体被切割成岩块。用镐难挖,岩芯钻方可钻进	1500~3000	0.6~0.8	0.4~0.8
强风化	大部分结构被破坏,矿物成分显著变化,风化裂隙很发育,岩体破碎用镐可挖,干钻不易钻进	700~1500	0.4~0.6	<0.4
全风化	结构基本被破坏,但尚可辨认,有残余结构强度,可用镐挖,干钻可钻进	300~700	0.2~0.4	—
残积土	组织结构全部被破坏,已风化成土状,锹镐易挖掘,干钻易钻进,具有可塑性	<300	<0.2	—

注:(1) 波速比 K_v 为风化岩石与新鲜岩石压缩波速度比。

(2) 风化系数 K_f 为风化岩石与新鲜岩石饱和单轴抗压强度之比。

(3) 岩石风化程度,除按表列野外特征和定量指标划分外,也可根据当地经验进行划分。

(4) 花岗岩类岩石,可采用标准贯入试验划分。$N \geq 50$,为强风化;$30 \leq N < 50$,为全风化;$N < 30$,为残积土。

(5) 泥岩和半成岩,可不进行风化程度划分。

2. 风化带

岩石的风化一般是由表及里的,地表部分受风化作用的影响最显著,由地表往下风化作用逐渐减弱以至消失。因此,在风化剖面的不同深度,岩石的物理力学性质有明显的差异。按岩石风化程度的深浅,风化剖面自下而上可分四个风化带:微风化带、弱风化带、强风化带和全风化带。

在建筑工程中,岩石风化带的界限是一项重要的工程地质资料。许多工程,特别是岩石工程,都须运用风化带的概念来划分地表岩体不同风化带的分界线,以作为岩基持力层、基坑开挖、挖方边坡坡度以及采取相应加固措施的依据之一。但是要确切地划分风化界限尚无有效方法,通常只根据当地的地质条件并结合试验经验予以确定。况且,由于各地的岩性、地质构造、地形和水文地质条件不同,岩石风化带的分布情况变化很大。此外,地下往往存在风化囊,因而增加划分风化带界限的难度。所以,划分岩石分化带时,须结合实际情况进行综合分析。

6.1.4 岩石风化的勘察评价与防治

1. 风化作用的工程意义

岩石受风化作用后,改变了物理化学性质,其变化情况随着风化程度的轻重而不同,如岩石的裂隙度、孔隙度、透水性、亲水性、胀缩性和可塑性等都随风化程度加深而增加,岩石的抗压和抗剪强度都随风化程度增加而降低,风化产物成分的不均匀性、产状和厚度的不规则性都随风化程度增加而增大。所以,岩石风化程度越强的地区,工程建筑物的地基承载力越低,岩石的边坡越不稳定。

风化程度的强弱对工程设计和施工有直接影响,如矿山建设、场址选择、水库坝基、大桥桩基和房屋建筑基础等地基开挖深度、浇灌基础应达到的深度和厚度、边坡开挖的坡度以及防护或加固的方法等,都将随岩石风化程度不同而异。因此,在工程建设前,必须对岩石的风化程度、速度、深度和分布情况进行调查和研究。

2. 岩石风化的调查与评价

岩石风化的调查内容主要有如下几项。

(1) 查明风化程度,确定风化层的工程性质,以便考虑建筑物的结构形式和施工方法。

(2) 查明风化层的厚度和分布,以便选择最适当的建筑地点,合理地确定风化层的清基和刷方的土石方量,确定加固处理的有效措施。

(3) 查明风化速度和引起风化的主要因素,对那些直接影响工程质量和风化速度快的岩层,必须制定预防风化的正确措施。

(4) 对风化层进行划分,对次生矿物特别是黏土的含量和成分(如蒙脱石)进行必要分析,因为它直接影响地基的稳定性。

3. 岩石风化的防治

岩石风化的防治方法主要有如下几种。

(1) 挖除法:适用于风化层较薄的情况,当风化层厚度较大时,通常只剥除严重影响建筑物稳定的岩石。

(2) 抹面法:用使水和空气不能透过的材料如沥青、水泥、黏土层等覆盖岩层,使岩石与水和空气隔绝。

(3) 胶结灌法:把水泥、黏土等浆液灌入岩层或裂隙中,以增强岩层的强度,降低其透水性。

(4) 排水法:为了减少具有侵蚀性的地表水和地下水对岩石中可溶性矿物的溶解及对岩石强度的影响,适当做一些排水工程。

只有在进行详细调查研究以后,才能提出切合实际的防止岩石风化的处理措施。

6.2 滑坡和崩塌

6.2.1 滑坡的定义和构造

斜坡上的部分岩体和土体在自然或人为因素的影响下沿某一明显的界面发生剪切破坏而向下运动的现象称为滑坡。

规模大的滑坡一般是缓慢、长期地往下滑动,有些滑坡的滑动速度很快,其过程分为蠕动变形和滑动破坏阶段,也有一些滑坡表现为急剧的运动,以每秒几米甚至几十米的速度下滑。如1983年3月发生的甘肃东乡洒勒山滑坡最大滑速可达30～40m/s。滑坡多发生在山地的山坡、丘陵地区的斜坡、岸边、路堤或基坑等地带。大规模的滑坡,可以堵塞河道,摧毁公路,破坏厂矿,掩埋村庄,对山区建设和交通设施危害很大。2005年9月正在修建的贵阳—开阳公路三江段山体发生大面积滑坡,数万立方米的巨石将道路截断,7台施工车辆与数台施工机械被埋,所幸未有人员伤亡。贵昆铁路某隧道出口段,由于开挖引起了滑坡,推移和挤裂了已成的隧道,经整治才趋于稳定。滑坡的基本构造如图6-4所示。

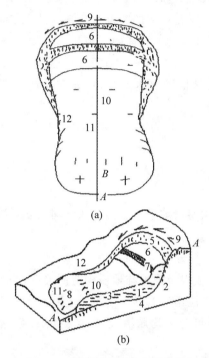

图6-4　滑坡形态和构造示意图

(a) 平面图;(b) 块状图

1—滑坡体;2—滑动面;3—滑动带;4—滑坡床;5—滑坡后壁;6—滑坡台地;7—滑坡台地陡坎;

8—滑坡舌;9—拉张裂缝;10—滑坡鼓丘;11—扇形裂缝;12—剪切裂缝

(1) 滑坡体:滑坡发生后,滑动部分和母体完全脱开,这个滑动部分就是滑坡体,它与周围没有滑动部分在平面上的分界线称为滑坡周界。

(2) 滑动面、滑动带和滑坡床:滑坡向下滑动时,它和母体形成一个分界面,这个面称为滑动面;滑动面以上受滑动揉皱的地带,称为滑动带,厚几厘米到几米;滑动面以下没有滑动的岩(土)体称为滑坡床。

(3) 滑坡后壁(滑坡圈谷):滑坡体滑落后,滑坡后部和坡体未动部分之间形成的坡度比较大的陡壁,称为滑坡后壁。滑坡后壁实际上是滑动面在上部的露头。滑坡后壁的左右呈弧形向前延伸,其形态呈"圈椅状",称为滑坡圈谷。

(4) 滑坡台地:指滑坡体滑落后形成的阶梯状地面。滑坡台地的台面往往向着滑坡后壁倾斜。滑坡台地前缘比较陡的破裂壁称为滑坡台坎。有两个以上滑动面或经过多次滑动的滑坡,经常形成几个滑坡台地。

（5）滑坡鼓丘：滑坡体向前滑动时受到阻碍而形成的隆起小丘。

（6）滑坡舌：指滑坡体向前伸出如舌头状的前部。

（7）滑坡裂缝：滑坡运动时，由于滑坡体各部分的移动速度不均匀，在滑坡体内及表面产生的裂缝。根据受力状况不同，滑坡裂缝可分为张拉裂缝、鼓张裂缝、剪切裂缝和扇形裂缝四种。拉张裂缝是指在斜坡将要发生滑动时，由于拉力的作用，在滑坡体的后部产生一些张口的弧形裂隙。与滑坡后壁相重合的拉裂缝称为主裂缝。坡上出现拉张裂缝是产生滑坡的前兆。鼓张裂缝滑坡体下滑的过程中，如果滑动受阻或上部滑动较下部快，则滑坡下部会向上鼓起并开裂，这些裂缝通常是张口的。鼓张裂缝的排列方向基本上与滑动方向垂直，有时交互排列成网状。剪切裂缝是指滑坡体两侧与相邻不动岩土体发生相对位移时，会产生剪切作用，都会形成大体上与滑动方向平行的裂缝。这些裂缝两侧常伴有如羽毛状平行排列的次一级裂缝。扇形裂缝是指滑坡体下滑时，滑坡舌向两端扩散，形成的放射状张开裂缝，也称滑坡前缘放射状裂缝。

（8）滑坡主轴：也称为主滑线，为滑坡体滑动速度最快的纵向线，它代表整个滑坡的滑动方向。

6.2.2　滑坡的分类

为了认识和治理滑坡，须对滑坡进行分类。从不同角度对滑坡进行分类，可有如下几种划分方式。

1. 按滑坡物质组成成分划分

按滑坡体的主要物质组成以及滑坡与地质构造的关系，可将滑坡分为覆盖层滑坡、基岩滑坡和特殊滑坡。其中，覆盖层滑坡有黏性土滑坡、黄土滑坡、碎石滑坡和风化壳滑坡。基岩滑坡按与地质结构的关系可分为均质滑坡、顺层滑坡和切层滑坡（图 6-5）。特殊滑坡有融冻滑坡、陷落滑坡等。

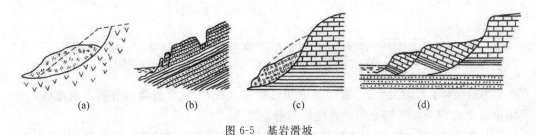

(a)　　　　　　(b)　　　　　　(c)　　　　　　(d)

图 6-5　基岩滑坡

(a) 均质滑坡；(b) 沿岩层层面滑坡；(c) 沿坡积层与基岩交界面滑坡；(d) 切层滑坡

2. 按坡体的厚度划分

（1）浅层滑坡：滑坡体厚度在 6m 以内。

（2）中层滑坡：滑坡体厚度 6～20m。

（3）深层滑坡：滑坡体厚度 20～30m。

（4）超深层滑坡：滑坡体厚度超过 30m。

3. 按滑坡的规模大小划分

（1）小型滑坡：滑坡体体积小于 3 万 m^3。

（2）中型滑坡：滑坡体体积（3～50）万 m^3。

（3）大型滑坡：滑坡体体积（50～300）万 m^3。

（4）巨型滑坡：滑坡体体积超过 300 万 m^3。

4. 按形成的年代划分

（1）新滑坡：正在反复活动或者停止活动不久，仍然存在滑动危险的滑坡。新滑坡具有很大的潜在危险性，是监测、预防、治理的主要对象。

（2）老滑坡：全新世以来发生的滑坡。

（3）古滑坡：全新世以前发生的滑坡。

5. 按力学条件划分

（1）牵引式滑坡：下部先滑动使上部失去支撑而变形滑动。

（2）推移式滑坡：上部岩层滑动挤压下部产生变形，滑动速度较快，滑体表面波状起伏，多见于有堆积物分布的斜坡地段。

不同类型滑坡类型的特征如表 6-2 所示。

表 6-2　滑坡类型及其特征

划分依据	滑坡类型		滑坡的特征
物质组成成分	覆盖层滑坡	黏性土滑坡	黏性土本身变形滑动，或与其他成因的土层接触面或延基岩接触面而滑动
		黄土滑坡	不同时期黄土层中的滑坡，多群集出现，常见于高接地前缘斜坡上
		碎石滑坡	各种不同成因类型的堆积层体内滑动，或沿基岩面滑动
		风化壳滑坡	风化壳表层间的滑动，多见于岩浆岩（尤其是花岗岩）风化壳中
	基岩滑坡	均质滑坡	发生在层理不明显的泥岩、页岩、泥灰岩等软弱岩层中，滑动面均匀、光滑
		切层滑坡	滑动面与层面相切的滑坡，在坚硬岩层相互交替的岩体层中的切层滑坡
		顺层滑坡	沿岩层或裂隙面滑动，或沿坡积层与基岩交界面以及基岩间不整合面等滑动
	特殊滑坡		如融冻滑坡、陷落滑坡等
坡体厚度	浅层滑坡		滑坡体厚度在 6m 以内
	中层滑坡		6～20m
	深层滑坡		20～30m
	超深层滑坡		超过 30m 以上
滑坡的规模	小型滑坡		滑坡体体积小于 3 万 m^3
	中型滑坡		（3～50）万 m^3
	大型滑坡		（50～300）万 m^3
	巨型滑坡		超过 300 万 m^3
形成的年代	新滑坡		由于开挖山体形成的滑坡
	古滑坡		久已存在的滑坡，其中又可分为死滑坡、活滑坡以及处于极限平衡状态的滑坡
力学条件	牵引式滑坡		滑坡体下部先行变形滑动，上部失去支撑力量，因而随着变形滑动
	推拉式滑坡		上部先滑动，挤压下部引起变形和滑动

6.2.3　滑坡发育的过程

一般来说,滑坡的发生是一个长期的变化过程,通常将滑坡的发育过程分为三个阶段:蠕动变形阶段、滑动破坏阶段和渐趋稳定阶段。

1. 蠕动变形阶段

在自然条件和人为因素作用下,斜坡的稳定状况遭到破坏;斜坡内部某一部分因抗剪强度小于剪切力而首先变形,产生微小的移动;变形进一步发展,直至坡面出现断续的拉张裂缝;随着拉张裂缝的出现,渗水作用加强,变形进一步发展,后缘拉张,裂缝加宽,两侧相继出现剪切裂缝。

斜坡在整体滑动之前出现的各种现象,叫做滑坡的前兆现象。尽早发现和观测滑坡的各种前兆现象,对于滑坡的预测和预防非常重要。

2. 滑动破坏阶段

滑坡在整体往下滑动时,滑坡后缘迅速下陷,滑坡壁越露越高,滑坡体分裂成数块,并在地面上形成阶梯状地形,滑坡体上的树木东倒西歪地倾斜,形成"醉林"(见图6-6)。

滑坡体向前滑动、伸出,可形成滑坡舌。滑动时往往伴有巨响并产生很大的气浪,有时造成巨大灾害。

3. 渐趋稳定阶段

滑坡体在滑动过程中具有动能,所以滑坡体能越过平衡位置,滑到更远的地方。在自重的作用下,滑坡体上松散的岩土逐渐压密,地表的各种裂缝逐渐被充填,由于压密固结滑动带附近岩土的强度又重新增加,这时整个滑坡的稳定性也大为提高。

经过若干时期,滑坡体上东倒西歪的"醉林"又重新垂直向上生长,但其下部已不能伸直,因而树干呈弯曲状,有时称其为"马刀树",如图6-7所示,这是滑坡趋于稳定的一种现象。

图6-6　醉林　　　　　　　　　　　　　　　图6-7　马刀树

滑坡趋于稳定之后,如果滑坡产生的主要因素已经消除,滑坡将不再会滑动,而转入长期稳定阶段。若产生滑坡的主要因素并未完全消除,且不断累积,当达到一定程度后,稳定的滑坡便又会重新滑动。

6.2.4　滑坡的力学分析及影响因素

1. 滑坡的力学分析

滑坡是指斜坡上岩土体遭到破坏,滑坡体沿着滑动面(带)下滑而造成的地质现象。滑动面分为平面滑动面(沿层面或接触面滑动)、圆弧滑动面(均质滑坡)、折线滑动面(节理岩体中滑坡),见图 6-8 和图 6-9。

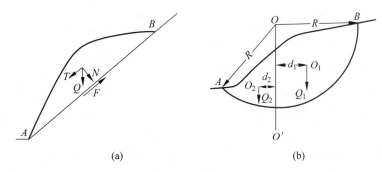

图 6-8　滑坡力学平衡示意图

(a) 平面滑动;(b) 圆弧滑动

(1) 在平面滑动面情形下,滑坡体的稳定系数 K 为滑动面上的总抗滑力 F 与岩土体重力 Q 所产生的总下滑力 T 之比,即

$$K = \frac{总抗滑力}{总下滑力} = \frac{F}{T} \tag{6-1}$$

当 $K<1$ 时,发生滑坡;当 $K \geqslant 1$ 时,滑坡体稳定或处于极限平衡状态。

(2) 在圆弧滑动面情形下,滑动面中心为 O,滑弧半径为 R。过滑动圆心 O 作一铅直线,将滑坡体分成两部分。线右边的部分为滑动部分,其重力为 Q_1,它能绕 O 点形成滑动力矩 $Q_1 d_1$;线左边的部分,其重力为 Q_2,形成抗滑力矩,滑坡的稳定系数 K 为总抗滑力矩与总滑动力矩之比,即

$$K = \frac{总抗滑力矩}{总滑动力矩} = \frac{Q_2 d_2 + \tau l_{AB} R}{Q_1 d_1} \tag{6-2}$$

式中　τ——滑动面上的抗剪强度。

当 $K<1$ 时,滑坡失去平衡,发生滑坡。

(3) 在折线滑动面情形下,可分段进行力学分析。如图 6-9 所示,从上至下逐块计算推力,每块滑坡体向下滑动的力与岩体阻挡下滑力之差,也称为剩余下滑力,是逐级向下传递的,即

$$E_i = F_s - T_i - N_i f_i - c_i l_i + E_{i-1} \psi \tag{6-3}$$

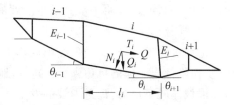

图 6-9　折线滑动面的滑坡稳定计算图

式中　E_i——第 i 块滑坡体的剩余下滑力,kg/m;

E_{i-1}——第 $i-1$ 块滑坡体的剩余下滑力,kg/m;

ψ——传递系数,$\psi = \cos(\theta_{i-1} - \theta_i) - \sin(\theta_{i-1} - \theta_i)\tan\varphi_i$;

T_i——作用于第 i 块滑动面上的滑动分力,$T_i = Q_i \sin\theta$,kN/m;

N_i——作用于第 i 块滑动面上的法向分力,$N_i = Q_i \cos\theta$,kN/m;

Q_i——第 i 块岩土体重力,kN/m;

f_i——第 i 块滑坡体沿滑动面岩土的内摩擦系数,$f_i = \tan\varphi_i$;

φ_i、c_i——第 i 块滑坡体沿滑动面岩土的内摩擦角和内聚力,kN/m²;

θ_i、θ_{i-1}——第 i 块和第 $i-1$ 块滑坡体的滑动面与水平角的夹角;

F_s——安全系数。

当任何一块岩体的剩余下滑力为零或负值时,说明该块对下一块不存在滑坡推力。当最后一块岩土体的剩余下滑力为负值或零时,表明整个滑坡体是稳定的。如为正值,则不稳定。应按此剩余下滑力理论设计支挡结构。由此可知,支挡结构设置在剩余下滑力最小位置处比较合理。

2. 影响滑坡的因素

凡是引起斜坡岩土体失稳的因素均称为滑坡因素。这些因素可使斜坡外形改变、岩土体性质恶化以及增加附加荷载等,从而导致滑坡的发生。概括起来,影响滑坡的因素主要有以下几点。

1) 斜坡外形

斜坡的存在,使滑动面能在斜坡前缘临空出露。这是滑坡产生的先决条件。同时,斜坡不同高度、坡度、形状等要素可使斜坡内力状态发生变化,内应力的变化可导致斜坡稳定或失稳。当斜坡越陡、高度越大以及斜坡中上部突起而下部凹进,且坡脚无抗滑地形时,容易发生滑坡。

2) 岩性

滑坡主要发生在易亲水软化的土层和一些软岩中,如黏质土、黄土和黄土类土、山坡堆积、风化岩以及遇水易膨胀和软化的土层。软岩有页岩、泥岩和泥灰岩、千枚岩以及风化凝灰岩等。

3) 构造

若斜坡内的一些层面、节理、断层、片理等软弱面与斜坡坡面倾向趋于一致,则此斜坡的岩土体容易失稳而成为滑坡。

4) 水

水可使岩土软化、强度降低,使岩土体加速风化。若为地表水作用,还可以侵蚀冲刷坡脚;地下水位上升,可使岩土体软化,增大水力坡度等。不少滑坡有"大雨大滑、小雨小滑、无雨不滑"的特点,说明了水对发生滑坡的重要性。

5) 地震

地震可诱发滑坡,此现象在山区非常普遍。地震首先破坏斜坡岩土体结构,使粉砂层液化,从而降低岩土体的抗剪强度;同时,地震波在岩土体内传递,使岩土体承受地震惯性力,增加滑坡体的下滑力,促进滑坡的发生。

6) 人为因素

(1) 破坏坡角:在兴建土建工程时,由于切坡不当,斜坡的支撑被破坏。

(2) 堆载不当:在斜坡上方任意堆填岩土方、兴建工程、增加荷载,会破坏原来斜坡的稳定条件。

(3) 破坏排水:人为地破坏表层覆盖物,会引起地表水下渗作用的增强,或破坏自然排水系统,使坡体水量增加。

(4) 排水不当:引水灌溉或排水管道漏水将会使水渗入斜坡内,促使滑动因素增加。

6.2.5　滑坡的治理

1. 治理原则

治理滑坡要贯彻"以防为主、整治为辅"的原则,尽量避开大型滑坡所影响的位置。对大型的复杂滑坡,应尽可能综合治理,整治最危险、最先滑的部位。整治滑坡,应先做好排水工程,并针对形成滑坡的因素,采取相应措施。

2. 治理措施

1）排水

（1）地表排水：主要是设置截水沟和排水明沟系统。截水沟用于截排来自滑坡体外的坡面径流；排水明沟系统用以汇集坡面径流,进而引导出滑坡体外（见图 6-10）。

（2）地下排水：设置各种形式的渗沟或盲沟系统,以截排来自滑坡体外的地下水流。

2）支挡

在滑坡体下部修筑挡土墙（见图 6-11（a））、抗滑桩或用锚杆加固（见图 6-11（b））等工程,可以增加滑坡下部的抗滑力。在使用支挡工程时,应该明确各类工程的作用。如滑坡前缘有水流冲刷,应首先在岸边做支挡等防护工程,再考虑滑体上部的稳定。

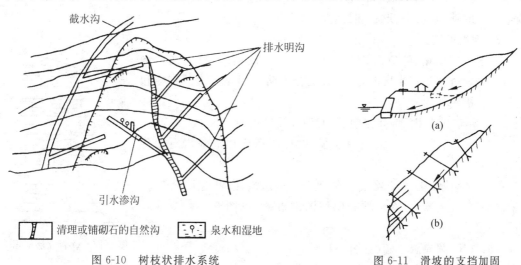

截水沟　排水明沟　引水渗沟

▯ 清理或铺砌石的自然沟　　▮ 泉水和湿地

图 6-10　树枝状排水系统

图 6-11　滑坡的支挡加固

3）削方减重

可通过削减坡角或降低坡高,以减轻斜坡不稳定部位的重力,从而减少滑坡上部的下滑力,如拆除坡顶的房屋、搬走重物等。

4）改善滑动面（带）上岩土的性质（增加强度）

改善滑动面（带）上岩土的性质,主要是为了改良岩土性质和结构,增加坡体强度。相关措施如下：对岩质滑坡采用固结灌浆,对土质滑坡采用电化学加固、冻结、焙烧等。

此外,还可针对某些影响滑坡滑动的因素进行整治,如采用防水流冲刷、降低地下水位、防止岩石风化等具体措施。

6.2.6　崩塌

1. 概述

在陡峻或极陡斜坡上,某些大块或巨大岩块突然崩落或滑落,顺山坡猛烈地翻滚跳跃,岩块相互撞击破碎,最后堆积于坡脚,这一过程称为崩塌。规模极大的崩塌称为山崩,仅个别巨石崩落称为坠石。

崩塌会使建筑物甚至整个居民点遭到破坏,使公路和铁路被掩埋。由崩塌带来的损失,不单是指建筑物毁坏的直接损失,常因此导致交通中断,给运输带来重大损失。国内兴建天兰铁路时,为了防止山体崩塌掩埋铁路,耗费了大量工程量。崩塌有时会使河流堵塞形成堰塞湖,将上游建筑物以及农田淹没。在宽河谷中,崩塌能使河流改道,改变河流性质,从而造成急湍地段。

2. 崩塌发生的条件和发育因素

(1) 山坡坡度往往达 $55°\sim75°$;山坡表面凹凸不平,则可能沿突出部分发生崩塌。

(2) 岩石性质不同,其强度、风化程度、抗风化和抗冲刷的能力及其渗水程度不同。软硬岩层互层组成的陡峻山坡,软岩层易于风化,硬岩层失去支持而引起崩塌(见图 6-12)。

(3) 岩层倾斜方向与山坡倾向相反,其稳定程度较顺山坡倾斜的岩层大。岩层顺山坡倾斜,其稳定程度的大小还取决于倾角大小和破碎程度。一切构造作用,正断层,逆断层,逆掩断层,特别在地震强烈地带,对山坡的稳定程度有着不良影响,而其影响的大小又取决于构造破坏的性质、大小、形状和位置。

3. 崩塌的防治

对于小型崩塌,可防止其不发生。对于大的崩塌,只能选择绕避。线路通过小型崩塌区时,防止方法分为防止崩塌产生的措施和拦挡防御措施。

(1) 爆破或打楔,将陡崖削缓,并清除易坠的岩石。

(2) 堵塞裂隙,或向裂隙内灌浆,以提高有崩塌危险岩石的稳定性。

(3) 在崩塌地区上方修截水沟,调整地表水流,以阻止水流流入。

(4) 为防止风化,将山坡和斜坡铺砌覆盖(见图 6-13),或在坡面上喷浆。

(5) 筑明洞或御塌棚(见图 6-14)。

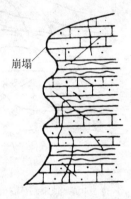

图 6-12　软岩互层崩塌

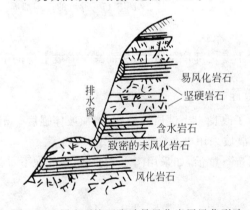

图 6-13　用砌石护面防治易风化岩层风化裂隙

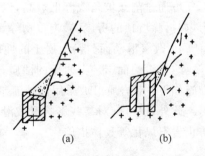

图 6-14　明洞和御塌棚

(a) 明洞;(b) 御塌棚

(6) 筑护墙及围护棚(木质、石质、铁丝网)以阻挡坠落石块,并及时清除围护建筑物中的堆积物。

(7) 在软弱岩石出露处修筑挡土墙,以支持上部岩石的重力。这种措施常用于修建铁路路基而须开挖很深的路堑时。

6.3 泥石流

6.3.1 泥石流的概念

泥石流是山区特有的一种自然地质现象。它是由于降水(暴雨、融雪、冰川)而形成的一种挟带大量泥沙、石块等固体物质的特殊洪流,常突然爆发,来势凶猛,历时短暂,具有强大的破坏力。

泥石流与一般洪水不同。它爆发时,山谷雷鸣,地面震动,浑浊的泥石流体仗着陡峻的山势,沿着峡谷深涧前推后涌,冲出山外,往往在顷刻之间给人类造成巨大的灾害。1989年7月9日至10日,四川省华蓥市溪口镇发生了百年不遇的特大暴雨,降雨量达886mm/h。溪口镇东侧山体基底的软弱页岩饱水软化、蠕动,导致上覆岩体拉裂、解体,约100万 m^3 的岩体于10日13时30分突然启动,以15km/min的速度自高程820m的斜坡上向高程约300m的溪口镇滑去。在滑动过程中,滑体因碰撞和跳跃而被粉碎,产生"气垫"效应和冲击波,形成碎屑流。滑体所经之处,农田、房屋全被摧毁、吞没,掩埋221人,直接经济损失达几百万元。

泥石流按其物质组成可分为以下三类。

(1) 水石流型泥石流:一般含有非常不均匀的粗颗粒成分,黏土质细物质含量少,且它们在泥石流运动过程中极易被冲洗掉。所以,水石流型泥石流的堆积物常是很粗大的碎屑物质。

(2) 泥石流型泥石流:一般含有很不均匀的粗碎屑物质和相当多的黏土质细粒物质,具有一定的黏性,所以堆积物常形成联结较牢固的土石混合物。

(3) 泥水流型泥石流:固体物质基本由细碎屑和黏土物质组成。这类泥石流主要分布在中国黄土高原地区。

6.3.2 泥石流的形成条件

形成泥石流必须具备丰富的松散泥石物质来源,陡峻山坡、较大沟谷以及集中大量水源的地形、地质和水文气象条件。

1. 地形条件

典型泥石流的流域可分为以下三个区(见图 6-15)。

1) 泥石流形成区(上游)

该区多为三面环山、一面有出口的瓢状或斗状围谷。这样的地形既有利于承受来自周围山坡的固体物质,也有利于集中水流。山坡坡度多为 30°～60°,坡面侵蚀及风化作用强烈,植被生长不良,山体光秃破碎,沟道狭窄。在严重的塌方地段,沟谷横断面呈 V 形。

2) 泥石流流通区(中游)

该区多为狭窄而深切的峡谷或冲沟,谷壁陡峻而纵坡降较大,常出现陡坎和跌水,泥石流进入本区后极具冲刷能力。

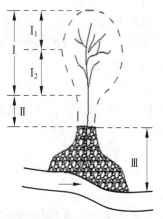

图 6-15 泥石流流域分区图
Ⅰ—形成区(I_1 为汇水动力区;
I_2 为固体物质供给区)
Ⅱ—流通区;Ⅲ—堆积区

流通区形似颈状或喇叭状。非典型的泥石流沟可能没有明显的流通区。

3）泥石流堆积区（下游）

该区一般位于山口外或山间盆地的边缘，地形较平缓。泥石流到达此处后速度急剧变小，最终堆积下来，形成扇形、锥状堆积体，有的堆积区还直接成为河漫滩或阶地。

2. 地质条件

丰富的固体物质来源取决于地区的地质条件。凡泥石流十分活跃的地区，都是地质构造复杂、断裂褶皱发育、新构造运动强烈、地震烈度大的地区。这些因素致使地表岩层破碎，各种不良物理地质现象（如山崩、滑坡、崩塌等）层出不穷，为泥石流中丰富的固体物质来源创造了有利条件。

3. 水文气象条件

形成泥石流的水源取决于地区的水文气象条件。中国广大山区形成泥石流的水源主要来自暴雨。暴雨量和强度越大，所形成的泥石流规模就越大。例如，云南东川地区一次在 6h 内降雨量达 180mm，形成了历史上少见的特大暴雨型泥石流。在高山冰川分布地区，冰川积雪的强烈消融也能为形成泥石流提供大量水源，冰川湖或由山崩、滑坡堵塞而成的高山湖的突然溃决，往往形成极大规模的泥石流。这样的例子在西藏东南部较为常见。

4. 人类因素

人类的某些工程活动可促进泥石流的发生、发展、复活，或加重其危害程度。可能诱发泥石流的人类工程经济活动主要有以下几个方面。

1）不合理开挖

不合理开挖指修建铁路、公路、水渠以及其他工程建筑的不合理开挖。

有些泥石流就是在修建公路、水渠、铁路以及其他建筑活动时破坏了山坡表面而形成的。如云南省东川至昆明公路的老干沟，修公路及水渠使山体破坏，加之 1966 年犀牛山地震又形成崩塌、滑坡，致使泥石流更加严重。又如香港多年来修建了许多大型工程和地面建筑，几乎每个工程都要劈山填海或填方才能获得合适的建筑场地，1972 年一次暴雨使正在挖掘工程现场施工的 120 人死于滑坡造成的泥石流。

2）不合理的弃土、弃渣、采石

这种行为形成泥石流的事例很多。如四川省冕宁县泸沽铁矿汉罗沟，因不合理堆放弃土、矿渣，1972 年一场大雨引发了矿山泥石流，冲出约 10 万 m³ 松散固体物质，淤埋 300m 成昆铁路和 250m 喜（德）-西（昌）公路，中断行车，给交通运输带来严重损失。又如 1973 年冬甘川公路西水附近沿公路的沟内开采石料，1974 年 7 月 18 日发生泥石流，使 15 座桥涵淤塞。

3）滥伐乱垦

滥伐乱垦会使植被消失，山坡失去保护，土体疏松，冲沟发育，加重水土流失，进而破坏山坡的稳定性，崩塌、滑坡等不良地质现象发育，就很容易引发泥石流。例如，甘肃省白龙江中游现为国内著名的泥石流多发区。而在 1000 多年前，那里竹树茂密、山清水秀，后因伐木烧炭，烧山开荒，森林被破坏，才造成泥石流泛滥。又如甘川公路石坳子沟山上大耳头，原是森林区，因毁林开荒，1976 年发生的泥石流毁坏了下游村庄和公路，造成人民生命财产的严重损失。当地群众总结："山上开亩荒，山下冲个光"。

6.3.3 泥石流的防治

掌握泥石流的独有特征和发生、发展规律,恰当选择线路的位置是防治泥石流的最有效措施。对于大型的严重发育的泥石流地段,一般绕避为好。万一无法绕避,应在调查泥石流活动规律后,选择有利位置,采用适宜的建筑物通过。

1) 拦挡工程

拦挡工程主要用于上游形成区的后缘,主要建筑物是各种形式的坝,其作用主要是拦泥滞流和护床固坡(见图6-16)。

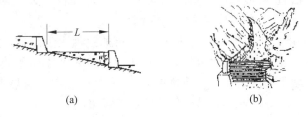

(a) (b)

图 6-16 泥石流拦挡措施

(a) 拦挡墙;(b) 格栅坝

2) 排导工程

排导工程主要用于下游的洪积扇,目的是防止泥石流漫流改道,减小冲刷和淤积的破坏,以保护附近的居民点、工矿点和交通线路。排导工程主要包括排导沟、渡槽、急流槽、导流堤和排洪道等。

3) 水土保持

水土保持是针对泥石流的治本措施。其措施包括平整山坡、植树造林、保护植被等,目的是维持较优化的生态平衡。

6.3.4 泥石流灾害的预报方法

预报泥石流灾害的方法主要有以下几点。

(1) 在典型的泥石流沟进行定点观测研究,力求解决泥石流的形成和运动参数问题,如对云南省昆明市东川区小江流域蒋家沟、大桥沟等泥石流的观测试验研究,对四川省汉源县沙河泥石流的观测研究等。

(2) 调查潜在泥石流沟的有关参数和特征。

(3) 暴雨是形成泥石流的激发因素,须加强水文、气象的预报工作,特别是对小范围或局部暴雨的预报。例如,当月降雨量超过350mm,或日降雨量超过150mm时,就应发出泥石流警报。

(4) 建立泥石流技术档案,特别是应逐个详细记录大型泥石流沟的流域要素、形成条件、灾害情况及整治措施等资料,并解决信息接收和传递等问题。

(5) 划分泥石流的危险区、潜在危险区,或进行泥石流灾害敏感度分区。

(6) 开展泥石流防灾警报器的研究及室内泥石流模型试验研究。

6.4　岩溶与土洞

岩溶，也称喀斯特(Karst)，是指可溶性岩层，如碳酸盐类岩(石灰岩、白云岩)、硫酸盐类岩层(石膏)和卤素类岩层(岩盐)等受水的化学和物理作用产生的沟槽、裂隙和空洞，以及由于空洞顶板塌落使地表产生陷穴、洼地等特殊的地貌形态和水文地质现象作用的总称。岩溶是不断流动着的地表水、地下水与可溶岩相互作用的产物。可溶岩被水溶蚀、迁移、沉积的全过程称为岩溶作用过程，而由岩溶作用过程所产生的一切地质现象称为岩溶现象。可溶岩表面的溶沟、溶槽，奇特的孤峰、石林、坡立谷、天生桥、漏斗、落水洞、竖井，以及地下的溶洞、暗河、钟乳石、石笋、石柱等皆是岩溶现象。

岩溶作用可使可溶性岩体的结构发生变化，岩石的强度大为降低，透水性明显增大，并富含地下水，因此岩溶往往对工程建筑的兴建和使用造成不利的影响，严重威胁水工建筑坝基的稳定，可能引发坝库渗漏。在世界建筑史上，许多处于岩溶化岩层上的建筑物，由于没有掌握岩溶的发育规律并进行适当处理，以致造成严重事故。

世界上75%的大陆为沉积岩，15%为碳酸盐岩，约4000万 km^2 大陆由可溶岩构成。中国碳酸盐分布面积为334万 km^2，约占国土面积的36%，四川、贵州、广西、湖南、湖北等是主要的岩溶区。中国地跨热带、亚热带和温带等不同气候区，形成独特的岩溶类型及特征。

南方地区以化学作用为主，地貌景观以石芽、石柱峰丛、峰林、大峡谷、溶洞等为特色；北方地区气温低，溶蚀速度较慢，水不是参与作用的主要原因，而是会发生以断裂、崩塌等物理因素为主的破坏。

6.4.1　岩溶

1. 岩溶的主要形态

在碳酸盐岩地层分布区最为发育，常见的地表喀斯特地貌有石芽、石林、峰林等喀斯特正地形，还有溶沟、落水洞、盲谷、干谷、喀斯特洼地(包括漏斗、喀斯特盆地)等喀斯特负地形，如图6-17所示。地下喀斯特地貌有溶洞、地下河、地下湖等。与地表和地下密切相关联的喀斯特地貌有竖井、天生桥等。

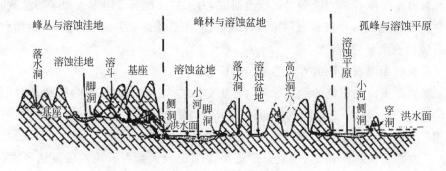

图 6-17　岩溶形态示意图

1) 石林、溶沟和溶槽

水沿可溶性岩石的节理、裂隙进行溶蚀和冲蚀所形成的沟槽间突起岩石称为石芽。形成的沟槽深度为数厘米至几米不等，或者更大些，浅者为溶沟，深者为溶槽。沟槽间底部往往被土及碎石所充填。质纯层厚的石灰岩地区可形成巨大的貌似林立的石芽，称为石林，如云南路南石林最高达50m。

2）落水洞

落水洞是流水沿裂隙进行溶蚀、机械侵蚀以及塌陷而形成的近于垂直的洞穴。它是地表水流入喀斯特含水层和地下河的主要通道，其形态不一，深度可达十几米到几十米，甚至达百余米。全国各地有很多对落水洞的称谓，如无底洞、消水洞、消洞等。落水洞进一步向下发育，可形成井壁很陡、近于垂直的井状管道，称为竖井或天然井。

3）溶蚀漏斗

溶蚀漏斗是地面凹地汇集雨水，沿节理垂直下渗，并溶蚀、扩展成漏斗状的洼地。其直径一般为几米至几十米，底部常有落水洞与地下溶洞相通。

4）干谷和盲谷

喀斯特地区地表水因渗漏或地壳抬升，原河谷干涸无水而变为干谷，干谷又称死谷。其底部较平坦，常覆盖有松散堆积物，沿干河床有漏斗、落水洞成群地作串球状分布，往往成为寻找地下河的重要标志。盲谷是一端封闭的河谷。河流前端常遇石灰岩陡壁阻挡，石灰岩陡壁下常发育有落水洞，遂使地表水流转为地下暗河。这种向前没有通路的河谷，称为盲谷，又称为断尾河。盲谷常发育于地下水水力坡降变陡处，是由地下河袭夺地表河所致。

5）溶洞

溶洞是石灰岩地区地下水长期溶蚀的结果。石灰岩的主要成分是碳酸钙（$CaCO_3$），在有水和二氧化碳时，发生化学反应生成碳酸氢钙（$Ca(HCO_3)_2$），后者可溶于水，于是形成空洞并逐步扩大。溶洞内常发育有石笋、钟乳石和石柱等。溶洞中这些碳酸钙沉积物琳琅满目，形态万千，一些著名的溶洞，如桂林的七星岩和芦笛岩、贵州的打鸡洞等，均为游览胜地。

6）暗河与天生桥

暗河是岩溶地区地下水汇集、排泄的主要通道，其中一部分暗河常与干谷伴随存在，通过干谷底部一系列的漏斗落水洞，使两者相连通，由此可大致判明地下暗河的流向。近地表的溶洞或暗河顶板塌陷，有时残留一段为塌陷处的洞顶，形成横跨水流，呈桥状，故称为天生桥。

2. 碳酸盐岩的溶蚀机理

参与岩溶过程中的营力及其所引起的岩溶作用较为复杂，诸如地下水和地表水的溶蚀和沉淀，地表水的侵蚀、剥蚀和堆积，地下洞穴高压空气的冲爆和低压空气的吸蚀，地下水的机械潜蚀、冲蚀和堆积，地下洞穴的重力坍塌、塌陷和堆积等。其中，以地表水和地下水的溶蚀作用最为经常和积极。溶蚀作用不仅直接塑造了各种地表和地下岩溶地貌，又是其他岩溶作用的先导和条件。自然界分布的可溶盐岩以碳酸盐岩为主，其岩溶的发育与工程建设的关系极为密切。因此，从工程地质观点研究岩溶的形成机理，应以地下水对碳酸盐岩的溶蚀作用为主。

碳酸盐岩是化学中的难溶盐，其发生岩溶作用的原因如下。地下水并非纯水，而是化学成分十分复杂的溶液，水中除了含有最常见的碳酸，还有无机酸、有机酸和其他盐类，这些化学成分对碳酸盐共同起着溶蚀作用。碳酸盐的溶蚀涉及多相体系化学平衡的复杂溶解过程，加上某些特殊效应使其溶蚀能力加强，致使岩溶发育既有由表及里的趋势，又有地下岩溶优先并强烈发育的现象。

3. 影响岩溶发育的因素

岩溶的发育必须具备以下条件：具有可溶性岩石；岩石是透水的；水必须具有侵蚀性；水在岩石中应处于不断的运动过程中。影响岩溶发育的因素有以下几点。

1) 岩体岩性的影响

首先，岩体是可溶的。根据岩石的溶解度，可把造成岩溶的岩石可分三大组：碳酸盐类岩石(如石灰岩、白云岩和泥灰岩)、硫酸盐类岩石(如石膏和硬膏)和卤素岩(如岩盐)。

这三组岩石以碳酸盐类溶解度最低，但当水中含有碳酸时，其溶解度将急剧增加。第二组为硫酸盐类岩石，其溶解度远远大于碳酸盐类岩石，硬石膏在蒸馏水中的溶解度为方解石的190倍。第三组是卤素岩，其溶解度比以上两者都大。就全国的分布情况来看，碳酸盐含量最多，依次为石膏和硬石膏，岩盐最少。

岩体不仅须由可溶解的岩石组成，而且岩体必须具有透水性能，才有发展成为岩溶的可能。其透水性包含两方面：一是指岩石本身的透水性，二是指岩体内的裂隙。

2) 气候的影响

气候是岩溶发育的一个重要因素，它直接影响着参与岩溶作用的水的溶蚀能力，控制岩溶发育的类型、规模和速度，主要表现在气温、降雨量、降水性质、降水的季节分布及蒸发量的大小和变化。其中，降水量和气温对岩溶发育的影响最大。降水量越大，气温越高，越有利于溶蚀作用，岩溶也越发育。

降水量的大小影响着地下水补给的丰缺，进而影响地下水的循环交替条件。降水通过空气，尤其是在土壤渗透补给地下水的过程中获得的游离 CO_2，能够大大加强水对碳酸盐岩的溶蚀能力，因此降水量大的地区比降水量小的地区岩溶发育更强烈。

温度的高低直接影响各种化学反应速度和生物新陈代谢的快慢，温度较高的地区常比温度较低的地区岩溶更发育。

在热带地区，溶蚀或侵蚀-溶蚀起主导作用，岩溶作用充分而强烈，地表为峰林、丘峰、溶洼及溶原，地下洞穴系统及暗河发育，岩溶泉数量多，水量大。亚热带地区以溶丘、溶洼和溶斗为特征，岩溶发育。在温带地区，地表岩溶一般不太发育，为常态侵蚀地形，几乎无岩溶封闭负地形，以规模不大的地下隐伏岩溶为主，岩溶泉数量少，但流量较大而稳定，本区以干谷和岩溶泉为特征。湿润气候区有岩溶作用及流水侵蚀作用，剥蚀面上有封闭的岩溶负地形残留，并在此基础上发育为现代岩溶。温带干旱气候区的现代岩溶作用极其微弱，早期形成的石芽、溶洞、溶沟、溶斗等逐渐受到其风化作用的破坏。

3) 地形地貌的影响

地形地貌是影响地下水循环交替条件的重要因素。

(1) 区域地貌表征着地表水文网的发育特点，反映了局部和区域性的侵蚀基准面以及地下水排泄基准面的性质和分布，控制地下水的运动趋势和方向，从而控制了岩溶发育的总趋势。

(2) 不同地貌部位发育的岩溶形态不同。岩溶平原区的垂直渗入带较薄，容易形成埋深较浅的溶洞和暗河。宽缓切割的分水岭地带的垂直渗入带也较薄，可在不深处发育水平洞穴。切割较深的山地、高原或高原边缘地带的垂直渗入带很厚，地下水埋藏很深，以垂直岩溶形态为主，水平岩溶形态发育于埋深较大的地下水面附近。

补给区与排泄区高差越大,距离越短,则地下水的循环交替条件越好,岩溶发育越强烈,深度也越大。随高程变化,岩溶形态分布具有明显的垂直分带性,如新几内亚岛高山区岩溶的垂直分带如表 6-3 所示。

表 6-3　新几内亚岛高山区岩溶形态　　　　　　　　　　　　　　　m

岩溶形态	最大发育带高度
石林	0~200
峰林	0~1500
溶丘与洼地	2500~3700
溶沟	3500~4500

4) 地质构造的影响

断裂的产状、性质、密度、规模及相互结合的特点,决定着岩溶的形态、规模、发育速度及空间分布。如沿一组优势裂隙可发育成溶沟、溶槽;沿两组或两组以上裂隙可发育成石芽及落水洞。大型溶蚀洼地的长轴、落水洞和溶斗的平面分布以及溶洞和暗河的延伸方向,常与断层或某组优势节理裂隙的走向一致。规模较大的断层常可构成小型或次级断裂的集水通道,其水源补给充沛,混合溶蚀效应条件较好,因此易于形成巨大规模的洞穴。

褶皱的形态、性质及展布方向,控制着可溶盐岩及岩溶的空间分布。如褶皱开阔平缓时,碳酸盐岩在地表的分布较广泛,岩溶较为发育,分布也较广泛;在紧密褶皱区,可溶盐岩与非可溶盐岩相间分布,地表侵蚀与溶蚀地貌景观也呈相间分布,地下洞穴系统横向发展受限,岩溶主要沿岩层走向发育。

5) 新构造运动的影响

新构造运动的性质十分复杂,从对岩溶发育的影响来看,地壳的升降运动与其关系最为密切。地壳运动的性质、幅度、速度和波及范围,控制着地下水循环交替条件的好坏及其变化趋势,从而控制了岩溶发育的类型、规模、速度、空间分布及岩溶作用的变化趋势。

地壳运动的基本形式有上升、下降和相对稳定三种。

地壳相对稳定时,当地局部排泄基准面与地下水面的位置都比较固定,水对碳酸盐岩长时间进行溶蚀作用,地下水动力分带现象及剖面上岩溶垂直分带现象都十分明显,有利于侧向岩溶作用,岩溶形态的规模较大。可在地表形成溶原、溶洼及峰林地形,地下各种岩溶通道十分发育,尤其在地下水面附近,可形成连通性较好、规模巨大的水平溶洞和暗河。地壳相对稳定的时间越长,则地表与地下岩溶越强烈。

地壳上升控制碳酸盐岩地区的侵蚀基准面,如流经碳酸盐岩分布区的河水位相对下降,则地下水位也相应下降。这时,虽然地下水的径流排泄条件较好,但因地下水位不断下降,侧向岩溶作用较弱,水平溶洞和暗河不发育,而以垂直形态的岩溶(溶隙、垂直管道)为主,虽岩溶作用深度较大,但其差异性和岩溶空间分布的不均匀性都不显著。

地壳下降时,地下水的循环交替条件减弱,岩溶作用也减弱。当地壳下降幅度较大时,已经形成的岩溶可能被新的沉积物所覆盖,成为隐伏岩溶。覆盖层厚度为数米至数十米者为覆盖型岩溶;覆盖层厚度为数十米至数百米时为掩埋型岩溶。这时,新的岩溶作用微弱,甚至停止发育。

6.4.2　土洞与潜蚀

土洞是因地下水或者地表水流入地下土体内,将颗粒间的可溶成分溶滤,带走细小颗粒,使土体被掏空成洞穴而形成的。当土洞发展到一定程度时,上部土层发生塌陷,破坏了地表原来形态,危害建(构)筑物的安全和使用。

1. 土洞的形成条件

土洞主要是由潜蚀作用形成的。潜蚀是指地下水流在土体中进行溶蚀和冲刷的作用,分为机械潜蚀和溶滤潜蚀。

如果土体内不含有可溶成分,则地下水流仅将细小颗粒从大颗粒间的孔隙中带走,这种现象称为机械潜蚀。其实,机械潜蚀也是冲刷作用之一,也称为内部冲刷。

如果土体内含有可溶成分,地下水流先将土中可溶成分溶解,而后将细小颗粒从大颗粒间的孔隙中带走,因而这种具有溶滤作用的潜蚀称为溶滤潜蚀。溶滤潜蚀主要是因溶解土中可溶物而使土中颗粒间的联结性减弱和破坏,从而使颗粒分离和散开,为机械潜蚀创造条件,如黄土,含碳酸盐、硫酸盐或氯化物的砂质土和黏质土等。

机械潜蚀的发生原因,除了土体的结构和级配成分能容许细小颗粒在其中搬运移动,地下水的流速是其搬运细小颗粒的动力。

能搬动颗粒的流速称为临界流速(V_{cr}),不同直径(d)的颗粒各自具有一定的临界流速。当地下水流速(V)大于临界流速(V_{cr})时,就要注意发生潜蚀的可能性。

2. 土洞的类型

土洞可分为由地表水下渗发生机械潜蚀作用形成的土洞和由岩溶水流潜蚀作用形成的土洞。

1) 由地表水下渗发生机械潜蚀作用形成的土洞

该种土洞的主要形成因素有以下三点。

(1) 土层的性质是造成土洞发育的根据。最易发育成土洞的土层是含碎石的亚砂土层。

(2) 土层底部必须有排泄水流和土粒的良好通道。

(3) 地表水流能直接渗入土层中。地表水渗入土层内有三种方式:利用土中孔隙渗入,沿土中的裂隙渗入,以及沿一些洞穴或管道流入。

2) 由岩溶水流潜蚀作用形成土洞

这类土洞与岩溶水有水力联系,它分布于岩溶地区基岩面与上覆土层(一般是饱水的松软土层)的接触处。

这类土洞是由于岩溶地区的基岩面与上覆土层接触处分布有一层饱水程度较高的软塑至半流动状态的软土层,当地下水在岩溶的基岩表面附近活动时,水位的升降可使软土层软化,地下水的流动能在土层中产生潜蚀和冲刷,可将软土层中的土粒带走,于是在基岩表面被冲刷成洞穴。

本类土洞发育的快慢主要取决于以下因素。

(1) 基岩面上覆土层的性质:如为软土或高含水量的稀泥,则基岩面上容易被水流潜蚀和冲刷。

（2）地下水的活动强度。

（3）基岩面附近岩溶和裂隙的发育程度。

6.4.3　岩溶和土洞的防治

防治岩溶和土洞，应首先设法避开有威胁的岩溶和土洞区，实在不能避开时，再考虑其他处理方案。

（1）挖填：即挖除软弱充填物，回填以碎石、块石或混凝土等，并分层夯实。

（2）跨盖：采用长梁式基础或刚性大平板等方案跨越。

（3）灌注：可采用水泥或水泥黏土混合灌浆于岩溶裂隙中；对于土洞，可在洞体范围内的顶板打孔灌砂或砂砾，应注意灌满和密实度。

（4）排导：对自然降雨和生产用水，应防止下渗，采用截、排水措施，将水引导至他处排泄。

（5）打桩：对于土洞埋深较大时，可用桩基处理，除了可以提高支承能力，还可靠桩来挤压、挤紧土层，并改变地下水的渗流条件。

6.5　地震及其效应

6.5.1　地震的概念

地震是一种地质现象，是地壳构造运动的一种表现。由于某种原因，地下深处的岩层突然破裂、塌陷以及火山爆发等而产生振动，并以弹性波的形式传递到地表，这种现象称为地震。

地震是一种破坏性很强的自然灾害，强烈地震瞬间可使很大范围的城市和乡村沦为废墟。因此，在规划各种工程活动时，都必须考虑地震这样一个极其重要的环境地质因素，而在修建各种建筑物时，都必须考虑其可能遭受的地震烈度，并采取相应的防震措施。

下面列出几类地震之最。

（1）中国最早有记载的地震：尧舜时代（公元前23世纪），发生在现蒲州的地震。

（2）世界上第一台地动仪的发明人：中国东汉科学家张衡，于公元138年记录到陇西大地震。

（3）世界上引起最大火灾的地震：1923年9月1日的日本关东8.3级大地震，木屋居多的东京有36.6万户房屋被烧毁，死亡和下落不明者达14万人，其中多数人是被地震引发的大火烧死的；横须贺市有3.5万户房屋被烧毁；横滨市有5.8万户房屋被烧毁。

（4）中国引起最大水灾的地震：1786年6月1日发生在中国康定南的7.5级地震，因山崩使大渡河截流，10日后决口，发生了特大洪水，造成几十万人死亡。

（5）世界历史上最大的地震：1960年5月22日19时11分发生在南美智利的地震，震级达到8.9级。从5月21日开始，一个月内发生的地震，3次超过8级，10次超过7级，其规模之大，释放能量之多，实为罕见。

（6）世界上第一次成功预报并取得明显减灾实效的地震：1975年2月4日海城7.3级

地震,被世界科技界称为"地震科学史上的奇迹"。

(7) 死亡人数最多的地震:1556 年 1 月 23 日陕西华县的 8.3 级地震,有 83 万多人死亡。死亡人数排名前十的地震见表 6-4。

表 6-4　死亡人数排名前十的地震

排　　名	地　　点	时　　间	死亡人数/人	震　　级
1	中国陕西华县	1556 年	830000	8.3
2	印度加尔各答	1737 年	300000	未知
3	中国河北唐山	1976 年	242000	7.9
4	叙利亚阿勒坡	1138 年	230000	未知
5	伊朗达姆甘	856 年	200000	未知
6	中国甘肃海源	1920 年	200000	8.2
7	中国南山	1927 年	200000	8.3
8	伊朗阿尔达比勒	893 年	150000	未知
9	日本关东	1923 年	142000	8.3
10	中国河北仁河	1290 年	100000	未知

6.5.2　地震的成因及其分布

1. 形成地震的原因

形成地震的原因较多。地震按其成因,可分为天然地震和人为地震。人为地震所引起的地表振动都较轻微,影响范围很小,且能做到及时预告及预防,以下所涉及的地震均指天然地震。天然地震按其成因可划分为构造地震、火山地震、陷落地震和人工诱发地震。

1) 构造地震

由于地质构造作用所产生的地震称为构造地震。这种地震与构造运动的强弱直接相关,分布于新生代以来地质构造运动最为剧烈的地区。构造地震是地震的最主要类型,约占地震总数的 90%。构造地震中最为普遍的是由于地壳断裂活动而引起的地震。这种地震绝大部分都是浅源地震,由于它距地表很近,对地面的影响最为显著,一些破坏性巨大的地震都属于这种类型。一般认为,这种地震是由于岩层在大地构造应力的作用下产生应变,积累了大量的弹性应变能,一旦应变超过极限数值,岩层就会突然发生破裂和位移而形成大的断裂,同时释放出大量的能量,以弹性波的形式引起地壳的振动,从而产生地震。此外,在已有的大断层上,当断裂的两盘发生相对运动时,如断裂面上伸出坚固的大块岩层,能够阻挡相对运动,则局部的应力就越来越集中,一旦超过极限,阻挡的岩块被粉碎,就会发生地震。

2) 火山地震

由于火山喷发和火山下面岩浆活动而产生的地面振动称为火山地震。在一些大火山带,都能观测到与火山活动有关的地震。火山活动有时相当猛烈,但地震波及的地区多局限于火山附近数十千米的范围。火山地震约占地震总数的 7%,在中国很少见,主要分布在日本、印度尼西亚及南美等地,如 1960 年 5 月智利大地震就引起了火山的重新喷发。

3）陷落地震

由洞穴崩塌、地层陷落等引发的地震称为陷落地震。这种地震能量和震级小,发生次数较少,仅占地震总数的 5%。在岩溶发育地区,由于溶洞陷落而引起的地震危害小,影响范围不大,为数亦很少。在一些矿区,当岩层比较坚固、完整时,采空区并不会立即塌落,而是待悬空面积相当大以后方才塌落,因而造成矿山陷落地震。矿山陷落地震总是发生在人烟稠密的工矿区,对地面上的破坏不容忽视,对安全生产有很大威胁,所以也是地震研究的一个课题。

4）人工诱发地震

人工诱发地震的原因有两点。一是由于水库蓄水或向地下大量灌水,增大地下岩层负荷,如果地下有大断裂或构造破碎带存在,断层面浸水润滑加之水库荷载等共同作用,会使断层复活而引起地震。二是由于地下核爆炸或地下大爆破,巨大的爆破力量对地下产生强烈的冲击,促使地壳小构造应力的释放,从而诱发地震。

2. 地震的分布

地震并不是均匀分布于地球的各个部分,而是集中于某些特定的条带或板块边界上。地震集中分布的条带称为地震活动带或地震带。

1）世界地震分布

全球主要地震活动带有环太平洋地震带、欧亚地震带和大洋海岭地震带。

环太平洋地震带沿南、北美洲西海岸,向北至阿拉斯加,经阿留申群岛至堪察加半岛,转向西南沿千岛群岛至日本列岛,然后分为两支,一支向南经马里亚纳群岛至伊利安岛;另一支向西南经中国台湾、菲律宾、印度尼西亚至伊利安岛,两支汇合后经所罗门至新西兰。这一地震带的地震活动性最强,是地球上最主要的地震带。全世界 80% 的浅源地震、90% 的中源地震和几乎全部深源地震集中于此带,其释放出来的地震能量约占全球所有地震释放能量的 76%。

欧亚地震带主要分布于欧亚大陆,又称为地中海-喜马拉雅地震带,西起大西洋亚速尔岛,经地中海、希腊、土耳其、印度北部、中国西部与西南地区,过缅甸至印度尼西亚与环太平洋地震带汇合。这一地震带的地震很多,也很强烈,它们释放出来的能量约占全球所有地震释放能量的 22%。

大洋海岭地震带分布在太平洋、大西洋、印度洋中的海岭(海底山脉)。

2）中国地震分布

中国的地震活动主要分布在 5 个地区的 23 条地震带上。这 5 个地区如下所述。①台湾省及其附近海域;②西南地区,主要是西藏、四川西部和云南中西部;③西北地区,主要在甘肃河西走廊、青海、宁夏、天山南北麓;④华北地区,主要在太行山两侧、汾渭河谷、阴山—燕山一带、山东中部和渤海湾;⑤东南沿海的广东、福建等地。

6.5.3 地震波及其传播

地震时震源释放的应变能以弹性波的形式向四面八方传播,这种波就称为地震波。地震波使地震具有巨大的破坏力,也使人们得以研究地球内部。地震波包括在介质内部传播的体波和限于界面附近传播的面波。

1. 体波

体波有纵波和横波两种类型。纵波（P 波）是由震源传出的压缩波，质点的振动方向与波的前进方向一致，一疏一密向前推进，所以又称为疏密波。纵波周期短、振幅小，其传播速度在所有波中最快，震动的破坏力较小。横波（S 波）是由震源传出的剪切波，质点的振动方向与波的前进方向垂直，传播时介质体积不变，但形状改变。横波周期较长、振幅较大，其传播速度较小，为纵波速度的 0.5～0.6 倍，但震动的破坏力较大。

2. 面波

面波（L 波）是体波达到界面后激发的次生波，只是沿着地球表面或地球内的边界传播，并向地面以下迅速消失。面波随着震源深度的增加而迅速减弱，震源越深，面波越不发育。一般情况下，当横波和面波到达时，振动最强烈。建筑物的破坏通常是由横波和面波造成的。

6.5.4　地震级和地震烈度

地震能否使某一地区的建筑物遭到破坏，主要取决于地震本身的大小和该区距震中的远近，距震中越远，则受到的振动越弱。所以，需要有衡量地震本身大小和某一地区振动强烈程度的两个尺度，这就是震级和烈度，它们之间有一定联系，却是两个不同的尺度，不能混淆起来。

1. 地震震级

地震震级是表示地震本身大小的尺度，是由地震所释放出来的能量大小决定的。释放出来的能量越大，则震级越大。因为一次地震所释放的能量是固定的，所以每次地震只有一个震级。

地震所释放能量的大小可根据地震波记录图的最高振幅来确定。由于远离震中的波动会发生衰减，不同地震仪的性能不同，记录的波动振幅也不同，所以必须以标准地震仪和标准震中距的记录为准。

李希特-古登堡震级是用 μm 为单位（1mm 的千分之一）来表示离开震中 100km 的标准地震仪所记录的最大振幅，并用对数来表示。这里所说的标准地震仪是指周期为 0.8s，衰减常数约等于 1，放大倍数为 2800 倍的地震仪。例如，离震中 100km 处的地震仪，其记录纸上的振幅是 10mm，用 μm 单位计算是 $10000\mu m$，取其对数则等于 4，根据定义，这次地震是 4 级。

地震的能量 E 与地震的震级 M 之间有一定的关系：$\lg E = 11.8 + 5M$，具体换算后的数值见表 6-5。

表 6-5　地震能量 E 与地震震级 M 的关系

震级	$E/10^{-7} J$	震级	$E/10^{-7} J$
1	2×10^{13}	6	6.31×10^{20}
2	6.31×10^{14}	7	2×10^{22}
3	2×10^{16}	8	6.31×10^{23}
4	6.31×10^{17}	8.5	3.55×10^{24}
5	2×10^{19}	8.9	1.41×10^{25}

一次 1 级地震所释放出来的能量相当于 $2×10^6$ J。震级每增大一级,能量约增加 30 倍。一次 7 级地震释放出的能量相当于 30 个 2 万吨级原子弹爆炸后产生的能量。小于 2 级的地震,人们感觉不到,称为微震;2～4 级地震称为有感地震;5 级以上的地震开始引起不同程度的破坏,统称为破坏性地震或强震;7 级以上的地震称为强烈地震或大震。已记录的最大地震震级未超过 8.9 级,这是因为岩石强度不能积蓄超过 8.9 级地震所需的弹性应变能。

2. 地震烈度

1) 定义及破坏现象

地震烈度是指某一地区的地面和各种建筑物遭受地震影响的强烈程度。地震烈度表是划分地震烈度的标准。它主要是根据地震时地面建筑物受破坏的程度、地震现象、人的感觉等来划分制订的。中国和世界上大多数国家都把地震烈度分为 12 度,如表 6-6 所示。

表 6-6　地震烈度及对应地面破坏现象

烈度	房　屋	结　构　物	地表现象	其他现象
1	无损坏	无损坏	无	无感觉,仪器才能记录到
2	无损坏	无损坏	无	个别非常敏感的、在完全静止中的人才能感觉到
3	无损坏	无损坏	无	室内少数在完全静止中的人能感觉到振动,如同载重车辆很快从旁驶过,细心的观察者可注意到悬挂物轻微摇动
4	门窗和纸糊的顶篷有时轻微作响	无损坏	无	室内大多数人有感觉,室外少数人有感觉,少数人从梦中惊醒,悬挂物摇动,器皿中液体轻微振荡,紧靠在一起、不稳定的器皿作响
5	门、窗、地板、天花板和屋架木楔轻微作响,开着的门窗摇动,尘土落下,粉饰的灰粉散落,抹灰层上可能有细小裂缝	无损坏	不流通的水池里翻起不大的波浪	室内几乎所有人和室外大多数人有感觉大多数人都从梦中惊醒,家畜不宁,悬挂物明显地摇摆,挂钟停摆,少量液体从装满的器皿中溢出,架上放置不稳的器物翻倒或落下
6	许多Ⅰ类房屋损坏,少数破坏(毁坏严重的房、棚可能倾倒),许多Ⅱ、Ⅲ类房屋轻微损坏,少数Ⅱ类房屋损坏	牌坊,砖、石砌的塔和院墙轻微损坏;个别情况下,道路上湿土中或新的填土中有细小裂缝	个别情况下,潮湿、疏松的土里有细小裂缝,山区中偶有不大的滑坡、土石散落和陷穴	很多人从室内跑出,行动不稳,家禽从厩内跑出,器皿中的液体剧烈动荡。书架上的书籍和器皿等有时翻倒或坠落,轻的家具可能移动

续表

烈度	房　屋	结　构　物	地表现象	其他现象
7	大多Ⅰ类房屋损坏，许多破坏，少数倾倒；大多Ⅱ类房屋损坏，少数破坏；大多数Ⅲ类房屋轻微损坏，许多损坏（有的可能破坏）	少数不很坚固的院墙破坏，有些可能倒塌。较坚固的院墙损坏，不很坚固的城墙有很多地方损坏，有些地方破坏，少数城墙倒塌。有些较坚固的城墙地方损坏；牌坊、砖、石砌的塔及工厂的烟囱可能损坏；很多碑石和纪念物轻微损坏，由于黄土崩塌，土窑洞的洞口遭受破坏；个别情况下，道路上有小裂缝；路基陡坡和新筑道路土堤的斜坡上偶有塌方	干土中有时产生细小裂缝。潮湿或松散的土中，裂缝较多、较大；少数情况下冒出夹泥沙的水；个别情况下发生陡坎滑坡。山区中有不大的滑坡和土石散落。土质松散的地区可能发生崩塌，泉水的流量和地下水位可能发生变化	人从室中仓惶逃出，驾驶汽车的人也有感觉，悬挂物强烈摇摆，有时损坏或坠落。轻的家具移动，书籍、器皿和用具坠落
8	大多数Ⅰ类房屋破坏（许多倾倒）；许多Ⅱ类房屋破坏（少数倾倒）；大多数Ⅲ类房屋损坏（少数破坏）	不很坚固的院墙破坏，并有局部倒塌，较坚固的院墙局部破坏，不很坚固的城墙很多地方破坏，有些地方崩塌，许多城墙倒塌。较坚固的城墙有些地方破坏，少数砖、石城墙倒塌，许多牌坊损坏；砖、石砌的塔及工厂烟囱遭受损坏，不很坚固者破坏甚至倒塌；不很稳定的碑石和纪念物移动或翻倒。很多较稳定的碑石和纪念物损坏，有些翻倒；路堤和路堑的陡坡上有不大的塌方；个别情况下，地下管道的接头处遭受破坏	地上裂缝达几厘米，土质疏松的山坡和潮湿的河上，裂缝宽度可达10cm以上。在地下水位较高的地区，常有夹泥沙的水从裂缝或喷口里冒出；在岩石破碎、土质疏松的地区，常发生相当大的土石散落、滑坡和山崩；有时河流受阻，形成新的水塘，有时井泉干涸或产生新泉	人很难站得住，由于房屋破坏，人畜有伤亡；家具移动，并有一部分翻倒

续表

烈度	房 屋	结 构 物	地表现象	其他现象
9	大多数Ⅰ类房屋倾倒;许多Ⅱ类房屋倾倒;许多Ⅲ类房屋破坏,少数倾倒	大部分不很坚固的院墙倒塌;大部分较坚固的院墙破坏,局部倒塌;较坚固的城墙有很多地方发生破坏,许多碟墙倒塌,牌坊可能破坏;很多砖、石砌的塔及工厂烟囱破坏,甚至倾倒;很多较稳定的碑石和纪念物翻倒;道路上有裂缝。有时路基毁坏。个别情况下,铁轨局部弯曲,有些地方地下管道破裂或损伤	地上裂缝很多,竟达10cm。斜坡上或河岸边疏松的堆积层中,有时裂缝纵横宽度可达几十厘米,绵延很长。发生滑坡、土石散落和山崩;常有井泉干涸或新泉产生	家具翻倒并损坏
10	许多Ⅲ类房屋倾倒	许多牌坊破坏;砖、石砌的塔及工厂烟囱大都倒塌;较稳定的碑石和纪念物大都翻倒;路基和土堤毁坏。道路变形,并有很多裂缝,铁轨局部弯曲,地下管道破裂	地上裂缝宽几十厘米,个别情况下达1m以上,堆积层中的裂缝有时组成宽大的裂缝带,断续绵延可达几千米以上。个别情况下,岩石中有裂缝;山区和岸边的悬崖崩塌,疏松的土大量崩滑,形成相当规模的新湖泊,河、池中发生击岸的大浪	
11	房屋普遍毁坏	路基和土堤大段毁坏,大段铁轨弯曲,地下管道完全不能使用	地面形成许多宽大裂缝。有时从裂缝里冒出大量疏松的、浸透水的沉积物,发生大规模的滑坡、崩塌和山崩。地表产生相当大的垂直和水平断裂,地表水情况和地下水位剧烈变化	由于房屋倒塌,压死大量人畜,埋没许多财物
12	广大地区内房屋普遍毁坏	建筑物普遍毁坏	广大地区内,地形有剧烈的变化,地表水和地下水情况剧烈变化	由于浪潮及山区内崩塌和土石散落的影响,动植物遭到毁坏

表6-6中所涉的房屋类型可分如下三类。

Ⅰ类:简陋的棚舍;土坯或毛石等砌筑的拱窑;夯土墙或土坯、碎砖、毛石、卵石等砌墙,用树枝、草泥做顶,施工粗糙的房屋。

Ⅱ类:夯土墙或用低级灰浆砌筑的土坯、碎砖、毛石、卵石等墙,不用木柱,或虽有细小木柱,但无正规木架的房屋;老旧、有木架的房屋。

Ⅲ类:有木架的房屋(宫殿、庙宇、城楼、钟楼、鼓楼和质量较好的民房);竹笆或灰板条外墙,有水架的房屋;新式砖石房屋。

2)建筑物的破坏程度

建筑物的破坏程度有如下几种情况。

(1)轻微损坏:粉饰的灰粉散落,抹灰层上有细小裂缝或小块剥落,偶有砖、瓦、土坯或发浆碎块等坠落,不稳固的饰物滑动或损伤。

(2)损坏:灰层上有裂缝,泥块脱落;砌体上有小裂缝,不同的砌体之间(如砖墙与土坯墙间)产生裂缝,个别砌体局部崩塌;木架偶有轻微拔榫。砌体的突出部分和民房烟囱的顶部扭转或损伤。

(3)破坏:抹灰层大片崩落;砌体裂开大缝或破裂,并有个别部分倒塌,木架拔榫,柱脚移动;部分屋顶破坏,民房烟囱倒下。

(4)倾倒:建筑物全部或相当大部分的墙壁、楼板和房顶倒塌,有时屋顶移动;砌体严重变形或倒塌;木架显著地倾斜,构件折断。

3. 震级和地震烈度的关系

震级和烈度既有联系,又有区别,它们各有自己的标准,不能混淆。震级反映地震本身大小的等级,只与地震释放的能量有关,而烈度则表示地面受到的影响和破坏的程度。一次地震只有一个震级,而各地表现出的烈度不同。烈度不仅与震级有关,还与震源深度、震中距以及地震波通过的介质条件(如岩石的性质、岩层的构造等)等多种因素有关。根据经验,震级和地震烈度的关系大致如表6-7所示。

表6-7　震级和地震烈度的关系

震级	<3	3	4	5	6	7	8	>8
地震烈度	1~2	3	4~5	6~7	7~8	9~10	11	12

地震烈度又可分为基本烈度、建筑场地烈度和设计烈度。

基本烈度是指在今后一定时期内,某一地区在一般场地条件下可能遭遇的最大地震烈度。基本烈度所指的地区,并不是某一具体工程场地,而是指一个较大的范围,如一个区、一个县或更广泛的地区,因此基本烈度又常常称为区域烈度。

场地烈度是指建设地点在工程有效使用期内可能遭遇的最高地震烈度,是在基本烈度的基础上,考虑了小区域地震烈度异常的影响后确定的。工程场地条件对建筑破坏程度的影响很复杂,特别是软弱地基上建筑物的破坏。场地烈度比基本烈度更符合工程建设地点的实际情况,可作为抗震设防的具体依据。

设计烈度是指在场地烈度的基础上,考虑工程的重要性、抗震性和修复的难易程度,根据规范进一步调整,而得到的烈度,亦称为设防烈度。设防烈度是指国家审定的一个地区抗震设计实际采用的地震烈度,一般情况下可等同于基本烈度。

6.5.5　地震对建筑物的影响

在地震作用下,地面会出现各种震害和破坏现象,也称为地震效应,即地震的破坏作用。

它主要与震级大小、震中距和场地的工程地质条件等因素有关。地震破坏作用可分为振动破坏和地面破坏两个方面。前者主要是地震力和振动周期的破坏作用,后者则包括地面破裂、斜坡破坏及地基强度失效。

1. 地震力效应

地震力,即地震波传播时施加于建筑物的惯性力。假如建筑物受重力 W,质量为 W/g, g 为重力加速度,则在地震波的作用下,建筑物所受到的最大水平惯性力(P)

$$P = \frac{W}{g} \cdot a_{max} = W \cdot \frac{a_{max}}{g} = WK_c \tag{6-4}$$

式中　K_c——水平地震系数,$K_c = \dfrac{a_{max}}{g}$。

当 $K_c \geqslant 1/100$ 时,相当于烈度为 7 度,建筑物即开始破坏。地震最大加速度 a_{max} 与 K_c 值是两个重要的数据指标,各种烈度的对应数值详见抗震规范。

由于地震波加速度的垂直分量较水平分量小,仅为其 $1/3 \sim 1/2$,且建筑物竖向安全储备一般较大。所以,一般情况下设计时只考虑水平地震作用,水平地震系数也称为地震系数。

建筑物地基受地震波冲击而震动,也引起建筑物的振动。当二者振动周期相等或相近时就会引起共振,使建筑物振幅增大而倾倒,破坏。建筑物的自振周期取决于所用的材料、尺寸、高度以及结构类型,可用仪器测定或根据公式进行计算。据统计,1~2 层结构物的自振周期为 0.2s,4~5 层者为 0.4s,11~12 层者约为 1s。建筑物越高,自振周期越长。

地震持续的时间越长,建筑物的破坏也越严重。土质越软弱,土层越厚,振动历时也越长。软土场地地震可比坚硬场地历时长几秒至十几秒。

2. 地面破裂与斜坡破坏效应

地面破裂效应是指地震形成的地裂缝以及沿破裂面可能产生较小的相对错动,但不是发震断层或活断层。地裂缝多产生于河、湖、水库的岸边及高陡悬崖上边。在平原地区,松散沉积层中尤为多见。在岸边地带出现的裂缝大多顺岸边延伸,可由数条至十几条大致平行排列。例如,1965 年邢台地震时,震中区附近滏阳河边广泛分布有大致平行排列的数条大裂缝,顶宽可达 1m 以上,长可达数百米。垂直于河流方向裂缝分布范围可达数十米,使河岸及附近建筑遭受严重破坏。

斜坡破坏效应是指在地震作用下斜坡失稳,发生崩塌、滑坡现象。大规模的边坡失稳不仅可以造成道路、村庄、堤坝等的毁坏,而且可以堵塞江河。例如,1933 年四川叠溪发生 7.5 级大地震,沿岷江及其支流发生多处大的崩塌、滑坡。崩石堆积堵塞岷江,形成两个堰塞湖,当地称海子。大海子长约 7km,最大水深 94m;小海子长约 4km,最大水深 91m。1 个多月后,堆石坝溃决,使下游又遭受严重水灾。

3. 地基失效

地基失效主要是指地基土体产生震动压密、下沉、地基液化及松软地层的流塑变形等,使地基失效而造成建筑物的破坏。最常见的是地震液化现象。

地震液化是指饱水砂土受强烈振动后呈现出流动状态的现象。当液化现象出现后,砂土的抗剪强度完全丧失,失去承载能力,从而导致建筑物破坏。砂土液化现象还可导致出现地面喷水冒砂、地面下沉、地下掏空等现象。地震液化主要发生在粉、细砂层中,发生强烈地震时,粉质黏、中砂层中也可出现。

此外,发生海震时,海啸可对沿岸港口、码头等建筑造成很大的破坏作用。

本章小结

风化作用是地球表面最普遍的一种外力地质作用。风化作用有物理风化、化学风化和生物风化三种。影响风化作用的因素主要有温度、岩石释重、水、氧、地形和地质条件等。风化作用可导致岩土的工程性质发生变化,使岩石的强度和稳定性降低,变形增加,直接影响建筑场地的工程特性。因此,在工程建设前,必须对岩石的风化情况进行认真的调查和处理。

斜坡是一种极为常见的地表形态,由此引起的不良地质现象——滑坡和崩塌也并不罕见。斜坡的存在为地球的重力作用提供了广阔的空间,滑动是其中最重要的一类。斜坡坡度、物质组成和结构的不同,使得其在重力作用下的运动方式也不一样。影响斜坡稳定性的因素多种多样,有内因也有外因,而水起着重要的作用。

泥石流是山区特有的一种自然地质现象。它是由于降雨(暴雨、融雪、冰川)而形成的一种挟带大量泥沙、石块等固体物质的特殊洪流,具有强大的破坏力。泥石流爆发突然,历时短暂,来势凶猛,具有强大的破坏力,危害着山区的工、农业生产和人民生活,故对泥石流及其防治的研究工作具有重要意义。

岩溶是石灰岩地区特有的水文和地貌现象。岩溶现象的发生与特有的地质条件以及地表与地下水密切相关。因此,岩溶地貌的组合规律研究对岩溶区工程地质问题的分析和解决显得尤为重要。

地震是地壳构造运动的一种表现,属于不良地质现象,强烈地震是一种破坏性很强的自然灾害。因此,在规划各种工程活动时,都必须考虑地震这样一个极其重要的环境地质因素,而在修建各种建筑物时,都必须考虑可能遭受的地震等级和烈度,并采取相应的防震措施。

思考题

1. 影响风化作用的因素有哪些?风化作用对岩石的工程性质有何影响?
2. 什么是滑坡?其主要形态特征是什么?
3. 形成滑坡的条件是什么?影响滑坡发生的因素有哪些?
4. 滑坡的防治原则是什么?有哪些防治滑坡的措施?
5. 什么是崩塌?发生崩塌的条件有哪些?崩塌有哪些防治措施?
6. 什么是泥石流?泥石流如何分类?
7. 泥石流的形成应具备哪几个条件?
8. 泥石流有哪些防治措施?
9. 什么是岩溶?岩溶有哪些形态特征?
10. 发生岩溶的条件有哪些?岩溶有哪些发育和分布规律?
11. 岩溶地区有哪些工程地质问题?如何进行防治?

12. 什么是地震？震源、震源深度、震中、震中距、等震线的定义是什么？

13. 什么是地震波？地震波分为哪几种？各有什么特点？

14. 地震按震源深度和成因如何分类？

15. 什么是地震震级？地震震级与震源释放能量的关系是什么？什么是地震烈度？地震烈度怎样分类？地震烈度如何鉴定？

16. 地震有哪几种破坏方式？各种破坏方式的机理是什么？

第7章

工程地质勘察

7.1　工程地质勘察概述

工程地质勘察是运用地质、工程地质及有关学科的理论知识和各种勘察测试技术手段和方法,在建设场地及其附近进行调查研究,为工程建设的正确规划、设计、施工和运行等提供可靠的地质资料,以保证工程建筑物的安全稳定、经济合理和正常运用。

7.1.1　工程地质勘察的目的和任务

建筑工程是根据设计要求和建筑场区的工程地质条件进行建设的。而工程地质勘察是工程建设的先行工作,其成果资料是工程项目决策、设计和施工等的重要依据。

总体来说,工程地质勘察的任务是为工程建设规划、设计和施工提供可靠的地质依据,以充分利用有利的自然条件和地质条件,避开或改造不利的地质因素,以保证建筑物的安全和正常使用。具体而言,工程地质勘察的任务可归纳如下。

(1) 查明建筑场地的工程地质条件,选择地质条件优越的建筑场地;

(2) 查明场区内崩塌、滑坡、岩溶、岸边冲刷等物理地质作用和现象,分析和判明它们对建筑场地稳定性的危害程度,为拟定改善和防治不良地质条件的措施提供地质依据;

(3) 查明建筑物地基岩土的地层时代、岩性、地质构造、土的成因类型及其埋藏分布规律,测定地基岩土的物理力学性质;

(4) 查明地下水的类型、水质、埋深及分布变化;

(5) 根据建筑场地的工程地质条件,分析研究可能发生的工程地质问题,提出拟建建筑物的结构形式、基础类型及有关施工方法的建议;

(6) 对于不利于建筑的岩土层,提出切实可行的处理方法或防治措施。

7.1.2　工程地质勘察的一般要求

虽然各类建筑工程对勘察设计阶段划分的名称不尽相同,但是勘察设计各个阶段的实质内容则是大同小异。一般工程地质勘察阶段分为可行性研究勘察阶段、初步勘察阶段、详细勘察阶段和施工勘察阶段。对于工程地质条件复杂或有特殊施工要求的重要建筑物地基，尚应进行预可行性及施工勘察；对于地质条件简单、建筑物占地面积不大的场地，或有建设经验的地区，也可适当简化勘察阶段。下面简述各勘察阶段的任务和工作内容。

1) 可行性研究勘察阶段

对于大型工程可行性研究勘察阶段而言，是非常重要的环节，其目的在于从总体上判定拟建场地的工程地质条件是否适宜于工程建设。一般通过几个候选场址的工程地质资料进行对比分析，对拟选场址的稳定性和适宜性作出工程地质评价，具体工作如下。

(1) 搜集区域地质、地形地貌、地震、矿产和附近地区的工程地质资料及当地的建筑经验；

(2) 在收集和分析已有资料的基础上，通过踏勘了解场地的地层、构造、岩石和土的性质、不良地质现象及地下水等工程地质条件；

(3) 对工程地质条件复杂，已有资料不能符合要求，但其他方面条件较好且倾向于选取的场地，应根据具体情况进行工程地质测绘及必要的勘探工作。

选择场址时，应进行技术经济分析，一般情况下宜避开下列工程地质条件恶劣的地区或地段。

(1) 不良地质现象发育，对场地稳定性有直接或潜在威胁的地段；

(2) 地基土性质严重不良的地段；

(3) 对建筑抗震不利的地段，如设计地震烈度为 8 度或 9 度且邻近发震断裂带的场区；

(4) 洪水或地下水对建筑场地有威胁或有严重不良影响的地段；

(5) 地下有未开采的有价值矿藏或不稳定的地下采空区上的地段。

可行性研究阶段的主要勘察方法为：① 对拟建地区大、中比例尺工程地质图的测绘；② 进行较多的勘探工作，包括在控制工程点做少量的钻探；③ 进行较多的室内试验工作，并根据需求进行必要的野外现场试验；④ 应在重要的工程地段及可能发生不利地质作用的地址进行长期观测工作；⑤ 进行必要的物探。

2) 初步勘察阶段

初步勘察阶段是在选定的建设场地上进行的。根据选址报告书了解建设项目的类型、规模、建筑物的高度、基础的形式及埋置深度和主要设备等情况。初步勘察的目的是对场地内建筑地段的稳定性作出评价，为确定建筑总平面布置、主要建筑物地基基础设计方案以及不良地质现象的防治工程方案作出工程地质论证。主要有以下工作。

(1) 搜集本项目可行性研究报告(附有建筑场区的地形图，比例尺为 1∶5000～1∶2000)以及有关工程性质和工程规模的文件。

(2) 初步查明地层、构造、岩石和土的性质；地下水埋藏条件、冻结深度、不良地质现象的成因和分布范围及其对场地稳定性的影响程度和发展趋势。当场地条件复杂时，应进行工程地质测绘和调查。

(3) 对抗震设防烈度为 7 度或 7 度以上的建筑场地，应判定场地和地基的地震效应。

初步勘察时，应在搜集、分析已有资料的基础上，根据需要和场地条件进行工程勘探、测试以及地球物理勘探工作。

3) 详细勘察阶段

在初步设计完成之后，进行详细勘察，为施工图设计提供资料。此时已基本查明场地的工程地质条件。所以详细勘察阶段目的是提出设计所需工程地质条件的各项技术参数,对建筑地基作出岩土工程评价,为基础设计、地基处理和加固、不良地质现象的防治工程等具体方案作出论证和结论。

(1) 取得附有坐标及地形的建筑物总平面布置图,各建筑物的地面整平标高、建筑物的性质和规模,可能采取的基础形式和尺寸以及预计埋置的深度,建筑物的单位荷载和总荷载、结构特点以及对地基基础的特殊要求。

(2) 查明不良地质现象的成因、类型、分布范围、发展趋势及危害程度,提出评价与整治所需的岩土技术参数和整治方案建议。

(3) 查明建筑物范围内各层岩土的类别、结构、厚度、坡度及工程特性,计算和评价地基的稳定性和承载力。

(4) 对须进行沉降计算的建筑物,提出地基变形计算参数,预测建筑物的沉降、差异沉降或整体倾斜。

(5) 对于抗震设防烈度大于或等于 6 度的场地,应划分场地土类型和场地类别。对抗震设防烈度大于或等于 7 度的场地,尚应分析、预测地震效应,判定饱和砂土和粉土地震后液化的可能性,并对液化等级作出评价。

(6) 查明地下水的埋藏条件,判定地下水对建筑材料的腐蚀性。当须进行基坑降水设计时,尚应查明水位变化幅度和规律,提供地层的渗透性系数。

(7) 为深基坑开挖的边坡稳定计算和支护设计提供所需的岩土技术参数,论证和评价基坑开挖、降水等对邻近工程和环境的影响。

(8) 为选择桩的类型和长度,确定单桩承载力,计算群桩的沉降以及选择施工方法提供岩土技术参数。

详细勘察的主要手段以勘探、原位测试和室内土工试验为主。详细勘察的勘探工作量,应按场地类别、建筑物特点及建筑物的安全等级和重要性来确定。对于复杂场地,必要时可选择具有代表性的地段布置适量的探井。

4) 施工勘察阶段

施工勘察主要是与设计单位、施工单位相结合进行地基验槽,深基础工程与地基处理的质量和效果的检测,施工中的岩土工程监测和必要的补充勘察,解决与施工有关的岩土工程问题,并为施工阶段路基路面或地基基础设计变更提供相应的地基资料,具体内容视工程要求而定。

需要指出的是,并不是每项工程都须严格遵守上述阶段进行勘察,有些工程项目用地有限,没有选择场地的余地,如地质条件不是很好时,则须通过采取地基处理或其他措施进行改善,这时施工阶段的勘察尤为重要。此外,有些建筑等级要求不高的工程项目,可借鉴邻近已建工程的成熟经验,不须进行任何勘察亦可兴建,如 1~3 层工业与民用建筑工程项目。

7.2　工程地质测绘

工程地质测绘是工程地质勘察中一项最重要、最基本的勘察方法,也是勘察工作中走在前面的一项勘察工作。它运用地质、工程地质理论对与工程建设有关的各种地质现象进行详细观察和描述,以初步查明拟定建筑区内工程地质条件的空间分布和各要素之间的内在联系,并按照精度要求将它们如实地反映在一定比例尺的地形设计图上。工程地质测绘配合工程地质勘探、试验等所取得的资料编制成工程地质图,作为工程地质勘察的重要成果,提供给建筑物规划、设计和施工部门作为参考。

在切割强烈的基岩裸露山区,很好地进行工程地质测绘,就有可能较全面地阐明该区的工程地质条件,得到岩土工程地质性质形成和空间变化的初步概念,判明物理地质现象和工程地质现象的空间分布、形成条件和发育规律。即使在为第四纪覆盖的平原区,工程地质测绘仍然有不可忽视的作用,只不过这时测绘工作的重点应放在研究地貌和松软土上。工程地质测绘能够在较短时间内查明广大地区的工程地质条件而费资不多,能够在区域性预测和对比评价中发挥重大作用,并可在其他工作配合下顺利地解决建筑区的选择和建筑物的合理配置等问题,所以在工程设计的初期阶段,它往往是工程地质勘察的主要手段。

通过工程地质测绘,可深入了解地面地质情况,较准确地判断地下地质情况,初步掌握某些地质规律和须研究的问题,这就为进行其他类型的勘察工作奠定了基础,使进行这些工作的范围更集中、目的更明确,从而节省勘察工作量,提高勘察工作的效率。

工程地质测绘可分为两种:一种是以全面查明工程地质条件为主要目的的综合性测绘;另一种是对某一工程地址要素进行调查的专门性测绘。上述两种工程地质测绘都服务于建筑物的规划、设计和施工,使用时都有特定的目的。

7.2.1　工程地质测绘的主要内容

在工程地质测绘过程中,应自始至终以查明场地及其附近地段的工程地质条件和预测建筑物与地质环境间的相互作用为目的。因此,工程地质测绘研究的主要内容是工程地质条件的诸要素。此外,还应搜集、调查自然地理和已建建筑物的有关资料,如对已有建筑区和采掘区的调查,对已有建筑物的观察实际上相当于一次1∶1的原型试验;还可根据建筑物变形、开裂情况分析场地工程地质条件,验证已有评价的可靠性,如表7-1所示。某一地质环境内建筑经验和建筑兴建后出现的所有工程地质现象,都是极其宝贵的资料,应予以收集和调查。工程地质测绘是在测区实地进行的地面地质调查工作,因此,对于工程地质条件中的有关研究内容,只要能通过野外地质调查解决,都属于工程地质测绘的研究范围。

表 7-1　建筑场地调查分析内容

地质环境	建筑物变形	调查分析研究重点
不良	有	分析变形原因、控制因素;评价已有防治措施的有效性
不良	无	工程地质评价是否合理; 如评价合理,则说明建筑物结构设计合理,可适应不良地质条件
有利	有	是否与建材或施工质量有关;是否存在隐蔽的不良地质因素
有利	无	如建筑物未采取任何特殊结构,表明该地区地质条件确实良好; 如建筑物因采取特殊结构而未出现变形,应进一步研究是否存在某种不良地质因素

另外,工程地质测绘宜在可行性研究或初步勘察阶段进行,详细勘察阶段可对某些专门地质问题进行补充调查。

工程地质测绘主要有以下内容。

（1）地貌条件：查明地形、地貌特征及其与地层、构造、不良地质作用的关系，并划分地貌单元。

（2）地层岩性：查明地层岩性是研究各种地质现象基础，评价工程地质的一种基本因素。因此，应调查地层岩土的性质、成因、年代、厚度和分布，应确定岩层的风化程度，区分土层中的新近沉积土和各种特殊性土。

（3）地质构造：主要研究测区内各种构造形迹的产状、分布、形态、规模及结构面的位置，分析所属构造体系，明确各类构造岩的工程地质特性。分析其对地貌形态、水文地质条件、岩体风化等方面的影响，还应注意新构造活动的特点及其与地震活动的关系。

（4）水文地质条件：查明地下水的类型、补给来源、排泄条件及径流条件，井、泉的位置，含水层的岩性特征、埋藏深度、水位变化、污染情况及其与地表水体的关系。

（5）不良地质现象：查明岩溶、土洞、滑坡、泥石流、崩塌、冲沟、断裂、地震震害和岸边冲刷等不良地质现象的形成、分布、形态、规模、发育程度及其对工程建设的影响；调查人类工程活动对场地稳定性的影响，包括人工洞穴、地下采空、大挖大填、抽水排水及水库诱发地震等；监测建筑物变形，并搜集邻近工程的建筑经验。

7.2.2 工程地质测绘的范围和比例尺

1. 工程地质测绘范围

在规划建筑区进行工程地质测绘，选择的范围过大会增大工作量，范围过小则不能有效查明工程地质条件，满足不了建筑物设计和施工的要求。因此，须合理选择测绘范围，建筑物的类型、规模不同，对地质环境的作用方式、强度、影响范围也就不同；在工程地质条件复杂而地质资料不充足的地区，应比一般情况下适当扩大测绘范围。总而言之，一般情况下须考虑以下因素。

1）建筑类型

对于工业与民用建筑，测绘范围应包括建筑场地及其邻近地段，对于渠道和各种线路，测绘范围应包括线路及轴线两侧一定宽度范围内的地带；对于洞室工程的测绘，不仅包括洞室本身，还应包括进洞山体及其外围地段。

2）建筑物的工艺要求

对于尾矿设施的测绘，由于其工艺要求不同，对干（不回水）和湿（回水）尾矿池的测绘范围也有所不同。

3）工程地质条件复杂程度

应主要考虑动力地质作用可能影响的范围。例如，建筑物拟建在靠近斜坡的地段，测绘范围则应考虑到邻近斜坡可能产生不良地质现象的影响地带。

2. 工程地质测绘比例尺

工程地质测绘比例尺主要取决于勘察阶段、建筑类型和规模以及工程地质条件复杂程度。初期阶段的工程设计对地质条件要求不高，一般较大范围内的小比例尺测绘便可满足要求。随着设计阶段的提高，设计方案越来越具体，需要更充分详细的地质资料，那么，必须进行大比例尺工程地质测绘。对于同一勘察阶段，当其地质条件比较复杂，工程建筑物又很重要时，应适当放大测绘比例尺。

工程地质测绘采用以下比例尺。

(1) 可行性研究勘察阶段、城市规划或工业布局时,可选用 1∶50000～1∶5000 的小比例尺;初步勘察阶段可选用 1∶10000～1∶2000 的比例尺;详细勘察阶段可选用 1∶2000～1∶500 的大比例尺;条件复杂时,可适当放大比例尺。

(2) 测绘对工程有重要影响的地质单元体(如滑坡、断层、软弱夹层、洞穴等),可采用扩大比例尺表示。

(3) 测绘图上地质界线和地质观测点的测绘精度不应低于 3mm。

工程地质测绘的精度指在工程地质测绘中对地质现象观察描述的详细程度,以及工程地质条件各因素反映在工程地质图上的详细程度。为了保证工程地质图的质量,工程地质测绘的精度必须与工程地质图的比例尺相适应。测绘的精度主要取决于单位面积上观察点的多少,在地质复杂地区,观察点的分布就多一些,简单地区则少一些,观察点应布置在反映工程地质条件各因素的关键位置上。为了保证工程地质图的详细程度,还要求工程地质条件各因素的单元划分与图的比例尺相适应,一般规定岩层厚度在图上的最小投影宽度大于 2mm 者应按比例尺反映在图上。厚度或宽度小于 2mm 的重要工程地质单元,如软弱夹层,能反映构造特征的标志层,重要的物理地质现象等则应采用比例尺或符号的办法在图上标示出来。

工程地质测绘和调查的成果资料宜包括实际材料图、综合工程地质图、工程地质分区图、综合地质柱状图、工程地质剖面图以及各种素描图、照片和文字说明等。

7.2.3　工程地质测绘方法要点

工程地质测绘有相片成图法和实地测绘法。

1. 相片成图法

相片成图法是利用地面摄影或航空(卫星)摄影的相片,在室内根据特征标志,结合所掌握的区域地质资料,把判明的地层岩性、地质构造、地貌、水系和不良地质现象等,调绘在单张相片上,并在相片上选择须调查的若干地点和线路,然后据此做实地调查,进行核对、修正和补充,将调查的结果转绘在地形图上形成工程地质图。

2. 实地测绘法

当该地区没有航测等相片时,工程地质测绘主要依靠野外工作,即实地测绘法。常用的实地测绘法有路线法、布点法和追索法。

路线法是沿着一定的路线穿越测绘场地,将沿线所观测或调查的地层界线、构造线、地质现象、水文地质现象、岩层产状和地貌界线等填绘在地形图上,路线可为直线形或折线形。观测路线应选择在露头及覆盖层较薄的地方。观测路线方向大致与岩层走向、构造线方向及地貌单元相垂直,这样就可以用较少的工作量获得较多的工程地质资料。

布点法是根据地质条件复杂程度和测绘比例尺的要求,预先在地形图上布置一定数量的观测路线和观测点。观测点一般布置在观测路线上,但要考虑观测目的和要求,如为了观察、研究不良地质现象、地质界线、地质构造及水文地质等。布点法是工程地质测绘中的基本方法,适用于大、中比例尺的工程地质测绘。

追索法是沿地层走向,或某一地质构造线,或某些不良地质现象界线进行布点追索,主要目的是查明局部的工程地质问题。追索法通常在布点法或线路法基础上进行,是一种辅助方法。

7.3 工程地质勘探

7.3.1 工程地质勘探的任务

工程地质勘探是在工程地质测绘的基础上，为了详细查明地表以下的工程地质问题，取得地下深部岩土层的工程地质资料而进行的勘察工作。常用的工程地质勘探手段有地球物理勘探、钻孔勘探和开挖勘探。

工程地质勘探的主要任务如下：

（1）探明建筑场地的岩性及地质构造，即研究各地层的厚度、性质及其变化；划分地层并确定其接触关系；研究基岩的风化程度，划分风化带；研究岩层的产状、裂隙发育程度及其随深度的变化；研究褶皱、断裂、破碎带以及其他地质构造的空间分布和变化。

（2）探明水文地质条件，即含水层和隔水层的分布、埋藏、厚度、性质及地下水位；探明地貌及物理地质现象，包括河谷阶地、冲（洪）积扇、坡积层的位置和土层结构；岩溶的规模及发育程度；滑坡及泥石流的分布、范围和特性等。

（3）为深部取样及现场试验提供条件。通过勘探工程，便于采集岩石样及水样供室内试验、分析。同时，勘探形成的坑孔可为现场原位试验，如岩土性质试验、地应力量测、水文地质试验等提供场所。

（4）利用勘探坑孔可以进行某些项目的长期观测工作以及不良地质现象的处理工作。

下面分别论述工程地质勘探中常用的几种方法。

7.3.2 地球物理勘探

地球物理勘探简称物探，是利用专门仪器来探测地壳表层各种地质体的物理场，包括电场、磁场、重力场、辐射场和弹性波的应力场等，通过测得的物理场特性和差异来判明地下各种地质现象，获得某些物理性质参数的一种勘探方法。由于组成地壳的不同岩层介质的密度、导电性、磁性、弹性、反射性及导热性等方面存在差异，这些差异将引起相应地球物理场局部的变化，通过测量这些物理场的分布和变化特性，结合已知的地质资料进行分析和研究，就可以推断出地质体的性状。这种方法兼有勘探和试验两种功能。与钻探相比，物探具有设备轻便、成本低、效率高和工作空间广的优点，但是不能取样直接观察，故常与钻探配合使用。

物探按照利用岩土物理性质的不同可分为声波探测、电法勘探、地震勘探、重力勘探、磁力勘探及核子勘探等，工程地质勘探中采用较多的主要是前三种方法。

1. 电法勘探

电法勘探是利用天然或人工电场（直流或交流电）来勘察地下地质现象的物探方法之一。在工程地质勘探中，常用的直流电探测方法为电阻率法。

1）岩土的电阻率

电阻率是岩土的一个重要电学参数，它表示岩土的导电特性。不同的岩土有不同的电阻率，也就是说不同的岩土体有不同的导电性。电阻率在数值上等于电流在材料里均匀分布时该种材料单位立方体所呈现的电阻，单位一般采用欧姆·米，记作 $\Omega \cdot m$。岩土的电阻率变化范围很大，火成岩的电阻率最高，变质岩次之，沉积岩最低。各种岩土的电阻率变化范围如表 7-2 所示。

表 7-2　常见岩土电阻率变化范围表

介质名称	电阻率 $\rho/(\Omega \cdot m)$	介质名称	电阻率 $\rho/(\Omega \cdot m)$
黄土层	0～200	雨水	＞1000
黏土层	1～200	河水	10～100
含水砂卵石层	50～500	海水	0.1～1
隔水黏土层	5～30	地下潜水	＜100
砂岩	50～2000	矿井水	1～10
页岩	10～500	盐渍水	0.1～1

影响岩土电阻率大小的因素很多,主要是岩石成分、结构、构造、孔隙裂隙、含水性等。如第四纪的松散土层中,干的砂砾石电阻率高达几百至几千欧姆·米,饱水的砂砾石电阻率只有几十欧姆·米,电阻率显著降低。在同样的饱水条件下,粗颗粒砂砾石的电阻率比细颗粒的细砂、粉砂高。正是因为存在电阻率的差异,才能采用电阻率法来勘探砂砾石与岩土层的分布。

2) 电阻率法的基本原理和方法

电阻率法是向地下输入直流电,制造人工电场,通过测量岩土体电阻率大小的变化来判断地质现象的方法。由于地质体往往为不均质体,所测电阻率是不均质体的综合反映,所以称其为视电阻率。其测量装置及工作原理如图 7-1(a)所示,通过 A、B 两供电电极向地下供入强度为 I 的电流,同时在 M、N 两侧量电极量出该两点间的电位差($\triangle U_{MN}$),所测的视电阻率(ρ_s)为

$$\rho_s = \frac{K \cdot \Delta U_{MN}}{I} \qquad (7-1)$$

式中　K——装置常数,与 A、B、M、N 四个电极装置距离有关。

如图 7-1(b)所示,ρ_s 一般介于 ρ_1 与 ρ_2 之间,它反映两层电阻率变化的综合值。当 A、B 距离一定时,大部分电流从上部介质中流过,所测视电阻率主要反映上部介质的电性;加大 A、B 至某一距离,大部分电流会从深部某层位流过,所测视电阻率主要反映深部某层介质的电性特征。当 A、B、M、N 四极间距固定不变,沿某一方向平行移动,可测得某一层在剖面方向上电阻率的变化情况,这种测量方法称为电测剖面法。测量点固定不变,按一定方式增大 A、B、M、N 之间距离,便可测得该点介质电阻率随深度的变化情况,此测量方法称为电测深法。采用其他装置形式,则可构成其他测量方法,工程地质工作中常用电测剖面法和电测深法。

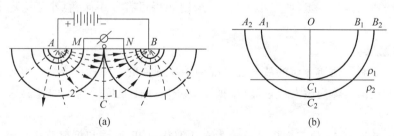

图 7-1　视电阻率法的人工电场示意图

(a) 电流线分布(均质岩层);(b) 电极距加大测深加大

A、B—供电电极;M、N—测量电极;O—测点

（1）电测剖面法是沿剖面方向的逐点测量，可以得到沿剖面水平方向视电阻率的变化曲线，据此曲线特征便可推断覆盖层以下基岩面形状、古河道、溶洞、地质结构等地质现象。采用四极对称装置了解基岩起伏情况（见图 7-2(a)），利用复合四极对称装置探测溶洞发育情况（见图 7-2(b)），可取得令人满意的结果。该测量方法适用于地形坡度小于 15°、地质体倾角较大及覆盖层厚度较小的条件。

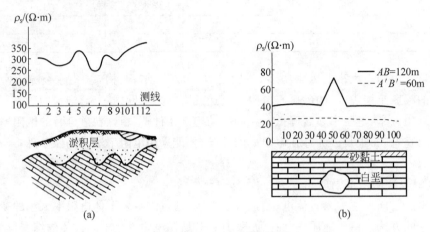

图 7-2　利用对称电测剖面法探测基岩面(a)和溶洞(b)

（2）电测深法可以获得测点处随着深度变化的视电阻率曲线，由此便可了解竖直方向上地质条件的变化特征。将各测点资料连成剖面，可获得物探电测剖面。工程地质勘探常用对称四极电测深法，探测有明显电阻率差异的地质现象，以了解地下地质结构和地下水位，如图 7-3 所示。

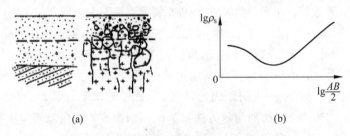

图 7-3　根据电测深曲线判定地下水位

（a）均匀砂砾石层中地下水位；（b）基岩风化壳中地下水位

电测深法要求地形平坦（坡度小于 30°），个别测层可有较小倾角（小于 20°）；各层分布稳定，且电性差异较大。

2. 地震勘探

地震勘探是利用地质介质的波动性来探测地质现象的一种物探方法。其原理是利用爆炸或敲击的方法向岩体内激发地震波，根据不同介质弹性波传播速度的差异来判断地质情况或现象。

根据波的传递方式，地震勘探又可分为直达波法、反射波法和折射波法。直达波就是由地下爆炸或敲击直接传播到地面接收点的波，直达波法就是利用地震仪器记录直达波传播到地面各接收点的时间和距离，然后推算地基土的动力参数，如动弹性模量、动剪切模量和泊松比等；而反射波或折射波则一般由地面产生激发的弹性波在不同地层的分界面发生反射或折射而返回到地面的波,反射波法或折射波法就是利用反射波或折射波传播到地面各接收点的时间,并研究波的振动特性,确定引起反射或折射的地层界面的埋藏深度、产状和岩性等。地震勘探直接利用地下岩石的固有特性,如密度、弹性等,较其他物探方法准确,且能探测地表以下很大的深度,因此该勘探方法可用于了解地下深部地质结构,如基岩面、覆盖层厚度、风化壳、断层带等地质情况。

7.3.3　钻孔勘探

钻孔勘探简称钻探,就是利用钻进设备打孔,通过采集岩芯或观察孔壁来探明深部地层的工程地质资料,补充和验证地面测绘资料的勘探方法。钻探是工程地质勘探的主要手段,但是费用较高。因此,一般是在开挖勘探不能达到预期目的和效果时才采用钻探方法。

钻探的钻进方式可以分为回转式、冲击式、振动式和冲洗式。每种钻进方法各有特点,分别适用于不同的地层。根据《岩土工程勘察规范》(GB 50021—2001)的规定,钻进方法可根据地层类别及勘察要求按表 7-3 进行选择。

表 7-3　钻探方法的适用范围

钻探方法		钻进地层					勘察要求	
		黏性土	粉土	砂土	碎石土	岩石	直观鉴别、采取,不扰动试样	直观鉴别、采取,扰动试样
回转	螺旋钻探	++	+	+	—	—	++	++
	无岩芯钻探	++	++	++	++	++	—	—
	岩芯钻探	++	++	++	++	++	++	++
冲击	冲击钻探	—	+	++	++	—	—	—
	锤击钻探	++	++	++	+	—	++	++
振动钻探		++	++	++	+	—	+	++
冲洗钻探		+	++	++	—	—	—	—

注："++"表示适用,"+"表示部分适用,"—"表示不适用。

根据《岩土工程勘察规范》(GB 50021—2001)中的规定,钻探应符合以下规定。

(1) 钻进深度和岩土分层深度的量测精度不应低于±5cm。

(2) 应严格控制非连续取芯钻进的回次进尺,使分层精度符合要求。

(3) 对须鉴别地层天然湿度的钻孔,应在地下水位以上进行干钻;当必须加水或使用循环液时,应采双层岩芯管钻进。

(4) 对完整和较完整墙体,岩芯钻探的岩芯采取率不应低于 80%;对较破碎和破碎岩体,不应低于 65%;对须重点查明的部位(滑动带、软弱夹层等),应采用双层岩芯管连续取芯。

(5) 当须确定岩石质量指标 RQD 时,应采用 75mm 口径(N 型)双层岩芯管和金刚石钻头。

钻孔的记录和编录应符合下列要求。

(1) 野外记录应由经过专业训练的人员承担;记录应真实、及时,按钻进回次逐段填写,严禁事后追记。

（2）在钻探现场,可采用肉眼鉴别和手触方法。有条件或勘察工作有明确要求时,可采用微型贯入仪等量化、标准化的方法。

（3）钻探成果可用钻孔野外柱状图或分层记录表示;岩土芯样可根据工程要求保存一定期限或长期保存,亦可拍摄岩芯、土芯彩照纳入勘察成果资料。

7.3.4　坑探

坑探是由地表向深部挖掘坑槽或坑洞,以便地质人员直接深入地下了解有关地质现象,或进行试验等使用的地下勘探工作。常用的勘探工程有探槽、探井和探坑等（见图7-4）,它们的适用条件如表7-4所示。

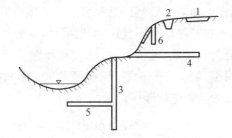

图 7-4　工程地质常用的坑探类型
1—探槽；2—试坑；3—竖井；4—平洞；5—平硐；6—浅井

表 7-4　坑探工程类型及适用条件

类型	特　　点	适　用　条　件
探槽	沿垂直于岩层走向及构造线走向方向挖掘条形槽子,深度为2～5m	剥除地表覆土,揭露基岩,划分地层岩性,研究断层破碎带,取原状岩土样
探坑	由地表向下挖掘的方形或圆形探坑,深度一般小于3～5m	剥除覆土,揭露基岩,确定地层岩性,做荷载试验和渗水试验,取原状土样
浅井	地表向下铅直的方形或圆形井,深度为5～15m	确定覆盖土层及风化岩层的岩性及厚度,可做荷载试验,取原状土样,了解地层构造及断裂带
竖井（斜井）	形状与浅井相似,但深度大于15m,有时是倾斜的	了解覆盖层的厚度及性质,风化带的厚度及岩性,软弱夹层的分布,断层破碎带及岩溶发育的情况,滑坡体结构及滑动面等
平硐	水平向的坑道,往往进入山体较深,有时在竖井底再打平硐	可用于调查斜坡的地质结构及地层岩性,软弱夹层的厚度及性质,断层破碎带及风化岩层的厚度;还可采用原状试样进行原位岩体力学试验及地应力测量等

探坑就是用锹镐或机械来挖掘在空间上三个方向尺寸相近的坑洞的一种明挖勘探方法。坑探的深度一般为1～2m,适于不含水或含水量较少的较稳固地表浅层,主要用来查明地表覆盖层的性质和采取原状土样。

探槽就是在地表挖掘成长条形且两壁常为上宽下窄状倾斜沟槽进行地质观察和描述的明挖勘探方法。探槽的宽度一般为0.6～1.0m,深度一般小于3m,长度则视情况确定。探槽的断面有矩形、梯形和阶梯形等多种形式,一般采用矩形;当探槽深度较大时,常用梯形;当探槽深度很大且探槽两壁地层稳定性较差时,则采用阶梯性断面,必要时还要对两壁进行支护。槽探主要用于追索地质构造线、断层、断裂破碎带宽度、地层分界线、岩脉宽度及其延伸方向，探查残积层、坡积层的厚度和岩石性质及采取试样等。

探井是指勘探挖掘空间的平面长度方向与宽度方向的尺寸相近，而其深度方向大于长度和宽度的一种挖探方法。探井的深度一般为 $3\sim20m$，其断面形状有方形的（$1m\times1m$、$1.5m\times1.5m$）、矩形的（$1m\times2m$）和圆形（直径一般为 $0.6\sim1.25m$）。掘进时遇到破碎的井段须进行井壁支护。井探用于了解覆盖层厚度和性质、构造线、岩石破碎情况、岩溶、滑坡等。当岩层倾角较缓时，效果较好。

7.4　现场原位测试

岩土测试就是在工程勘探的基础上，为了进一步了解所勘探岩土的物理、力学性能，获取其基本性能指标而采取的测定试验。按照场地不同，岩土测试可分为原位测试和室内测试。原位测试是在岩土体原生的位置上，在保持岩土体原有结构、含水量及应力状态尽量不被扰动和破坏条件下，测定岩土各种物理力学性能指标；室内测试则是在尽量维持野外所采取试样的天然状态性能的前提下，将其送到室内进行测试。原位测试是在现场条件下直接测定岩土的性质，避免岩土样在取样、运输及室内准备试验过程中被扰动，因而所得的指标参数更接近于岩土体的天然状态，一般用于重大工程中；室内测试的方法比较成熟，所取试样体积小，与自然条件有一定的差异，因而成果不够准确，但能够满足一般工程的需要。原位测试与室内测试的区别如表 7-5 所示。

表 7-5　原位测试与室内测试的区别

项目	原 位 测 试	室 内 测 试
试验对象	测定土体范围大，能反映微观、宏观结构对土性的影响，代表性好	试样尺寸小，不能反映宏观结构、非均质性对土的影响，代表性较差
	对难以取样的土层仍能试验	对难以或无法取样的土层无法试验
	对试验土层基本不扰动或少扰动	无法避免钻进取样对土样的扰动
	能给出连续的土性变化剖面	只能对有限的若干点取样试验
	测试土体边界条件不明显	试验土样边界条件明显
应力条件	基本上在原位应力条件下试验	在明确、可控制的应力条件下试验
	试验应力路径无法很好控制	试验应力路径可以事先预定
	排水条件不能很好控制	能严格控制排水条件
	试验时应力条件有局限性	可模拟各种应力条件进行试验
应变条件	应变场不均匀	试样内应变场比较均匀
	应变速率一般大于实际工程条件	可以控制应变速率
结果	反映实际状态下的基本特性	反映取样点在室内控制条件下的特性
周期	周期短，效率高	周期较长，效率较低

工程地质现场原位测试的主要方法有静力载荷试验、触探试验、剪切试验和地基土动力特性试验等。选择现场原位测试试验方法，应根据建筑类型、岩土条件、设计要求、地区经验和测试方法的适用性等因素参照表 7-6 选用。

表 7-6 原位测试方法的适用范围

测试方法	适用的岩土类别							可取得的岩土参数											
	岩石	碎石土	砂类土	粉土	黏性土	软土	填土	剖面分层	土类鉴别	物理状态	强度参数	模量	基床系数	柔度系数	固结系数	侧压力系数	超固结比	承载力	判别液化
平板载荷试验(PLT)	++	+++	+++	+++	+++	+++	+++				++	+++	+++				+	+++	
螺旋板载荷试验(SPLT)			+++	+++	+++	++	+				++	+++	++		+		++	+++	
单桩静载试验(SLTP)	+++	+++	+++	+++	+++	+++	++							+++				+++	
现场直剪试验(FDST)	+++	+++	+	+	++	+	+				+++	++							
十字板剪切试验(VST)					++	+++					+++	+					+	++	
预钻式旁压试验(PMT)	+++	++	++	+++	+++	+	++				++	+++	++			+		+++	
标准贯入试验(SPT)			+++	++	++	+	+	++	+++	++								++	+++
动力触探(DPT)		+++	+++	++	++	+	++	++		+		+						++	
静力触探(CPT)			++	+++	+++	+++	++	+++	+	++	++	+						++	+++
孔压静力触探(CPTU)			++	+++	+++	+++	++	+++	++	++	++	+			++		+	++	+++
应力铲试验(TPCT)			+	+	+	+++		++							+	++			
扁铲侧胀试验(FDT)			+	++	++	+++	+	++	++		++	++	+			+		+	
岩体应力试验	+++	多采用钻孔地应力绝对值测量,方法有应力恢复法、水压致裂法、套芯解除法(应力解除法)等,可取得原始地应力的大小和方向等参数																	

注:"+++"表示很适用,"++"表示适用,"+"表示较适用,空白表示不适用。

7.4.1　静力载荷试验

静力载荷试验包括平板载荷试验(PLT)和螺旋板载荷试验(SPLT)。平板载荷试验适用于浅部各类地层,螺旋板载荷试验适用于深部或地下水位以下的地层。静力载荷试验可用于确定地基土的承载力、变形模量、不排水抗剪强度、基床反力系数以及固结系数等。下面主要以平板载荷试验为例介绍静力载荷试验的基本原理和方法。

1. 静力载荷试验装置和基本技术要求

静力载荷试验的主要设备有三个部分,即加荷与传压装置、变形观测系统及承压板(见图 7-5)。试验时,须将试坑挖到基础的预计埋置深度,整平坑底,放置承压板,在承压板上施加荷重来进行试验。基坑宽度不应小于承压板地宽度或直径的 3 倍,注意保持试验土层的原状结构和天然温度。承压板应为刚性圆形板或方形板,其面积为 $0.25 \sim 0.5 \text{m}^2$。加荷等级不应小于 8 级,最大加载量不少于荷载设计值的 2 倍。每级加载后,按时间间隔 10min、10min、10min、15min、15min 测读沉降量,以后每隔 30min 测读一次沉降量。当连续 2h 内,每小时的沉降量小于 0.1mm 时,则认为已趋稳定,可加下一级荷载。当出现下列情况之一时,即可终止加载:压板周围的土明显侧向挤出;沉降量 s 急剧增大,荷载-沉降曲线 ($p\text{-}s$ 曲线)出现陡降段;在某一级荷载下,24h 内沉降速率不能达到稳定标准;相对沉降量 $s/b \geqslant 0.06$(b 为承压板的宽度或直径)时。

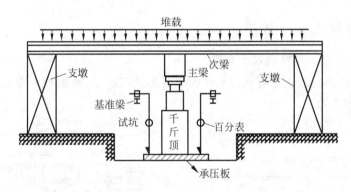

图 7-5　地基载荷试验装置

2. 静力载荷试验资料的应用

1) 确定地基承载力

根据静力载荷试验成果,可绘制出 $p\text{-}s$ 曲线(见图 7-6),按下述方法确定地基承载力:

(1) 当 $p\text{-}s$ 曲线有明显的比例界限时,取该拐点所对应的荷载 p_a 作为地基承载力基本值。

(2) 当能够确定极限荷载(p_u),且该值小于对应的比例界限 p_a 的 1.5 倍时,取极限荷载值的一半作为地基承载力基本值。

(3) 不能按上述两点确定时,如承压板面积为 $0.25 \sim 0.5 \text{m}^2$,对于低压缩性土和砂土,可取 $s/b = 0.01 \sim 0.015$ 所对应的荷载值作为地基承载力基本值。对于中、高压缩性土,可取 $s/b = 0.02$ 所对应的荷载值作为地基承载力基本值。

2）确定地基土的变形模量

可用下列公式计算变形模量 E_0：

$$E_0 = (1 - \mu^2) \frac{B\pi}{4} \cdot \frac{\Delta p}{\Delta s} \qquad (7\text{-}2)$$

$$C_u = \frac{p_u - \sigma_0}{N_c} \qquad (7\text{-}3)$$

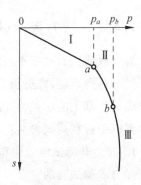

图 7-6　地基载荷试验 p-s 曲线

Ⅰ—压实阶段；Ⅱ—塑性变形阶段；
Ⅲ—破坏阶段

式中　B——承压板的直径，m；当采用方形板时，$B = 2\sqrt{\dfrac{A}{\pi}}$，

　　　　A 为方形板的面积，m^2；

　　　　$\dfrac{\Delta p}{\Delta s}$——$p$-$s$ 曲线直线段的斜率，kPa/m；

　　　　μ——地基土的泊松比。

3）估算地基土的不排水抗剪强度

对于饱和的软黏土层，可按下面的公式计算：

$$C_u = \frac{p_u - \sigma_0}{N_c} \qquad (7\text{-}4)$$

式中　p_u——快速载荷试验所得的极限压力，kPa；

　　　　σ_0——承压板周边外的超载或土的自重压力，kPa；

　　　　N_c——承压板系数。

7.4.2　单桩垂直静载荷

1. 单桩垂直静载荷试验的基本要求

现场静载荷试验装置主要有载荷系统和观测系统两部分，根据加载方式不同分为堆载法和锚桩法（见图 7-7）。

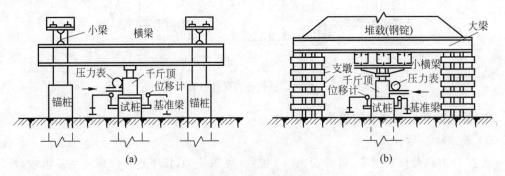

图 7-7　单桩静载荷试验装置

(a) 堆载法；(b) 锚桩法

对于预制桩，规范规定在砂土中入土 7d 之后，黏土中不得少于 15d 方可试桩。对于灌注桩，应在桩身混凝土达到设计强度后方可进行静载荷试验。

每级载荷值约为单桩承载力设计值的 $1/8 \sim 1/5$，逐级等量加载。每级加载后隔 5min、10min、15min 各测读一次桩沉降量，以后每隔 15min 测读一次，累计 1h 后每隔半小时测读一次。每级荷载作用下,桩的沉降量在每小时小于 0.1mm 时,则认为本级荷载下桩的沉降达到稳定,可以施加下一级荷载。当出现下列情况之一时,试桩即可以终止加载:

(1) 当荷载-沉降曲线上有可判断的极限承载力的陡降段,且桩顶总沉降量超过 40mm;

(2) 桩顶总沉降量达到 40mm 后,继续增加二级或二级以上荷载仍无陡降段;当桩顶支撑在坚硬层上时,桩的沉降量很小,最大加载量不应小于设计荷载的 2 倍。

2. 单桩垂直静载荷试验成果的应用

根据绘制出的荷载-沉降关系曲线(见图 7-8),可按下面方法确定单桩竖向极限承载力:

(1) Q-s 曲线段明显时,取相应于陡降段起点的荷载值作为单桩竖向极限承载力,见图 7-8 中曲线 a;

(2) 对于直径或桩宽为 550mm 以下的预制桩,当在某级荷载 Q_i 作用下,其沉降量与相应的荷载增量的比值时,取前一级荷载 Q_{i-1} 为极限承载力,见图 7-8 中曲线 b;

(3) 当桩顶总沉降量达到 40mm,继续增加两级或两级以上荷载仍无陡降段时,在 Q-s 曲线上取 $s=40$mm 相对应的荷载作为单桩竖向极限承载力,见图 7-8 中曲线 c;

(4) 当桩基沉降有特殊要求时,应根据具体情况选取单桩竖向极限承载力。

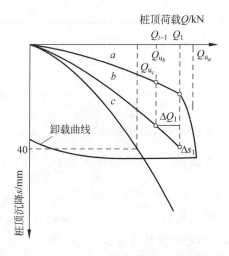

图 7-8　单桩静载荷试验 Q-s 曲线

7.4.3　静力触探试验

静力触探试验是利用准静力以一恒定的贯入速率将圆锥探头通过一系列探杆压入土中,根据测得的探头贯入阻力大小来间接判定土的物理力学性质的原位试验。

1. 静力触探试验仪器组成

静力触探试验使用的静力触探仪主要由三部分组成。

(1) 贯入装置(包括反力装置),其基本功能是可控制等速压力贯入;

(2) 传动系统主要有液压和机械两种系统;

(3) 这两部分的量测系统包括探头、电缆和电阻应变仪或电位差计自动记录仪等。

常用的静力触探探头分为单桥探头和双桥探头(见图 7-9),规格如表 7-7 所示。

表 7-7 静力触探探头规格

锥头截面积 /cm²	探头直径 d/mm	锥角 α/(°)	单桥探头	双桥探头	
			有限侧壁长度 L/mm	摩擦筒侧壁面积/cm²	摩擦筒长度 L/mm
10	35.7		57	200	179
15	43.7	60	70	300	219
20	50.4		81	300	189

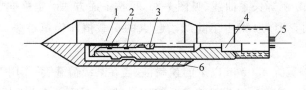

(a)

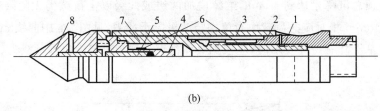

(b)

图 7-9 静力触探探头示意图

（a）单桥探头结构

1—传力杆；2—电阻应变片；3—传感器；4—密封垫圈套；5—四芯电缆；6—外套筒

（b）双桥探头结构

1—传力杆；2—摩擦传感器；3—摩擦筒；4—锥尖传感器；5—顶柱；6—电阻应变器；7—钢珠；8—锥尖头

单桥探头能测定一个触探指标——比贯入阻力 p_s：

$$p_s = \frac{P}{A} \tag{7-5}$$

这一贯入阻力对应于一定几何形状的探头，因此是相对贯入阻力。经大量实验研究，按表 7-7 确定的探头规格，触探结果不受其规格尺寸的影响。

双桥探头能测定两个触探指标——锥尖阻力 q_c 和侧壁摩阻力 f_s，其定义如下：

$$Q_s = \frac{Q_c}{A} \tag{7-6}$$

$$F_s = \frac{P_f}{F} \tag{7-7}$$

式中 Q_c——锥尖总阻力；

P_f——侧壁摩阻力；

A——锥底截面积；

F——摩擦筒表面积。

2. 静力触探试验成果的应用

1）按贯入阻力进行土层分类

利用静力触探进行土层分类，由于不同类型的土可能有相同的 p_s、q_c 或 f_s 值，因此单靠某一个指标无法对土层进行正确分类。可以利用两个指标来区分土层类别。表 7-8 是利用该方法分类的一些经验数据。

2）评定地基土的强度参数

对于黏性土,由于静力触探试验的贯入阻力增长较快,因此测量黏性土的不排水抗剪强度是一种可行的方法。其典型的实用关系式如表 7-9 所示。

3）评定地基土的承载力

关于用静力触探的比贯入阻力确定地基土承载力基本值的方法,国内开展了大量的研究工作,但没有形成统一的公式来确定各地区的地基承载力。表 7-10 仅反映了部分地区一般土类地基承载力基本值的经验关系。

此外,静力触探试验结果还可用于划分土层、评定土的变性指标及估算单桩承载力等。

表 7-8　按静力触探指标划分土类

土的名称	原铁道部		交通部一航局		一机部勘察公司		法国	
	q_c/MPa	$\dfrac{f_s}{q_c}\Big/\%$	q_c/MPa	$\dfrac{f_s}{q_c}\Big/\%$	q_c/MPa	$\dfrac{f_s}{q_c}\Big/\%$	q_c/MPa	$\dfrac{f_s}{q_c}\Big/\%$
淤泥质土及软黏性土	0.2～1.7	0.5～3.5	<1.0	10.0～13.0	<1	>1.0	≤6	>6.0
黏土	1.0～1.7	3.8～5.7	1.0～1.7	3.8～5.7	1～7	>3.0	>30	4.0～8.0
粉质黏土	2.5～20.0	0.6～3.5	1.4～3.0	2.2～4.8	>1	0.5～3.0		2.0～4.0
粉土			3.0～6.0	1.1～1.8				
砂类土	2.0～32.0	0.3～1.2	>6.0	0.7～1.1	>4	<1.2	>30	0.6<0.2

表 7-9　用静力触探估算黏性土的不排水抗剪强度

实用关系式	适用条件	来源
$C_u=0.071q_c+1.28$	$q_c<700\mathrm{kPa}$ 的滨海相软土	同济大学
$C_u=0.039q_c+2.7$	$q_c<800$	原铁道部
$C_u=0.0308q_c+4.0$	$q_c=100～1500$ 新港软黏土	一般设计研究院
$C_u=0.0696q_c-2.7$	$q_c=300～1200$ 饱和软黏土	武汉静探联合组
$C_u=0.1q_c$	$q_c=0$ 纯黏土	日本
$C_u=0.105q_c$		Meyerhof

表 7-10　用 p_s 值确定地基土承载力基本值

实用公式	适用条件	来源
$f_0=0.075p_s+42$	上海硬壳层	同济大学
$f_0=0.070p_s+37$	上海淤泥质黏性土	
$f_0=0.075p_s+38$	上海灰色黏性土	
$f_0=0.055p_s+45$	上海粉土	同济大学
$f_0=0.050p_s+73$	一般黏性土,$1500\leqslant p_s\leqslant6000$	建设部综勘院
$f_0=0.104p_s+25.9$	淤泥质土、一般黏性土、老黏土,$300\leqslant p_s\leqslant6000$	
$f_0=0.083p_s+54.6$	淤泥质土、一般黏性土,$300\leqslant p_s\leqslant3000$	武汉联合试验组
$f_0=0.097p_s+76$	老黏性土,$3000\leqslant p_s\leqslant6000$	

7.4.4　圆锥动力触探

圆锥动力触探是利用一定质量的落锤,以一定高度的自由落距将标准规格的圆锥形探头打入土层中,根据探头贯入的难易程度(可用贯入度、锤击数或探头单位面积动贯入阻力来表示)判定土层性质的一种原位测试,简称为动力触探或动探。

动力触探试验具有设备简单、操作和测试方法简便、适用性广等优点,对于难以取样的砂土、粉土和碎石类土,以及静力触探难以贯入的土层,动力触探是一种非常有效的探测手段。它的缺点是不能对土进行直接鉴别、描述,试验误差大。

1. 动力触探试验的试验设备和类型

动力触探试验设备主要有导向杆、穿心锤、锤座、探杆以及探头,如图 7-10 所示。

国外使用的动力触探设备种类繁多,国内按其锤击能量划分为轻型、重型、超重型等三种类型(见表 7-11)。

锤击能量用能量指数来衡量,能量指数的定义如下:

$$n_d = \frac{MH}{A}g \qquad (7\text{-}8)$$

式中　M——锤的质量,kg;

　　　H——锤的落距,m;

　　　A——探头截面面积,cm^2。

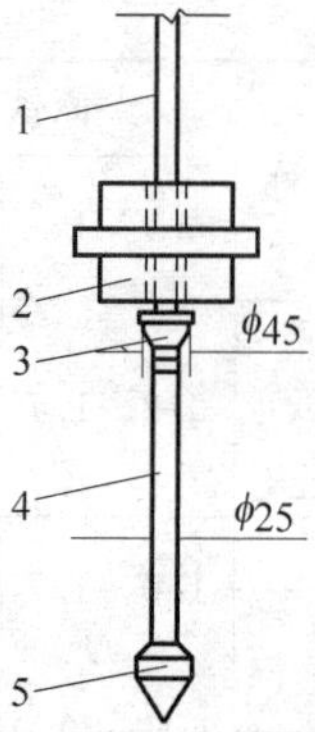

2. 圆锥动力触探的技术要求

(1) 采用自动落锤装置;

(2) 触探杆最大偏斜度不应超过 2%,锤击贯入应连续进行;同时,防止锤击偏心以及探杆倾斜和侧向晃动,保持垂直度;锤击速率宜为每分钟 15～30 击;

(3) 每贯入 1m,宜将探杆转动一圈半;当贯入深度超过 10m 时,每贯入 20m 宜转动一次探杆;

(4) 对于轻型动力触探,当 $N_{10} > 100$ 或贯入 15cm 锤击数超过 50 时,可停止试验;对于重型动力触探,当连续三次 $N_{63.5} > 50$ 时,可停止试验或改用超重型动力触探。

图 7-10　轻型动力触探设备
1—导杆;2—重锤;3—锤座;
4—探杆;5—探头

表 7-11　圆锥动力触探的类型和规格

圆锥动力触探类型		轻型(DPT)	重型(DPH)	超重型(DPSH)
探头规格	直径/mm	40	74	74
	截面面积/cm^2	12.6	43	43
	锥角/(°)	60	60	60
落锤	锤质量/kg	10±0.1	63.5±0.5	120±1
	自由落距/cm	50±1	76±2	100±2
探杆直径/mm		25	42	60
触探指标/击		贯入 30cm 锤击数 N_{10}	贯入 10cm 锤击数 $N_{63.5}$	贯入 10cm 锤击数 N_{120}
最大贯入深度/m		4～6	12～16	20
主要适用土类		浅部填土、砂土、粉土和黏性土	砂土、中密以下的碎石土和极软岩	密实和很密的碎石土、极松岩、软岩

3. 圆锥动力触探成果的应用

1）确定砂土和碎石土的密实度

北京市勘察设计研究院的研究成果表明，N_{10} 与砂土密实度有一定的对应关系，见表 7-12。

表 7-12　北京市勘察设计研究院 N_{10} 与土密实度的关系

N_{10}	<10	10~20	21~30	31~50	51~90	>90
密实度	疏松	稍密	中下密	中密	中上密	密实

2）确定地基土承载力

原铁道部《铁路工程地质原位测试规程》(TB 10018—2003)提出的 $N_{63.5}$ 与土的承载力基本值 f_0 之间的关系见表 7-13，且可以将 N_{120} 按式(7-9)换算成 $N_{63.5}$ 后查该表。

$$N_{63.5} = 3N_{120} - 0.5 \tag{7-9}$$

表 7-13　各类土的 $N_{63.5}$ 与 f_0 关系

f_0/kPa　土类 \ $N_{63.5}$	粉细砂	中砂、砾砂	碎石土
2	80	—	—
3	110	120	140
4	142	150	170
5	165	180	200
6	187	220	240
7	210	260	280
8	232	300	320
9	255	340	360
10	277	380	400
12	321	—	480
14	—	—	540
16	—	—	600
18	—	—	660
20	—	—	720
22	—	—	780
24	—	—	830
26	—	—	870
28	—	—	900
30	—	—	930
35	—	—	970
40	—	—	1000

3）确定单桩承载力

根据动力触探与桩静载荷试验得到单桩承载力结果的对比，可以得到单桩承载力标准值锤击数之间的经验关系。这些经验关系带有一定的地区性。式(7-10)为沈阳市桩基小组得到的经验公式：

$$R_k = 24.3\overline{N}_{63.5} + 365.4 \tag{7-10}$$

式中 R_k——打入桩单桩承载力标准值，kN；

$\overline{N}_{63.5}$——从地面至桩尖，修正后 $N_{63.5}$ 的平均值。

4) 确定土的变形模量

铁道部第二勘测设计院提出可用式(7-11)确定圆砾、卵石的单桩承载力：

$$E_0 = 4.48N_{63.5}^{0.7654} \tag{7-11}$$

7.4.5 标准贯入试验

1. 标准贯入试验设备及技术要求

标准贯入试验是动力触探类型之一。它是利用一定的锤击动能，将一定规格的贯入器打入钻孔孔底的土层中，根据打入土层中所需的能量来评价土层和土的物理性质。标准贯入试验中所需的能量用贯入器贯入土层中 30cm 的锤击数 $N_{63.5}$ 来表示，一般记作 N，称为标贯击数。

标准贯入试验设备主要由贯入器、贯入探杆和穿心锤三部分组成，应满足表 7-14 的要求。

表 7-14 标准贯入试验设备规格

落锤		锤的质量/kg	63.5
		落距/cm	76
贯入器	对开管	长度/mm	＞500
		外径/mm	51
		内径/mm	35
	管靴	长度/mm	50～76
		刃口角度/(°)	18～20
		刃口单刃厚度/mm	1.6
钻杆		直径/mm	42
		相对弯曲	＜1/1000

标准贯入试验的技术要求应符合以下规定：

(1) 标准贯入试验孔采用回转钻进，并保持孔内水位略高于地下水位。当孔壁不稳定时，可用泥浆护壁，钻至试验标高以上 15cm 处，清除孔底残土再进行试验。

(2) 采用自动脱钩的自由落锤法进行锤击，并减小导向杆与锤间的摩阻力，避免锤击时的偏心和侧向晃动，保持贯入器、探杆、导向杆连接后的垂直度，锤击速率应小于30击/min。

(3) 贯入器打入土中 15cm 后，开始记录每打入 10cm 的锤击数，累计打入 30cm 的锤击数为标准贯入试验锤击数 N。当锤击数已达 50 击，而贯入深度未达到 30cm 时，可记录 50 击的实际贯入深度，按式(7-12)换算成相当于 30cm 的标准贯入试验锤击数 N，并终止试验。

$$N = \frac{30 \times 50}{\Delta s} \tag{7-12}$$

式中　Δs——对应于 50 击时的贯入度,cm。

2. 标准贯入试验成果的应用

1) 判断砂土的密实度和相对密实度 D_r

可直接根据 N 确定砂土的密实度,见表 7-15。

表 7-15　SPT 确定砂土密实度表

国际标准			《铁路工程地质勘察规范》(TB 10012—2007)				《建筑地基基础设计规范》(GB 50007—2011)	
密实度	N	D_r	密实度		N	D_r	密实度	N
极松	0~4	0~0.2	松散	极松	<5	<0.20	松散	≤10
松	4~10			稍松	5~9	0.20≤D≤0.33		
稍密	10~15	0.2~0.33	—		—	—	稍密	10<N≤15
中密	15~30	0.33~0.67	中密		10~29	0.33≤D<0.67	中密	15<N≤30
密实	30~50	0.67~1	密实		30~50	≥0.67	密实	>30
极密	>50		—		—	—	—	—

2) 判断黏性土的稠度状态

太沙基和佩克、武汉冶金勘测公司提出的 N 与黏性土状态关系分别见表 7-16 和表 7-17。

表 7-16　黏性土 N 与稠度状态关系

N	<2	2~4	4~8	8~15	15~30	>30
稠度状态	极软	软	中等	硬	很硬	坚硬
q_u/kPa	<25	25~50	50~100	100~200	200~400	>400

表 7-17　N 与 I_L 稠度状态的关系

N	<2	2~4	4~7	7~18	18~35	>35
I_L	>1	0.75~1	0.5~0.75	0.25~0.5	0~0.25	<0
稠度状态	流动	软塑	软可塑	硬可塑	硬塑	坚硬

3) 确定地基承载力

《建筑地基基础设计规范》(GB 50007—2011)规定用 N 值确定砂土与黏性土的承载力标准值(见表 7-18 和表 7-19),可根据表格中数据结合当地实践经验进行确定。

表 7-18　砂土承载力标准值

土类	N			
	10	15	30	50
中、粗砂	180	250	340	500
粉、细砂	140	180	250	340

表 7-19　黏性土承载力标准值

N	3	5	7	9	11	13	15	17	19	21	23
f_k/kPa	105	145	190	235	280	325	370	430	515	600	680

此外,标准贯入试验还可用于评定土的强度指标,评定土的变形模量 E_0 和压缩模量 E_s,也可估算单桩承载力。

7.4.6　十字板剪切试验

十字板剪切试验是用插入软黏土中的十字板头,以一定的速率旋转,测出土的抵抗力矩,然后换算成土的抗剪强度的一种测试方法。它是一种原位测定饱和软黏土抗剪强度的方法,所测得的抗剪强度值,相当于天然土层试验深度处在上覆压力作用下的固结不排水抗剪强度,理论上它相当于室内三轴不排水抗剪的总强度或无侧限抗压强度的一半($\varphi=0$)。

该方法可以很好地模拟地基土不排水的条件和天然受力状态,对试验土层扰动性小,测试精度高。严格来说,该方法只适用于内摩擦角 $\varphi=0$ 的饱和软黏土。

1. 十字板剪切试验的原理

十字板剪切试验的原理如下:对压入黏土中的十字板头施加扭矩,使十字板头在土层中形成圆柱形的破坏面,测定剪切破坏时对抵抗扭矩的最大力矩,通过计算可得到土体的抗剪强度。

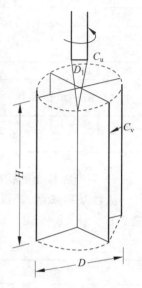

图 7-11　十字板剪切试验原理示意图

图 7-11 为圆柱形的破坏面,令 C_v 和 C_u 分别表示破坏圆柱体侧面和上、下面的抗剪强度,则在旋转过程中,土体产生的最大抵抗扭矩 M 由圆柱侧面的抵抗扭矩 M_1 和圆柱顶面的抵抗扭矩 M_2 组成,即

$$M = M_1 + M_2 \tag{7-13}$$

其中

$$M_1 = C_v(\pi DH)\frac{D}{2} \tag{7-14}$$

$$M_2 = C_u\left(\frac{1}{2\eta}\pi D^3\right) \tag{7-15}$$

假定土体各向同性,因此 $C_v=C_u$,则有

$$M = \frac{1}{2}C_u\pi D^2\left(H + \frac{D}{\eta}\right) \tag{7-16}$$

所以

$$C_u = \frac{2M}{\pi D^2\left(H + \dfrac{D}{\eta}\right)} \tag{7-17}$$

式中　η——应力分布形状系数。

2. 十字板剪切试验的基本技术要求

（1）十字板尺寸：常用的十字板尺寸为矩形，高径比（H/D）为2。国外使用的十字板尺寸与国内常用的十字板尺寸不同，见表7-20。

表7-20　十字板尺寸　　　　　　　　　　　　　　　　　　　　　　mm

十字板尺寸	H	D	厚度
国内	100	50	2～3
	150	75	2～3
国外	125±12.5	62.5±12.5	2

（2）对于钻孔十字板剪切试验，十字板插入孔底以下的深度应不小于钻孔或套管直径的3～5倍。

（3）十字板插入土中与开始扭剪的间歇时间应小于5min。

（4）一般应控制扭剪速率为（1°～2°）/10s，并应在测得峰值强度后继续测1min。

（5）重塑土的不排水抗剪强度，应在出现峰值强度或稳定值强度后，顺剪切、扭转方向连续转动6圈后测定。

3. 十字板剪切试验成果的应用

一般认为，试验得到的不排水抗剪强度 C_u 值偏高，进行修正后才能用于设计计算。Daccal 等建议用塑性指数确定的修正系数 μ 来折减，见图7-12。图中曲线2适用于液性指数大于1.1的土，曲线1适用于其他软黏土。

按照中国建筑科学研究院、华东电力设计院的经验，地基容许承载力可按式（7-18）计算：

$$q_a = 2C_u + \gamma h \qquad (7-18)$$

式中　C_u——修正后的不排水抗剪强度，kPa；

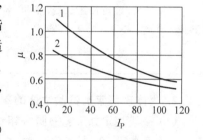

图7-12　修正系数 μ

　γ——土的重度，kN/m³；

　h——基础埋深，m。

7.4.7　现场大型直剪试验

大型直剪试验适用于求测各类岩土体软弱结构面以及岩土体与混凝土接触面的抗剪强度，可分为土体现场大型抗剪试验和岩体现场大型抗剪试验。下面仅介绍岩体现场直剪试验。

1. 岩体现场直剪试验的试验目的和试验设备

岩体现场直剪试验的目的是测定其抵抗剪切破坏的能力，为地（坝）基、地下建筑物和边坡稳定的计算、分析提供抗剪强度参数（摩擦系数和黏聚力）。岩体现场直剪试验的试验设备如表7-21所示。

表7-21　岩体现场直剪试验仪器设备

项目	内　　容	数量	规　　格	说　　明
制备试体设备	手风钻（或切石机）、模具、人工开挖工具	各1套	—	切石机、模具，应符合试体尺寸要求

续表

项目	内　容	数量	规　格	说　明
加载设备	液压千斤顶或液压钢枕	≥2	500～3000kN(10～20MPa)	出力容量根据试验要求确定，行程≥70mm
	液压泵(手动或电动)附压力表、高压管路、测力计等	—	—	与液压千斤顶(或液压钢枕)配套使用
传力设备	传力柱(木、钢或混凝土制品)、钢垫块(板)、滚轴排	—	—	传力柱宜具有足够的刚度
	岩锚、钢索、螺夹或钢梁等	1套	—	在露天或基坑试验时使用
测量设备	百分表	≥6	0.01mm，量程≥50mm	数量与百分表(或千分表)配套
	千分表	≥6	0.001mm，量程≥2～5mm	
	磁性表座和万能表架，测量标点	—	—	—
	量表支架	≥2	—	支杆长度应超过试验影响范围
其他	仪器、仪表安装工具，混凝土浇捣工具，地质描述仪器，照相、照明设备，文具、记录用品	一套	—	—
	水泥、砂、石子	—	—	用量根据浇筑混凝土试体和试体处理要求而定

2. 岩体现场直剪试验试体的制备

(1) 一般规定如下：①同一组试验的试体不少于 5 块，试体剪切尺寸一般为 70cm×70cm，并不小于 50cm×50cm，试体高度为其边长的一半；②试体间距应便于制备试体和安装仪器设备，但不应小于剪切面边长的 1.5 倍，以免互相影响试验过程；③在岩洞内进行试验时，试验部位的洞顶应先开挖成大致平整的岩面，以便浇筑混凝土(或砂浆)反力垫层。在施加剪力的后座部位，应按液压千斤顶(或液压钢枕)的形状和尺寸进行开挖。

(2) 混凝土与岩体胶结面直剪试验试体应在试点部位用人工(不准爆破)挖除表层松动岩石，形成平整岩面。在试点处，应按剪切方向立模并浇筑混凝土试体。有时在浇筑混凝土试体之前，按设计要求，先在岩面上浇筑一层厚约 5cm 的砂浆垫层。在浇筑砂浆垫层和混凝土试体时，浇制一定数量的砂浆(7cm×7cm×7cm)和混凝土(15cm×15cm×15cm)试块，试块与试体在相同条件下养护，以测定其不同龄期的强度。

(3) 岩体弱面、软弱岩体直剪试验的试体，应在开挖试点部位后，按剪切方向在岩面上定出剪切面积。可用风钻或切石机，也可用人工，沿剪切面周边将试体与周围岩体切开。对于岩体弱面的试体，应使弱面处于预定的剪切部位。

(4) 对倾斜岩体弱面进行直剪试验时，可制备楔形试体。在探明倾斜岩体弱面的部位和产状后，制备试样，采取措施，防止试体下滑。

为防止制备过程中，因吸(浸)水、应力松弛或扰动而导致试体膨胀，可采用以下方法加以避免：①切断地下水来源；②用水泥砂浆抹试体顶面，而后在其上施加一定的垂直荷载；③为避免在安装垂直、水平(剪切)加载系统和试验过程中损坏试体，可在试体上浇筑钢筋混凝土保护罩,其底部应处在预定的剪切面以上。

3. 岩体现场直剪试验试体描述

(1)试验前的描述内容:①试验地段岩石名称和风化破碎程度。②岩体弱面的成因、类型、产状、分布状况及其间充填物的性状(厚度、颗粒组成、泥化程度和含水状态等)。在岩洞内,记录岩洞编号、位置、洞线走向、洞底高程。试验地段岩洞和试点部位的纵、横地质剖面。在露天或基坑内,记录试点位置、高程及其周围的地形、地质。③试验地段开挖情况和试体制备方法:④试体岩性、编号、位置、剪切方向和剪切面尺寸,试验地段地下水类型、化学成分、活动规律和流量等。

(2)试验后的描述内容:①剪切面尺寸;②剪切破坏形式;③剪切面起伏差;④擦痕方向和长度;⑤碎块分布状况。

同时描述剪切面上充填物的性状,必要时取样测定其含水率、液限、塑限以及颗粒组成,对剪切面照相。

4. 岩体现场直剪试验成果整理

(1)剪切面应力计算

(2)绘制剪应力与剪切位移关系曲线。根据同一组直剪试验结果,以剪应力为纵轴,剪切位移为横轴,绘制每一次试验的剪应力与剪切位移关系曲线,而后从曲线上选取剪应力的峰值和残余值。也可从曲线的线性比例极限点或屈服点选取剪应力值。

(3)绘制剪应力与垂直压应力关系曲线。根据剪应力峰值(或屈服值、残余值等)与相应的垂直压应力,以剪应力为纵轴,垂直压应力为横轴,绘制关系曲线。

(4)确定抗剪强度参数。抗剪强度参数包括摩擦系数和黏聚力,可按图解法和最小二乘法确定。

7.4.8　试验指标的选取

工程地质实验数据往往是离散的,须进行分析和整理,使这些数据更好地反映岩土性质和变化规律,并求出代表性指标供工程设计使用。

1. 数据特性

数据是指试验或观测时记录的原始资料及整理后的量值。测定的数据对于真实值来说存在误差。

误差可以分为三类:过失误差、系统误差和偶然误差。过失误差是由于观测人的过失而出现的误差;系统误差是由于仪器存在缺陷、试验环境变化或试验测读方法不当造成的;偶然误差是无法控制的,但其服从统计规律,工程地质勘察实验数据的统计分析就是基于偶然误差的统计规律进行的。

2. 数据的统计

统计数据的目的是通过某项数据的测定值 x_i,求其近似值的最佳值。

1)算术平均值和中值的计算

一般用算术平均值来代表一组数据,算术平均值用 $\bar{x}$ 表示:

$$\bar{x} = (x_1 + x_2 + \cdots + x_n) = \frac{1}{N}\sum_{i=1}^{n}(x_i - \bar{x})^2 \tag{7-19}$$

亦可用中值来代表一组数据。测定值按数据大小顺序排列,按次序数到次数 n 的一半对应的测定值称为中值。

2）数据离散特征参数计算

均方差

$$\sigma = \sqrt{\frac{1}{n-1}\sum_{i=1}^{n}(x_i - \bar{x})^2} \qquad (7-20)$$

变异系数

$$\delta = \frac{\sigma}{\bar{x}} \qquad (7-21)$$

3）算术平均值可靠性的计算

$$a = \bar{x} \pm t_\beta m_{\bar{x}} \qquad (7-22)$$

式中，$m_{\bar{x}} = \dfrac{\sigma}{\sqrt{N}}$，$t_\beta = \dfrac{-a+\bar{x}}{m_{\bar{x}}}$。

7.5　现场监测

7.5.1　现场监测的目的和任务

现场监测是工程地质勘察中的一项重要工作，是指对施工过程中及完成后，由于施工运营的影响而引起岩石性状和周围环境条件发生变化而进行的各种观测工作。

现场监测的目的是了解施工引起的影响程度以及监视其变化和发展规律，以便及时在设计、施工时采取相应的防治措施。在施工阶段的检验和监测工作中，如发现场地或地基条件与预期条件有较大的差别，应修改岩土工程设计，或采取相应的处理措施。

常见的现场监测有地基沉降与位移观测和地基中应力观测两大类，地基沉降与位移观测包括土体内部和地基基础的水平位移观测和竖向位移观测，地基中应力观测包括土中土压力观测及孔隙水压力观测。

7.5.2　建筑物的沉降观测

建筑物的沉降观测能反映地基的实际变形对建筑物的影响程度，是分析地基事故及判别施工质量的重要依据，也是检验勘察资料的可靠性、验证理论计算正确性的重要资料。《岩土工程勘察规范》（GB 50021—2001）规定，宜对下列建筑物进行沉降观测：一级建筑物；不均匀或软弱地基上的重要二级及二级以上建筑物；加层、接建或地基变形、局部失稳而使结构产生裂缝的建筑物；受邻近深基坑开挖施工影响或受场地地下水等环境因素影响的建筑物；须积累建筑经验或要求通过反分析求参数的工程。

建筑物沉降观测试验应注意以下几点。

（1）基准点的设置以保证其稳定可靠为原则，故宜布置在基岩上，或设置在压缩性较低的土层上。水准基点的位置宜靠近观测对象，但必须在建筑物所产生压力的影响范围以外。在一个观测区内，水准基点不应少于 3 个。

（2）观测点应全面反映建筑物的变形并结合地质情况确定，不宜少于 6 个。

（3）宜采用精准水平仪和钢尺进行水准测量。对于一个观测对象，宜固定测量工作，固定人员，观测前必须严格校验仪器。宜采用二级水准测量精度，视线长度宜为 20～30m，视线高度不宜低于 0.3m。水准测量应采用闭合法。

另外,观测时应随时记录气象资料。观测次数和时间应根据具体情况确定。一般情况下,民用建筑每施工完一层应观测 1 次;工业建筑按不同荷载阶段分次观测,但施工阶段的观测次数不应小于 4 次。建筑物竣工后的观测,每年不少于 3～5 次,第二年不少于 2 次,以后每年观测 1 次直到沉降稳定为止。当突然发生严重裂缝或大量沉降等特殊情况时,应增加观测次数。

7.5.3　地下水的监测

地下水的动态变化包括水位的季节变化和多年变化、人为因素造成的地下水的变化以及水中化学成分的运移。对于工程安全和保护环境而言,地下水的监测常常是最重要、最关键的因素。因此,对地下水进行监测具有重要意义。《岩土工程勘察规范》(GB 50021—2001)规定,应针对下列情况进行地下水监测:①地下水位升降影响岩土稳定;②地下水位上升产生的浮托力对地下室或地下构筑物的防潮、防水或稳定性产生较大影响;③施工降水对拟建工程或相邻工程有较大影响;④施工或环境条件改变,造成孔隙水压力和地下水压力发生变化,对工程设计或施工有较大影响;⑤地下水位的下降造成区域性地面沉降;⑥地下水位升降可能使岩土产生软化、湿陷和胀缩;⑦须评价污染物运移对环境造成的影响。

对于地下水位的监测,一般可设置专门的地下水位观测孔,或利用水井、地下水天然露头进行。监测工作可根据监测目的、场地条件、工程要求以及水文地质条件等进行确定。孔隙水压力和地下水压力的监测应特别注意设备的埋设和保护,建立长期稳定而良好的工作状态。水质监测每年不少于 4 次,原则上可以每季度进行 1 次。

7.6　工程地质勘察报告的主要内容

工程地质勘察报告是工程地质勘察的正式成果,是将现场勘察得到的工程地质资料进行统计、归纳和分析,编制成图件、表格,并对场地工程地质条件和问题做出系统的分析和评价,以全面、正确地反映场地的工程地质条件和地基土物理力学设计指标,供建设单位、设计单位和施工单位使用,并作为存档文件长期保存。

7.6.1　工程地质图的编绘

为了确切地反映某一地区的工程地质勘察成果,单用叙述的方式是不够的,必须有图件加以配合。将某一工程地区内的工程地质条件和问题确切而直观地反映出来,最好的方法是编制工程地质图。

工程地质图是工程地质工作全部成果的综合表达,其质量标志着编图者对工程地质问题的预测水平。工程地质图是工程地质学家(技术人员)提供给规划、设计、施工和运行人员直接应用的主要资料,它对工程的布局、选址、设计及工程进展有决定性的影响。

1. 工程地质图的类型

根据多年来工程地质图实际出现的类型,大致可按内容和用途分类如下。

1) 按内容分类

按内容,可将工程地质图分为工程地质条件图、工程地质分析图、工程地质分区图和综合分区图。

工程地质条件图（基本工程地质图）可综合反映工作区的工程地质条件，以及对条件的总体评价，但不作分区。它表示各类建筑物所在区域的基本工程地质条件及综合评价，有时也可针对某类建筑的特点，有选择地表示某些条件或因素，以便突出使用图件的重点，便于生产部门使用。

工程地质分析图（分析图）是针对某一重要的专门工程地质问题，分析有关因素变化规律的图件。图中只反映某一种因素或某一种岩、土指标的变化规律，常以等值线图的形式出现，如建筑物持力层顶板埋深或高程等值线图、地下水等水位线图、岩土渗透性（K 值）等值线图，岩土 c、ϕ 值、压缩系数 a、变形模量 E 等值线图等。显然，编制这类图件需要大量数据，一般在详细勘察阶段才有可能编制。这类图常作为重要工程地质图件的辅助图件。

工程地质分区图是按照工程地质条件中各要素的主次顺序相似程度分区，并可作几级划分，图面上只有分区界限和区的代号，各区的工程地质特征在所附的说明表中进行说明，并作出评价。这类图常与工程地质图（条件图）相互配合使用，适用于中、小比例尺及大范围。

综合分区图既表示工程地质条件的有关资料，又有分区，并对各区的建筑适宜性作出评价，是生产部门常用的形式。这种图件适于条件简单或中等复杂程度的地区。对于条件复杂的地区，这类图中内容过多，重点不突出，因此适用于大比例尺、小范围。

2）按用途分类

按用途，可将工程地质图分为通用工程地质图和专用工程地质图。

通用工程地质图以表示工程地质条件为主要内容，以岩土类型及其工程地质性质为主体，综合地质结构、水文地质等因素，并提出一般性工程地质评价。通用图可为各种工程建设服务，应用范围广而精度低，适用于小比例尺、大范围，主要用于区域规划，如中华人民共和国自然地图集比例尺为 1∶10000000，中国工程地质图比例尺为 1∶4000000）。

专用工程地质图为某一类工程建筑服务，具有专门性，在全面反映工程地质条件的基础上，根据具体建筑的需要和存在的工程地质问题加以筛选，使重点突出，避免因反映因素过多而使图面复杂化。这种图可有各种比例尺，小比例尺专用工程地质图，其收集资料精度较低，实际上只能反映基本条件，因而趋于通用图，用于规划阶段。中、大比例尺专用工程地质图所反映的数据精度较高，专用性较强，因而专用工程地质图，应以中、大比例尺为主。

2. 工程地质图的内容和分区

1）工程地质图的内容

工程地质图的主要内容包括地形地貌、岩土类型及其工程性质、地质构造、水文地质条件和物理地质现象。

（1）地形地貌包括地形起伏变化、高程和相对高差；地面切割情况，如冲沟的发育程度、形态、方向、密度、深度及宽度；场地范围山坡形状、高度、陡度及河流冲刷和阶地情况等。

（2）岩土类型及其工程性质是工程地质条件中比较重要和根本的方面。其中，应特别注重反映第四纪沉积物的年代、成因类型及岩相变化和分布方面，因为工程中最常涉及的第四纪沉积物的工作性质与其沉积环境、固结、成岩条件以及后来的一系列变化有密切关系。

（3）地质构造一般包括各种岩土层的分布范围、产状、褶曲轴线、断层破碎带的位置、类型及其活动性等。

（4）水文地质条件一般包括潜水水位及对工程有影响的承压水测压水位及其变化幅度；地下水的化学成分及侵蚀性。

（5）物理地质现象包括各类物理地质现象的形态、发育强度的等级及其活动性。各种物理地质现象的形态类型一般用符号在其主要发育地段笼统表示。在较大比例尺的图上，对规模较大的主要物理地质现象的形态，可按实际情况绘在图上，并专门说明其活动性。

2）工程地质分区问题

按工程地质条件各要素的相似性，对研究区逐级划分区段，以反映条件的差别，便于应用。

（1）分区目的：同一区段内工程建筑的使用条件以及勘察条件具有相似性，在不同区段，其工程地质条件和评价不同。

（2）分区标志：指分区所依据的准则——工程地质条件、工程地质评价。

以工程地质条件为分区标志，如表7-22所示。

表7-22　以工程地质条件分区

级别	名称	表达方式	分区标志	评价方式	工程地质特征
一级	区域	颜色	大地构造、地貌、地质结构的差异性	定性 ↓ 定量	少 ↓ 多
二级	地区	色调	地貌、新构造运动的差异		
三级	地区	线条	岩土类型及工程性质、岩土均质性、岩土组合结构特征		
四级	地段	图例符号	水文地质条件的差异性		
五级	二级地段	按比例符号	自然地质作用、工程地质作用与现象，天然建筑材料		

以工程地质评价作为分区标志具有发展前景，可按工程需求出现新的分区标志，通过定性或定量评价标准，结合工程设计的需要进行分区。其目的在于表示对工程建筑有利或不利的因素及其程度，选择专门性分区标志应结合对主要工程地质问题的分析，对于不同勘察阶段，分区标志及侧重点有所不同。

3. 工程地质图的编制方法

编制工程地质图需要一套相应比例尺的有关图件，这些图件如下：

（1）地质图或第四纪地质图；

（2）地貌及物理地质现象图；

（3）水文地质图；

（4）各种工程地质剖面图、钻孔柱状图；

（5）各种原位测试及室内试验成果图表等。

图上应画出许多界线，主要有不同年代、不同成因类型和土性的土层界线，地貌分区界线，物理地质现象分布界线及各级工程地质分区界线等（见图7-13），这些界线中许多是彼此重合的，因为工程地质条件的各个方面往往是密切联系的。无论工程地质分区界线的分区标志如何,都必须与主要的工程地质条件密切相关,因此这些界线往往重合。对于工程地质分区图,首先应保证分区界线能完整地表示出来。

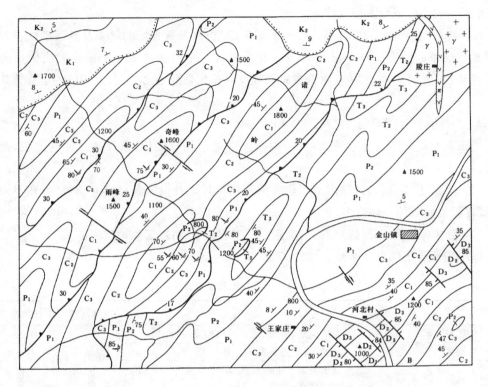

图 7-13　金山镇工程地质图

绘制各种界线时,一般原则是肯定者用实线,不肯定者用虚线。工程地质分区的区级之间可用线的粗细相区别,从高级区到低级区线条由粗变细。

工程地质图中还可使用各种花纹、线条、符号、代号来区分各种岩性、断层线、物理地质现象和土的成因类型等。有时还可用小柱状图表示一定深度范围内土层的变化。

工程地质图中还可以用颜色表示工程地质分区或岩性。不同单元区可用不同颜色来表示,同一单元区的不同区可用同一颜色不同色调表示。

复杂条件下的工程地质图所反映的内容比较多,符号线条会比较拥挤。所以必须注意恰当地利用色彩、花纹、线条等,妥善地加以安排,区分疏密浓淡,使工程地质图既能充分说明工程地质条件,又能清晰易读,整洁美观。

7.6.2　工程地质勘察报告的编写

工程地质勘察成果报告的内容,应根据任务要求、勘察阶段、地质条件、工程特点等具体情况综合确定,一般包括以下内容:任务要求及勘察工程概况;拟建工程概况;勘察方法和勘察工作布置;对场地地形、地貌、地层、地质构造、岩土性质、地下水、不良地质现象的描述和评价;对场地稳定性和适宜性的评价;岩土参数的分析和选用;提出关于地基基础方案,工程施工和使用期间可能发生的岩土工程问题的预测及监控、预防措施的建议;勘察成果表及所附图件。

报告中所附图表的种类,应根据工程的具体情况而定,常用的图表有勘察点平面布置图、工程地质柱状图、工程地质剖面图、原位测试成果表和室内试验成果表等。

下面将常用的图表编制方法和要求简单介绍如下:

1)勘察点平面布置图

勘察点平面布置图是在建筑场地地形图上,把建筑物的位置、各类勘探及测试点的位置、编号用不同的图例表示出来,并注明各勘探、测试点的标高、深度、剖面线及其编号等。

2)工程地质剖面图

工程地质剖面图反映某一勘探线上地层沿竖向和水平向的分布情况。由于勘探线的布置常与主要地貌单元或地质构造轴线垂直,或与建筑物的轴线相一致,故工程地质剖面图能最有效地标示场地的工程地质条件。

3)综合地层柱状图

为了简明扼要地表示所勘察地层的层序及其主要特征和性质,可将该区地层按新老次序自上而下以 1/200~1/50 的比例绘成柱状图。图上注明层厚、地质年代,并对岩石或土的特征和性质进行概括性描述。这种图件称为综合地层柱状图。

4)现场原位测试图件

现场原位测试图件包含载荷试验、标准贯入试验、十字板剪切试验、静力触探试验等的成果图件。

本章小结

建设工程的顺序大致为勘察、设计、施工和监理。可见,岩土工程勘察(engineering geological investigation)是整个建设工程工作的重要组成部分之一,也是一项基础性的工作。只有进行详细的岩土工程勘察,才能为工程项目选择合适的基础形式,并确保工程的安全。

本章着重介绍了岩土工程勘察的基本要求、工程地质测绘、勘探与取样、室内土工试验分析以及现场原位测试,包括静力载荷试验、静力触探、动力触探与标贯、十字板剪切试验、现场直剪试验等方法的特点和应用,还介绍了现场沉降、位移、水位监测技术、岩土工程勘察的数据整理和分析、岩土工程勘察报告的编写以及岩土工程分析、评价等内容。

学完本章后应掌握以下内容:

(1)岩土工程勘察的目的和任务;

(2)岩土工程勘察的基本方法;

(3)室内土工试验以及现场原位测试的原理和方法;

(4)现场监测的主要内容;

(5)工程地质勘察报告的内容。

思考题

1. 岩土工程勘察的目的和任务是什么？

2. 岩土工程勘察的基本方法有哪些？

3. 室内土工试验主要有哪些内容？土工试验的成果有哪些？

4. 岩土工程勘察中所采用的原位测试方法主要有哪些？各种方法的原理是什么？适用范围是什么？

5. 现场沉降、位移、水位监测技术应注意哪些要点？

6. 工程地质勘察报告包含哪几部分内容？如何对数据进行整理和分析？

实 训 项 目

本系列工程地质的实训项目,旨在通过实践使初学者对工程地质学研究的主要内容和特点有比较全面、概括性的了解,巩固和掌握工程地质课的基本内容和学习方法,初步具备分析、解决工程实际中出现的简单条件下地质问题的能力,为以后的工作实践打下坚实的基础。

本系列实训项目主要包括以下内容:矿物和岩石标本的认识与鉴定、地质图的识读、土体密度和含水量的确定、土体类别的确定、滑坡成因分析、边坡治理措施以及特殊土地基的处理等内容。

实训项目 1　主要造岩矿物的认识和鉴定

1. 试验目的

通过试验,在老师的指导下学会描述和肉眼鉴定矿物的基本方法,掌握常见造岩矿物的鉴定特征。其目的不是学会鉴定所有矿物,而是学会鉴定方法,为以后的学习、工作打下基础。

2. 内容与方法

可以根据所选择的标本认识矿物,如书上所列矿物或其他矿物(如石英、赤铁矿、褐铁矿、石膏等)。主要试验器材及用具有矿物标本、矿物薄片、磁铁、小刀、放大镜及小铁锤等。

3. 试验步骤

主要借助简单的工具(放大镜、小刀、条痕板、磁铁等)用肉眼对照矿物基本特征进行鉴定。

(1) 辨别矿物,描述特征。一块标本往往有几种矿物共生在一起,须从中辨别矿物的形态和物理性质,边看边记录,并描述其特征。

对于单矿物,可描述其形态、晶面条纹等。对于集合体,可观察矿物的光学性质,即先描述其颜色,若为深色,硬度小于 5 的矿物,再用条痕板试其条痕色后选择矿物的新鲜面,仔细观察、描述矿物的光泽和透明度;还可描述矿物的解理、断口、硬度等力学性质及矿物的其他特征。有些矿物,如碳酸盐类,须用简易化学方法,观察其与稀盐酸的反应加以区别。

（2）仔细对比,找共性。

（3）找个性。对矿物进行类比,找出对比矿物的各项特征,从共性中求得个性,并从本质上（成分、结构、成因条件等）寻求其个性根源,以便在理解的基础上记忆,同时注意矿物的共生组合关系。

注意：黄铁矿与黄铜矿、方解石与萤石、辉石与角闪石以及正长石与斜长石的区别。

总之,矿物鉴定是通过各种物理、化学方法对矿物加热、熔化或与其他物质反应,或者在不同环境中的变化特征来认识、鉴定矿物,熟练掌握矿物综合鉴定是研究矿物的基本方法。

4. 试验要求及试验报告

实验前应预习相关内容,并写出预习报告。要求独立完成试验,试验完毕后写出简单的鉴定报告。

实训项目 2　常见岩石的认识和鉴定

1. 试验目的与要求

通过试验,在老师的指导下学会描述和肉眼鉴定岩石的方法,先鉴定矿物,再根据矿物组合、岩石结构构造等粗略判定岩石名称,认识最常见的岩石。

2. 内容与方法

可以根据所选择的标本认识岩石,如书上所列岩石或其他岩石等。主要试验器材及用具有岩石标本、稀盐酸、小刀、放大镜、小铁锤等。

3. 观察步骤

1）观察

所用工具为放大镜等。用放大镜观察岩石标本,看看岩石表面有什么矿物,有几种,其颜色、大小、硬度、结晶程度如何,含量多少。

2）试一试

所用材料为盐酸、小刀、滴管、锤子、铁钉、铜钥匙等。

（1）用锤子、铁钉、铜钥匙敲打、刻划岩石,判定岩石中矿物的硬度。

（2）用滴管在岩石表面滴几滴盐酸,看看岩石表面有什么变化,是否起泡。

3）确定岩石的名称

根据上述分析,结合岩石的结构和构造特征,定出岩石的名称。

（1）岩浆岩：通过观察,首先确定主要矿物和次要矿物,最后根据主要矿物确定岩石的基本名称,次要矿物参与命名。

例如,花岗岩,肉红色,等粒结构,块状构造。其中肉红色颗粒是正长石,粒粗,硬度6,可见解理面；如为白色颗粒,一种是斜长石,玻璃光泽,硬度6,可见解理面；另一种是石英,油脂光泽,硬度7,无解理；黑色的是云母。主要由前三种矿物组成,含量均超过20%,黑云母是次要矿物,最后命名为黑云母花岗岩。

（2）沉积岩：通过观察、分析其结构,确定沉积岩的类别,最后根据沉积岩的矿物成分的含量比来确定岩石的基本名称。

例如,石灰岩,灰色或灰白色,俗称"青石",结晶结构,层理构造。主要矿物为方解石,硬度3,遇盐酸剧烈冒泡。

（3）变质岩：通过观察、分析其构造，确定是片理状岩类还是块状岩类，然后根据观察到的结构、主要矿物和次要矿物，以构造定出基本名称。

4．试验报告

要求独立完成试验，试验完毕时提交简单的鉴定报告。

实训项目3 阅读地质图

现以宁陆河地区地质图为例，阅读、分析地质图（见附图1、附图2）。

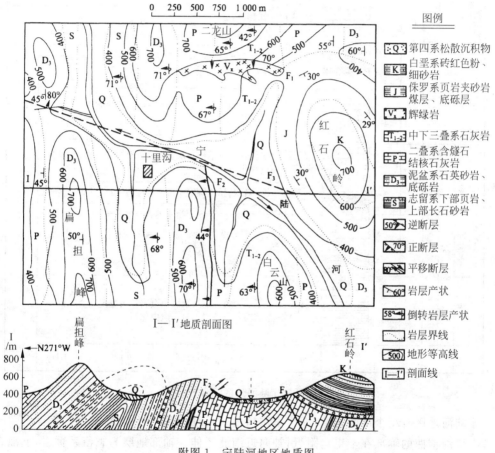

附图1 宁陆河地区地质图

本区最低处在东南部宁陆河谷，高程300多米，最高点在二龙山顶，高程达800多米，全区最大相对高差近500m。宁陆河在十里沟以北地区，从北向南流，至十里沟附近，折向东南。区内地貌特征主要受岩性及地质构造条件的控制。一般多在页岩及断层带分布地带形成河谷低地，而在石英砂岩、石灰岩及地质年代较新的粉细砂岩分布地带形成高山。山脉多沿岩层走向大体南北向延伸。

本区出露地层有志留系（S）、泥盆系上统（D_3）、二叠系（P）、中、下三叠系（T_{1-2}）、辉绿岩墙（V_x）、侏罗系（J）、白垩系（K）及第四纪（Q）。第四纪主要沿宁陆河分布，侏罗系及白垩系主要分布于红石岭一带。从附图1中可以看出，虽然本区泥盆系与志留系地层间岩层产状一致,但缺失中、下泥盆系地层,且上泥盆系底部有底砾岩存在,说明两者之间为平行不整合接触。二叠系与泥盆系地层之间缺失石炭系,所以也为平行不整合接触。图中的侏罗系与泥盆系上统、二叠系及中、下三叠纪三个地质年代较老的岩层接触,且产状不一致,所以为角度不整合接触。第四纪与老岩层间也为角度不整合接触。辉绿岩沿 F_1 张性断裂呈岩墙状侵入二叠系及三叠系石灰岩中,所以辉绿岩与二叠系、三叠系地层为侵入接触,而与侏罗系为沉积接触,其形成时代应在中下三叠系之后,侏罗系以前。

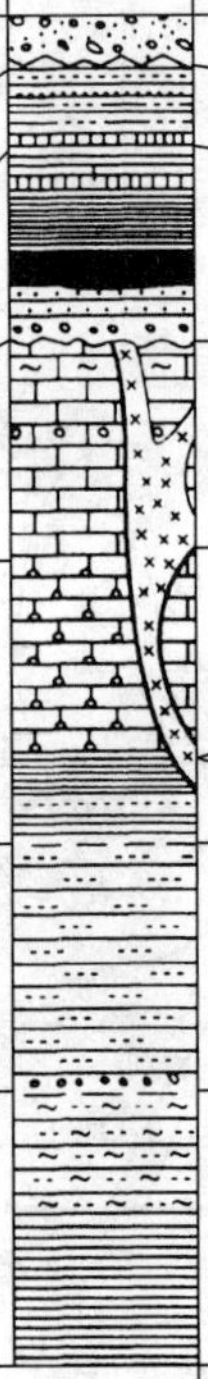

地层单位				代号	层序	柱状图 (1:25000)	厚度 /m	地质描述及化石	备注
界	系	统	阶						
新生界	第四系			Q	7		0~30	松散沉积层	
								——— 角度不整合 ———	
中生界	白垩系			K	6		111	砖红色粉砂岩、细砂岩,钙质和泥质胶结,较疏松	
								——— 整合 ———	
	侏罗系			J	5		370	浅黄色页岩夹砂岩,底部有一层砾石,靠下部有一层厚达50cm的煤层	
								——— 角度不整合 ———	
	三叠系	中下系		T_{1-2}	4		400	浅灰色纯质石灰岩,夹有泥灰岩及鲕状灰岩	
								——— 整合 ———	
古生界	二叠系			P	3		520	黑色含燧石结核石灰岩,底部有页岩、砂岩夹层,有珊瑚化石	
								顺张性断裂辉绿岩呈岩墙侵入,围岩中石灰岩有大理岩化理象	
								——— 平行不整合 ———	
	泥盆系	上统		D_3	2		400	底砾岩厚度为2m左右,上部为灰白色、致密坚硬石英岩,有古鳞木化石	
								——— 平行不整合 ———	
	志留系			S	1		450	下部为黄绿色及紫红色页岩,可见笔石类化石。上部为长石砂岩,有王冠虫化石	
审核				校核		制图		描图 日期 图号	

附图 2　宁陆河地区综合柱状图

宁陆河地区有三个褶曲构造,即十里沟褶曲、白云山褶曲和红石岭褶曲。

十里沟褶曲的轴部在十里沟附近,轴向近南北延伸。轴部地层为志留系页岩,上部有第四纪松散沉积覆盖,两翼对称分布的是泥盆系上统(D_3)、二叠系、下中三叠系地层,但两翼只见到泥盆系上统和部分二叠系地层,三叠系已出图幅。两翼大致为南北走向,均向西倾,但其倾角较缓,为 45°~50°,东翼倾角较陡,为 63°~71°,所以十里沟褶曲为一倒转背斜。十里沟倒转背斜构造,因受 F_3 断裂构造的影响,其轴部已向北偏移至宁陆河南北向河谷地段。

白云山褶曲的轴部在白云山至二龙山附近,南北向延伸。褶曲轴部地层为中下三叠系,由轴部向翼部地层依次为二叠系、泥盆系上统和志留系,其中西翼为十里沟倒转背斜东翼,东翼志留系地层已出图外,而二叠系与泥盆系上统因受上部不整合的侏罗系与白垩系地层的影响,只在图幅的东北角和东南角出露。两翼岩层均向西倾斜,是一个倾角不大的倒转向斜。

红石岭褶曲由白垩系、侏罗系地层组成,褶曲舒缓,两翼岩层相向倾斜,倾角约 30°,为一直立对称褶曲。

区内有三条断层。F_1 断层面向南倾斜约 70°,断层走向与岩层走向基本垂直,北盘岩层分界线有向西移动的现象,是一正断层。由于倾斜向斜轴部紧闭,断层位移幅度小,所以 F_1 断层引起的轴部地层宽窄变化并不明显。

F_2 断层走向与岩层走向平行,倾向一致,但岩层倾角大于断层倾角。西盘为上盘,一侧出露的岩层年代较老,且使二叠系地层出露宽度在东盘明显变窄,故为一压性逆掩断层。

F_3 为区内规模最大的一条断层。从十里沟倒转背斜轴部志留系地层分布位置可以明显看出,断层的东北盘相对向西北错动,西南盘相对向东南错动,是扭性平推断层。

实训项目 4　环刀法测定土的密度

1. 基本原理

环刀法是用已知质量及容积的环刀,切取土样,称量后减去环刀质量即得土的质量,环刀的容积即为土的体积,进而可求得土的密度。

2. 仪器设备

(1) 环刀:内径为 6～8cm,高度为 2～5.4cm,壁厚 1.5～2.2mm。

(2) 天平:感量为 0.1g。

(3) 其他:切土刀、钢丝锯、凡士林、玻璃板等。

3. 试验步骤

(1) 测定环刀的质量及体积:用卡尺测量环刀的内径及高度,计算环刀的容积,然后称环刀的质量;在环刀内壁涂以薄层凡士林。

(2) 切取土样:将环刀刃口向下置于土样上,垂直下压,并用切土力沿环刀外侧切削土样,边压边削至土样高出环刀,然后平整环刀两端土样。

(3) 擦净环刀外壁,称环刀加土样的质量。

(4) 按下式计算土的密度 ρ(g/cm³):

$$\rho = \frac{m_1 - m_2}{V} \tag{I-1}$$

式中　m_1——环刀加土样质量,g;

　　　m_2——环刀质量,g;

　　　V——环刀的容积,cm³。

(5) 本试验应进行两次平行测定,平行差值不得大于 0.03g/cm³,取其算数平均值,精确至 0.01g/cm³。

4. 试验报告内容

记录并整理试验表格,计算土的密度。

实训项目 5　测定土的含水率(烘干法)

1. 基本原理

含水率是指土中水分质量与干土质量之比值,湿土长时间在 100～105℃ 的环境中烘烤下,土中水分完全蒸发,土样减轻的质量与烘干后土的质量之比的百分数,即为土的含水率。

测定含水率的方法很多,其区别是使土样干燥的方法不同,常用的有如下两种方法:

(1) 烘干法:将土样置于烘箱中烘烤,除去水分。它一般适用于细粒土、砂类土和有机质土类。本试验主要介绍这种方法。

(2) 炒干法:将土样放在铝盒中置于电炉上炒干,测其含水率。一般适用于砂类土。

2. 仪器设备

(1) 电热烘箱或红外线烘箱;

(2) 铝盒;

(3) 感量为 0.01g 的天平。

3. 试验步骤

(1) 称湿土质量:取约 15g 代表性土样,放入已知质量的铝盒内,盖紧盒盖,称湿土加盒的质量。

(2) 烘干土样:打开盒盖,将盒放入烘箱内,在 100～105℃ 的环境中烘干,烘干时间一般为 6～8h。

(3) 称干土质量:自烘箱中取出铝盒盖上盒盖,立即放入干燥器中,冷却后称干土加盒的质量。

(4) 按下式计算土的含水量 ω(%)

$$\omega = \frac{m_1 - m_2}{m_2 - m_0} \times 100\% \tag{I-2}$$

式中 m_1——铝盒加湿土的质量,g;

m_2——铝盒加干土的质量,g;

m_0——铝盒的质量,g。

(5) 本试验须进行两次平行测定,当 $\omega < 40\%$ 时,其平行差值,不得大于 1%;当 $\omega \geqslant 40\%$ 时,平行差值不得大于 2%。取两次测值的平均值,精确至 0.1%。

4. 试验报告内容

记录并整理试验表格,计算土的含水率,并根据试验测得某土样的 ρ_s、ρ 及 ω,计算土的干密度 ρ_d、孔隙度 n、孔隙比 e 及饱和度 S_r。

实训项目 6   土的分类

现有 A、B、C 三种土,它们的粒径分布曲线如附图 3 所示。已知 B 土的液限为 38%,塑限为 19%,C 土的液限为 47%,塑限为 24%。试对这三种土进行分类。

1.《公路土工试验规程》(JTG E40—2007)分类法

1) 对 A 土进行分类

(1) 由曲线查得 A 土粒径大于 60mm 的巨粒含量为零,故该土不属于巨粒土和含巨粒土。

(2) 粒径大于 0.075mm 的粗粒含量为 98%,大于 50%,所以 A 土属于粗粒土。

(3) 粒径大于 2mm 的砾粒含量为 63%,大于 50%,所以 A 土属于砾粒土。

(4) 粒径小于 0.075mm 的细粒含量为 2%,少于 5%,所以 A 土属于砾(G)。

(5) 由附图 3 查得,曲线 A 的 d_{10}、d_{30} 和 d_{60} 分别为 0.32mm、1.65mm 和 3.55mm。

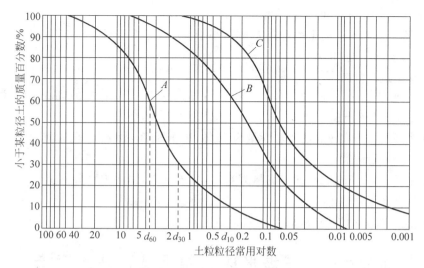

附图 3　土颗粒成分累计曲线

不均匀系数

$$C_u = \frac{d_{60}}{d_{10}} = \frac{3.55}{0.32} = 11.0 > 5$$

曲率系数

$$C_c = \frac{d_{30}^2}{d_{10}d_{60}} = \frac{1.65^2}{0.32 \times 3.55} = 2.40, \quad 1 < C_c < 3$$

由于 $C_u > 5$，$C_c = 1 \sim 3$，所以 A 土属于级配良好砾(GW)。

2) 对 B 土进行分类

(1) 从曲线查得，B 土大于 0.075mm 的粗粒含量为 72%，大于 50%，所以 B 土属于粗粒土。

(2) 从图中查得，大于 2mm 的砾粒含量为 9%，小于 50%，所以 B 土属于砂类土，但小于 0.075mm 的细粒含量为 28%，在 15% 与 50% 之间，因而 B 土属于细粒土质砂。

(3) 由于 B 土的液限为 38%，塑性指数 $I_P = \omega_L - \omega_P = 38 - 19 = 19$。A 线：$I_P = 0.73(\omega_L - 20) = 0.73 \times (38 - 20) = 13.14$，按塑性土计算，该土的 I_P 值落在图中 CL 区，故 B 土应定名为黏土质砂，符号 SC。

3) 对 C 土进行分类

(1) 从附图 3 查得，C 土大于 0.075mm 的粗粒含量为 43%，在 25% 与 50% 之间，所以 C 土属于含粗粒的细粒土。

(2) 从附图 3 中查得，大于 2mm 的砾粒含量为 0，故该土属于含砂细粒土。

(3) 由于 C 土的液限为 47%，塑性指数 $I_P = \omega_L - \omega_P = 47 - 24 = 23$。A 线：$I_P = 0.73(\omega_L - 20) = 0.73 \times (47 - 20) = 19.71$，按塑性土计算，该土的 I_P 值落在图中 CL 区，故 C 土应定名为含砂低液限黏土，符号 CLS。

2.《公路桥涵地基与基础设计规范》(JTG D63—2007)分类法

1) 对 A 土进行分类

(1) 粒径大于 2mm 的砾粒含量为 63%，大于 50%，故该土属于碎石土。

（2）粒径大于 200mm 的土粒含量为 0，故该土不属于漂石（块石）。

（3）粒径大于 20mm 的土粒含量为 6％，小于 50％，则该土不属于卵石（碎石）。

（4）故 A 土属于圆（角）砾土。

2）对 B 土进行分类

（1）粒径大于 2mm 的砾粒含量为 9％，小于 50％；粒径大于 0.075mm 的土粒含量为 72％，大于 50％，故该土属于砂土。

（2）粒径大于 0.075mm 的土粒含量为 72％，小于 85％，故 B 土属细砂。

3）对 C 土进行分类

（1）粒径大于 0.075mm 的土粒含量为 43％，少于 50％，塑性指数 $I_P = \omega_L - \omega_P = 47 - 24 = 23 > 10$，故该土属于黏性土。

（2）塑性指数 $I_P = 23 > 17$，故 C 土属于黏土。

实训项目 7　滑坡形成的原因及边坡治理措施

根据下述资料分析滑坡形成的原因，并提出边坡治理措施。

1. 工程简介

广东省韶关坪乳公路洋碰路段西滑坡区位于 K69+140m～K69+300m 段以北的斜坡上。滑坡形成于 1996 年雨期，东西长 210m，南北宽 75m。滑坡呈北向南急剧散开的扇形，顶端宽 45m，南缘宽约 150m，滑坡后缘清晰可见，呈一高差约 2m 的陡坎，滑动方向为南西方向。

2. 工程地质概况

该滑坡区为山前斜坡地貌，坡度约 17°，坡高 30m。滑坡区露出为不同成因类型的第四纪及晚近时代松散堆积。松散堆积主要是较近时期形成的残积、坡积和滑坡堆积物，各岩土层性质分述如下：

（1）坡积层：浅黄色含碎石粉质黏土和黏土，干燥后坚硬，潮湿时可塑，碎石局部含量高，形成碎石土层，该层厚度为 6.8～8.8m。

（2）残积层：灰黄色、灰白色黏土，含碎石，局部碎石集中，呈不等层夹层，黏土稍湿，可塑，厚度为 3.4～14.5m。

（3）厚度不同的灰黄色千枚岩、夹砂岩，其下为泥盆系黑色角砾状灰岩。

根据原状土样试验结果，对所有土样的物理力学指标分层进行统计，列于附表 1 中。从表中可看出，表层土为高液限黏性土，含水量偏高，容重和抗剪强度指标略偏小。

附表 1　土工试验结果综合指标

地质分层	岩性	含水量/%	天然容重/(kN/m³)	干容重/(kN/m³)	液限/%	塑限/%	塑性指数	黏聚力/kPa	内摩擦角/(°)
坡积层	粉质黏土、碎石土、黏土	27.8	18.7	14.5	53.4	33.2	20.2	36.0	20.4
残积层	粉质黏土、黏土	36.6	19.5	14.3	—	—	—	40.09	16.0
滑坡土层	黏土	26.5	19.0	15.0	54.1	33.6	20.5	—	—
平均值		30.3	19.1	14.6	53.8	33.4	20.4	38.5	18.2

实训项目 8 　特殊土地基

　　资料：通(辽)让(葫芦)铁路位于吉林省西部和黑龙江省南部，全长421km，其中嫩江浸水路堤长8.4km，堤高为8～14m，穿越5处常年浸水的江岔和水泡子地段，基底土以第四纪河流冲积层为主，主要地层为淤泥质砂土、淤泥质黏土及粉细砂等。

　　淤泥质砂土为灰色及灰绿色，流塑状，含大量粉细砂及砂的夹层或包裹体，局部夹淤泥质黏土，一般厚度为2～10m。淤泥质黏土为灰绿色，含砂量高，局部夹砂透镜体，分布零散，厚度一般为0～4m。粉细砂饱和中密，含少量淤泥质土。

　　根据上述资料，分析此地基属于哪种特殊土，可采用哪些加固措施。

参 考 文 献

[1] 石振明,孔宪立.工程地质学[M].2版.北京:中国建筑工业出版社,2015.

[2] 邹艳琴.公路工程地质[M].北京:高等教育出版社,2009.

[3] 长春地质学院.工程岩土学[M].北京:地质出版社,1980.

[4] 同济大学,重庆建筑工程学院,哈尔滨建筑工程学院.工程地质[M].北京:中国建筑工业出版社,1981.

[5] 东南大学,浙江大学,湖南大学,等.土力学[M].2版.北京:中国建筑工业出版社,2015.

[6] 赵明华.土力学与基础工程[M].4版.武汉:武汉理工大学出版社,2014.

[7] 王思敬,杨志法,刘竹华.地下工程岩体稳定性分析[M].北京:科学出版社,1984.

[8] 中华人民共和国国家标准.岩土工程基本术语标准(GB/T 50279—2014)[S].北京:中国计划出版社,2015.

[9] 《工程地质手册》编委会.工程地质手册[M].4版.北京:中国建筑工业出版社,2007.

[10] 朱建明,谢谟文,赵俊兰.工程地质学[M].北京:中国建材工业出版社,2006.

[11] 孙更生,郑大同.软土地基与地下工程[M].北京:中国建筑工业出版社,1984.

[12] 张忠苗.工程地质学[M].北京:中国建筑工业出版社,2007.

[13] 冯桂炎.道路选线[M].长沙:湖南大学出版社,1986.

[14] 钱鸿缙,王继唐,罗宇生,等.湿陷性黄土地基[M].北京:中国建筑工业出版社,1987.

[15] 张发明.地质工程设计[M].北京:中国水利水电出版社,2015.

[16] 李智毅,杨裕云.工程地质学概论[M].北京:中国地质大学出版社,1994.

[17] 何培玲,张婷,徐奋强,等.工程地质[M].2版.北京:北京大学出版社,2012.

[18] 王贵荣.岩土工程勘察[M].西安:西北工业大学出版社,2007.

[19] 中华人民共和国国家标准.岩土工程勘察规范(GB 50021—2009)[S].北京:中国建筑工业出版社,2009.

[20] 张咸恭,王思敬,张倬元.中国工程地质学[M].北京:科学出版社,2000.

[21] 中华人民共和国国家标准.工程岩体试验方法标准(GB/T 50266—2013)[S].北京:中国建筑工业出版社,2013.

[22] 中华人民共和国国家标准.土工试验方法标准(GB/T 50123—1999)[S].北京:中国计划出版社,1999.

[23] 陈洪江.土木工程地质[M].2版.北京:中国建材工业出版社,2010.

[24] 王永焱,林在贵.中国黄土的结构特征及物理力学性质[M].北京:科学出版社,1990.

[25] 中华人民共和国国家标准.土的工程分类标准(GB/T 50145—2007)[S].北京:中国计划出版社,2008.

[26] 陈光曦,王继康,王林海,等.泥石流防治[M].北京:中国铁道出版社,1983.

[27] 孙家齐,陈新民.工程地质[M].4版.武汉:武汉理工大学出版社,2011.

[28] 陈祖煜.岩质边坡稳定分析[M].北京:中国水利水电出版社,2005.

[29] 黄文熙.土的工程地质[M].北京:中国水利水电出版社,1983.